ARM Cortex-M 体系架构与接口开发实战

林庆峰　韩　铮　叶贵强　奚海蛟　编著

中国水利水电出版社
www.waterpub.com.cn
·北京·

内 容 提 要

本书以“理论+实践”相结合的方式编写。以武汉飞航科技的STM32F407开发套件为硬件平台，深入剖析ST（意法半导体）的STM32F4芯片内部原理及编程逻辑思维，并详细讲述了如何利用开发套件上的硬件资源进行开发，实现驱动的过程。本书的实验案例均在Keil MDK开发环境上成功运行。

本书分两篇：基础入门篇（第1～11章）和进阶篇（第12～18章）。基础入门篇主要是讲述芯片内部资源以及如何驱动一些简单的外部设备，每个章节都配有一个通俗易懂的实验案例，通过解析案例能够完全掌握学习的知识点。进阶篇主要讲解芯片的内部资源驱动开发套件上的硬件ic。其中涉及显示屏显示、通信协议等较为复杂的理论知识，需要读者仔细阅读，查阅额外资料完成整个学习过程。

本书可作为工程技术人员进行单片机、嵌入式系统、嵌入式接口编程等项目开发的学习参考书，也可作为高等院校计算机、电子、自动化、通信等专业的高年级本科生或者研究生教材。使用STM32F4芯片开发套件的用户均可使用本书进行学习。

本书提供代码源文件，读者可以从中国水利水电出版社网站以及万水书苑下载，网址为：http://www.waterpub.com.cn/softdown/或http://www.wsbookshow.com。

图书在版编目（ＣＩＰ）数据

ARM Cortex-M体系架构与接口开发实战 / 林庆峰等编著. -- 北京 : 中国水利水电出版社, 2019.7
ISBN 978-7-5170-7739-8

Ⅰ. ①A… Ⅱ. ①林… Ⅲ. ①微处理器－系统开发 Ⅳ. ①TP332.3

中国版本图书馆CIP数据核字(2019)第112854号

策划编辑：杨庆川　责任编辑：杨元泓　特约编辑：刘　雯　封面设计：李　佳

书　　名	ARM Cortex-M 体系架构与接口开发实战 ARM Cortex-M TIXI JIAGOU YU JIEKOU KAIFA SHIZHAN
作　　者	林庆峰　韩　铮　叶贵强　奚海蛟　编著
出版发行	中国水利水电出版社 （北京市海淀区玉渊潭南路1号D座　100038） 网址：www.waterpub.com.cn E-mail：mchannel@263.net（万水） sales@waterpub.com.cn 电话：（010）68367658（营销中心）、82562819（万水）
经　　售	全国各地新华书店和相关出版物销售网点
排　　版	北京万水电子信息有限公司
印　　刷	三河市鑫金马印装有限公司
规　　格	184mm×260mm　16开本　14.75印张　354千字
版　　次	2019年7月第1版　2019年7月第1次印刷
印　　数	0001—3000册
定　　价	45.00元

前　　言

ST（意法半导体）在 2011 年针对嵌入式领域推出了基于 ARM Cortex™-M4 为内核的 STM32F4 系列高性能微控制器，其采用了 90 纳米的 NVM 工艺和 ART（自适应实时存储器加速器，Adaptive Real-Time MemoryAccelerator™），并新增了硬件 FPU 单元及 DSP 指令，同时也大大提升了处理器主频，这使得 STM32F4 能够更广泛地运用于高负荷的工作及生产领域。

相比于 STM32F1/STM32F2 等 CortexM3 产品，STM32F4 外设及性能提高了很多。STM32F4 拥有 192KB 的片内 SRAM，带摄像头接口（DCMI）、加密处理器（CRYP）、USB 高速 OTG、真随机数发生器、OTP 存储器等。对于相同的外设部分，STM32F4 具有更快的模/数转换速度、更低的 ADC/DAC 工作电压、32 位定时器、带日历功能的实时时钟(RTC)、复用功能大大增强的 I/O、4KB 的电池备份 SRAM 以及更快的 USART 和 SPI 通信速度。STM32F4 拥有 ART 自适应实时加速器，可以达到相当于 FLASH 零等待周期的性能。

STM32F4 家族目前拥有 STM32F40x、STM32F41x、STM32F42x 和 STM32F43x 等几个系列、几十个不同的产品型号，不同型号的软件和引脚相互之间具有很好的兼容性，可方便用户快速更换产品。由于 STM32F4 的功耗低、成本低、开发简单而被大众所接受。尤其是随着中国物联网涉及领域的加大、加深，基于 ARM Cortex™ -M 的内核芯片被广泛地运用在智能家居、智慧交通、智能医疗、智能电网、物流、农业、安防等领域。相信未来基于 ARM 内核的芯片将会一枝独秀。

本书分两篇：基础入门篇（第 1～11 章）和进阶篇（第 12～18 章）。

入门篇包含：

第 1 章：ARM 特性与 MDK 开发环境搭建，讲述 ARM 的特性及开发环境的搭建及驱动安装。

第 2 章：时钟模块配置，讲述 ARM Cortex™ -M4 内核的时钟特性及配置时钟。

第 3 章：GPIO 输出功能配置（LED），讲述 GPIO 输出模式的运用。

第 4 章：GPIO 输入功能配置，讲述 GPIO 输入模式的运用。

第 5 章：外部中断配置，讲述 STM32F4 芯片的 EXIT 的原理及运用。

第 6 章：看门狗配置，主要讲解看门狗的使用。

第 7 章：定时器配置，主要讲解通用定时器的原理及运用。

第 8 章：RTC 实时时钟配置，主要实现开发套件在断电后，时钟能正常运行。

第 9 章：UART 配置，主要讲述串口数据的发送及接收。

第 10 章：ADC 配置，主要讲述 ADC 模数转换的原理及用法。

第 11 章：DAC 配置，主要讲述 DAC 数模转换的原理及用法。

进阶篇包含：

第 12 章：PWM 输出配置，为定时器章节的拓展部分。

第 13 章：输入捕获配置，为定时器章节的拓展部分。

第 14 章：TFT LCD 配置，运用 FSMC（静态存储控制器）驱动 480×800 像素点的显示屏。

第 15 章：IIC 配置，主要讲述 IIC 通信协议与实现。

第 16 章：SPI 配置，主要讲述 SPI 通信协议与实现。

第 17 章：485 通信配置，主要讲述 RS-485 通信协议及实现。

第 18 章：CAN 通信配置，主要讲述汽车常用总线 CAN 通信的实现。

本书的特点是理论与实践相结合，详细阐述了 STM32F4 开发所需要的基础知识。本书坚持“高视点”，根据物联网行业对 ARM 知识和技能的要求，以培养和训练读者编程和开发能力为目的，将 ARM 体系所涉及的理论与实践知识循序渐进、全面合理地介绍给读者。书中尽量展现细节，为读者提供一个完整的开发过程。给读者从理论学习到实践开发提供一个崭新的学习思路。

本书的编写者由北京航空航天大学林庆峰老师以及由北航毕业的博士后、硕士等为主力的武汉飞航科技有限公司和北京云班科技有限公司的研发人员组成，作者都有多年从事 ARM 与物联网开发方面的经验。本书的编写者除林庆峰、韩铮、叶贵强、奚海蛟外，还有来自北京云班科技有限公司与武汉飞航科技有限公司的众多工程师，他们是：杨金星、何贵忠、吴志雄、牛传涛、王飞、高志国、饶志刚、夏良师、孟明焘、徐艳龙、奚天麒、付盈、唐新梅。本书在编写过程中还得到了东莞市技师学院智能制造学院周军院长和张强主任的大力支持，在此深表感谢！本书所介绍和阐述的代码所涉及的全部实验设备均由武汉飞航科技有限公司提供。所介绍的实验案例均可在飞航的光标系列飞控上进行实验。

由于编者水平所限，并且时间仓促，书中难免有疏漏和不妥之处，恳请广大读者批评指正。

为方便读者，阅读过程中有任何疑问可联系本书作者，联系微信号：feihangkeji2018 或扫描以下二维码。

编　者

2019 年 5 月

目　　录

进阶篇

基础入门篇

第 1 章 ARM 特性与 MDK 开发环境搭建

ARM：Advanced RISC Machine，进阶精简指令集机器。

ARM 是一个 32 位精简指令集（RISC）处理器构架，如今被广泛地应用于嵌入式设计中。它不仅是一种处理器构架，还是一款处理器的代号。ARM 处理器由英国 Acorn 公司设计，是世界上第一款 32 位的低成本低功耗的 RISC 微处理器，配备有 16 位的指令集。1990 年由苹果公司、芯片厂商 VLSI 出资，Acorn 公司重组改名为 Arm 公司。

Arm 公司最初在英国剑桥的一个谷仓里成立，成立之初只有 12 人，至今，Arm 公司已经拥有 5700 多名员工，并且在全球多地都设有办事处以及研发中心。

Arm 公司既不生产芯片，也不销售芯片，它的业务主要是出售芯片技术授权，是全球领先的半导体知识产权提供商。据悉，目前全世界超过 95%的智能手机和平板电脑都采用 ARM 构架的芯片。由 Arm 公司设计的高性价比、低能耗的 RISC 处理器在智能手机、平板电脑、嵌入控制、多媒体数字等处理器领域拥有主导地位。

1.1 ARM 特性

ARM 微处理器主要包括下面几个系列，还包括其他厂商基于 ARM 体系结构的处理器，除了具有 ARM 体系结构的共同特点以外，每一个系列的 ARM 微处理器都有各自的特点和应用领域。

- ARM7 系列
- ARM9 系列
- ARM9E 系列
- ARM10E 系列
- SecurCore 系列
  - Intel 的 Xscale

  - Intel 的 StrongARM
- Cortex 系列
  - Cortex-M
  - Cortex-R
  - Cortex-A

其中，ARM7、ARM9、ARM9E 和 ARM10E 为 4 个通用处理器系列，每一个系列提供一组相对独特的性能来满足不同应用领域的需求。SecurCore 系列专门为安全要求较高的应用而设计。Cortex 系列为 ARM11 后的命名规则。

1. ARM7

ARM7 系列微处理器为低功耗的 32 位 RISC 处理器，最适合应用于对价位和功耗要求较高的消费类应用。ARM7 微处理器系列具有如下特点：

- 具有嵌入式 ICE－RT 逻辑，调试开发方便
- 极低的功耗，适合对功耗要求较高的应用，如便携式产品
- 能够提供 0.9MIPS/MHz 的三级流水线结构
- 代码密度高并兼容 16 位的 Thumb 指令集

ARM7 广泛支持包括 Windows CE、Linux、Palm OS 等操作系统。

指令系统与 ARM9 系列、ARM9E 系列和 ARM10E 系列兼容，便于用户的产品升级换代。

主频最高可达 130MIPS，高速的运算处理能力能胜任绝大多数的复杂应用。

ARM7 系列微处理器的主要应用领域为：工业控制、Internet 设备、网络和调制解调器设备、移动电话等多种多媒体和嵌入式应用。

ARM7 系列微处理器包括如下几种类型的核：ARM7 TDMI、ARM7 TDMI-S、ARM7 20T、ARM7 EJ。其中，ARM7 TDMI 是目前使用最广泛的 32 位嵌入式 RISC 处理器，属低端 ARM 处理器核。TDMI 的基本含义为：

- T：支持 16 位压缩指令集 Thumb
- D：支持片上 Debug
- M：内嵌硬件乘法器
- I：嵌入式 ICE，支持片上断点和调试点

2. ARM9

ARM9 系列微处理器在高性能和低功耗特性方面提供最佳的性能。具有以下特点：

- 5 级整数流水线，指令执行效率更高
- 提供 1.1MIPS/MHz 的哈佛结构
  - 支持 32 位 ARM 指令集和 16 位 Thumb 指令集
  - 支持 32 位的高速 AMBA 总线接口
- 全性能的 MMU，支持 Windows CE、Linux、Palm OS 等多种主流嵌入式操作系统
- MPU 支持实时操作系统
  - 支持数据 Cache 和指令 Cache，具有更高的指令和数据处理能力
  - ARM9 系列微处理器主要应用于无线设备、仪器仪表、安全系统、机顶盒、高端打印机、数字照相机和数字摄像机等

- ➢ ARM9 系列微处理器包含 ARM9 20T、ARM9 22T 和 ARM9 40T 三种类型，以适用于不同的应用场合

3. ARM9E

ARM9E 系列微处理器为可综合处理器，使用单一的处理器内核提供了微控制器、DSP、Java 应用系统的解决方案，极大地减少了芯片的面积和系统的复杂程度。ARM9E 系列微处理器提供了增强的 DSP 处理能力，很适合于那些需要同时使用 DSP 和微控制器的应用场合。

ARM9E 系列微处理器的主要特点如下：

- 支持 DSP 指令集，适合于需要高速数字信号处理的场合
- 5 级整数流水线，指令执行效率更高
- 支持 32 位 ARM 指令集和 16 位 Thumb 指令集
- 支持 32 位的高速 AMBA 总线接口
- 支持 VFP9 浮点处理协处理器
- 全性能的 MMU，支持 Windows CE、Linux、Palm OS 等多种主流嵌入式操作系统
- MPU 支持实时操作系统
- 支持数据 Cache 和指令 Cache，具有更高的指令和数据处理能力
- 主频最高可达 300MIPS

ARM9E 系列微处理器主要应用于下一代无线设备、数字消费品、成像设备、工业控制、存储设备和网络设备等领域。

ARM9E 系列微处理器包含 ARM9 26EJ-S、ARM9 46E-S 和 ARM9 66E-S 三种类型，以适用于不同的应用场合。

4. ARM10E

ARM10E 系列微处理器具有高性能、低功耗的特点，由于采用了新的体系结构，与同等的 ARM 器件相比较，在同样的时钟频率下，性能提高了近 50%，同时，ARM10E 系列微处理器采用了两种先进的节能方式，使其功耗极低。

ARM10E 系列微处理器的主要特点如下：

- 支持 DSP 指令集，适合于需要高速数字信号处理的场合
- 6 级整数流水线，指令执行效率更高
  - ➢ 支持 32 位 ARM 指令集和 16 位 Thumb 指令集
  - ➢ 支持 32 位的高速 AMBA 总线接口
  - ➢ 支持 VFP10 浮点处理协处理器
- 全性能的 MMU，支持 Windows CE、Linux、Palm OS 等多种主流嵌入式操作系统
  - ➢ 支持数据 Cache 和指令 Cache，具有更高的指令和数据处理能力
  - ➢ 主频最高可达 400MIPS
  - ➢ 内嵌并行读/写操作部件

ARM10E 系列微处理器主要应用于下一代无线设备、数字消费品、成像设备、工业控制、通信和信息系统等领域。

ARM10E 系列微处理器包含 ARM10 20E、ARM10 22E 和 ARM10 26EJ-S 三种类型，以适用于不同的应用场合。

5. SecurCore

SecurCore 系列微处理器专为安全需要而设计，提供了完善 32 位 RISC 技术的安全解决方案，因此，SecurCore 系列微处理器除了具有 ARM 体系结构的低功耗、高性能的特点外，还具有其独特的优势，即提供了对安全解决方案的支持。

SecurCore 系列微处理器除了具有 ARM 体系结构主要特点外，还在系统安全方面具有如下的特点：

- 带有灵活的保护单元，以确保操作系统和应用数据的安全
- 采用软内核技术，防止外部对其进行扫描探测
- 可集成用户自己的安全特性和其他协处理器

SecurCore 系列微处理器主要应用于一些对安全性要求较高的应用产品及应用系统，如电子商务、电子政务、电子银行业务、网络和认证系统等领域。

SecurCore 系列微处理器包含 SecurCore SC100、SecurCore SC110、SecurCore SC200 和 SecurCore SC210 四种类型，以适用于不同的应用场合。

6. StrongARM

Intel StrongARM SA-1100 处理器是采用 ARM 体系结构高度集成的 32 位 RISC 微处理器。它融合了 Intel 公司的设计和处理技术以及 ARM 体系结构的电源效率，在软件上采用兼容 ARMv4 体系结构，同时在硬件上采用具有 Intel 技术优点的体系结构。

Intel StrongARM 处理器是便携式通信产品和消费类电子产品的理想选择，已成功应用于多家公司的掌上电脑系列产品。

7. Xscale

Xscale 处理器是基于 ARMv5TE 体系结构的解决方案，是一款性能齐全、性价比高、功耗低的处理器。它支持 16 位的 Thumb 指令和 DSP 指令集，已应用在数字移动电话、个人数字助理和网络产品等场景。

Xscale 处理器是 Intel 主要推广的一款 ARM 微处理器。

8. Cortex

在 ARM11 后的处理器都用 Cortex 来进行命名。Cortex 系列下又主要分为 Cortex-M、Cortex-R、Cortex-A 三个系列。Cortex-A 系列属于应用型处理器，Cortex-R 系列属于实时控制型处理器，Cortex-M 系列属于微控制型处理器。

Cortex-A 系列处理器特征：频率最快、性能最高、功耗合理。

Cortex-R 系列处理器特征：响应实时、性能合理、功耗较低。

Cortex-M 系列处理器特征：性能一般、成本最低、功耗极低。

1.2　MDK 开发环境搭建

在开始学习 ARM Cortex-M 开发之前，需要先搭建好相应的开发环境。

首先需要从网上获取到 MDK 的安装包（图 1.1），一般需要到官网上寻找，或者到其他网站上寻找资源，亦可通过其他途径，这里为了读者方便提供本链接进行下载（https://www.keil.com/download/product/）（图 1.2）。

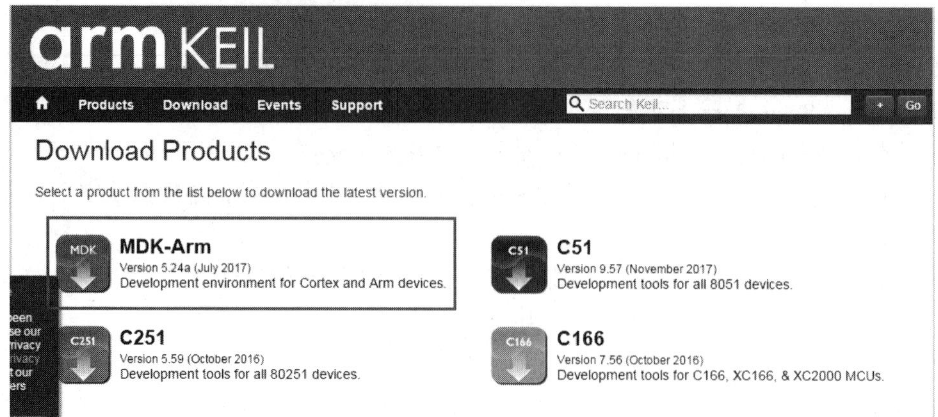

图 1.1　官网下载安装包

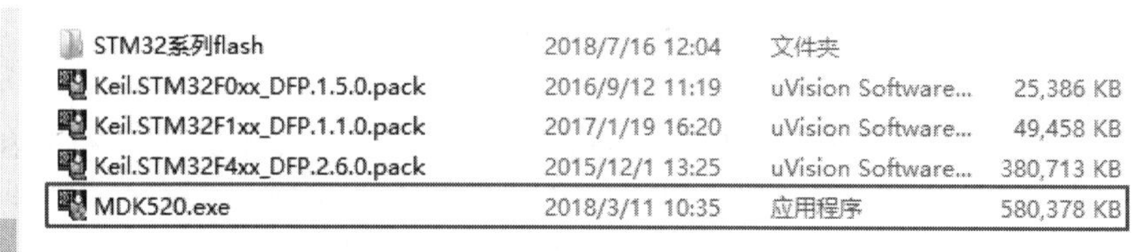

图 1.2　MDK 安装包

本次演示安装的 MDK 版本为 5.20，其他版本或许存在差异，如图 1.3 所示。

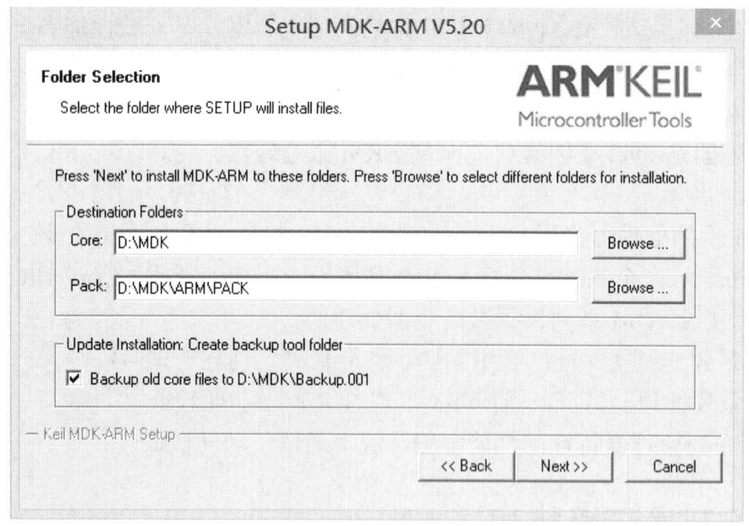

图 1.3　MDK 安装路径

MDK 的安装和正常软件的安装相同，过程没有需要特别标明的，仅有一点需要注意，MDK 的安装路径必须为全英文，除硬盘名字外不可以出现中文。

在安装 MDK 过程中需要填写必要的信息，可以根据实际情况依次填写，填写完后单击“Next”就可以安装 MDK 了（注：图 1.4 中填写信息为虚假信息，是为了更好地向读者展示填写的方式）。

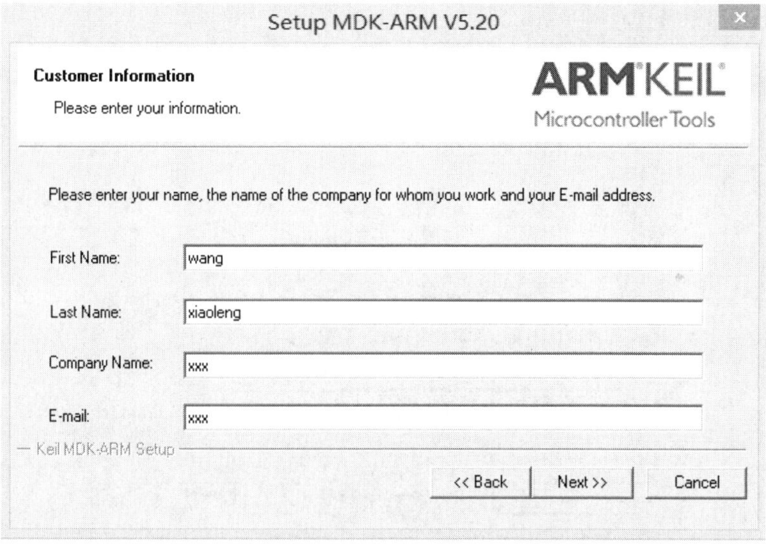

图 1.4　MDK 安装

1.3　驱动安装

驱动程序是添加到操作系统中的一小段代码，其中包含有关硬件设备的信息。有了此信息，计算机就可以与设备进行通信。驱动程序是硬件厂商根据操作系统编写的配置文件，可以说没有驱动程序，计算机中的硬件就无法工作，所以在安装完程序之后，还得安装设备驱动，用于识别设备。

最常用的驱动程序就是 JLINK 与 ST-LINK 两种（图 1.5）。

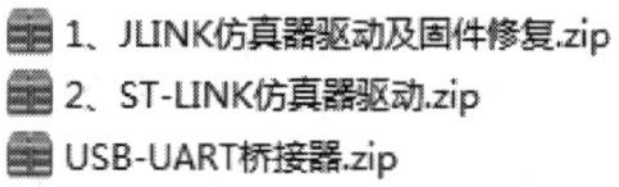

1、JLINK仿真器驱动及固件修复.zip
2、ST-LINK仿真器驱动.zip
USB-UART桥接器.zip

图 1.5　驱动程序

针对不同的下载器，所安装的驱动也不同。

驱动的安装和一般软件的安装类似，选择默认路径以避免出现无法使用等问题，且安装路径不能出现中文；另外，某些驱动可能会分为 X86 和 AMD64，需要根据使用的计算机操作系统的类型来选择。

1.4　MDK 开发环境使用

1．软件介绍

如图 1.6 中，1 为新建文件；2 为保存文件；3 为调试工程；4 为编译工程；5 为下载程序；6 为工程配置；7 为芯片包的设置。

2．C/C++设置

单击图中的魔法棒图标，可以进入图 1.7 的界面。

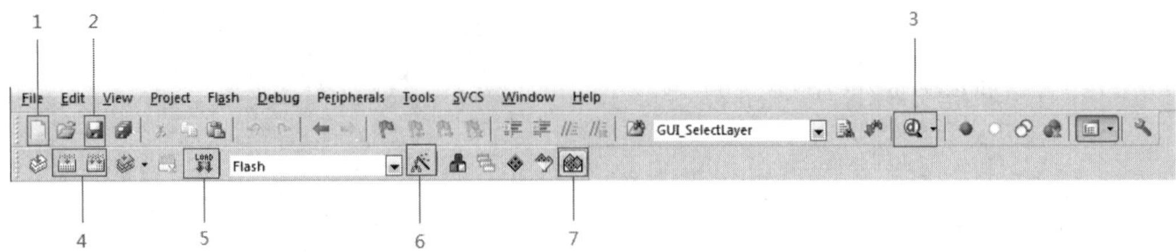

图 1.6　快捷操作

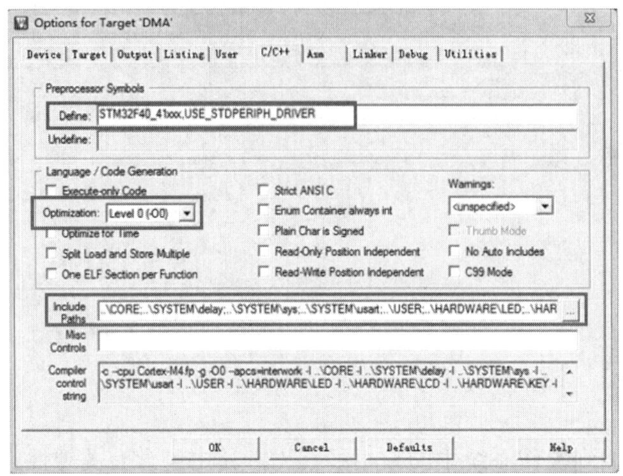

图 1.7　C/C++配置

由图 1.7 可以看到 Define 是宏定义全局标识符；Optimization 是程序优化等级，优化等级越高，生成的代码量越小，相对代码出问题的概率就越大；Include Paths 指定以“.h”为后缀的头文件路径，代码编译过程中需要到该路径下寻找头文件。

3. Debug 设置

单击 Debug 表单，得到图 1.8 所示的页面，图中 1 是将工程设置为模拟调试方式；2 是将工程设为硬件调试方式。硬件调试方式，需要（在下拉菜单中）选择下载器类型并设置。

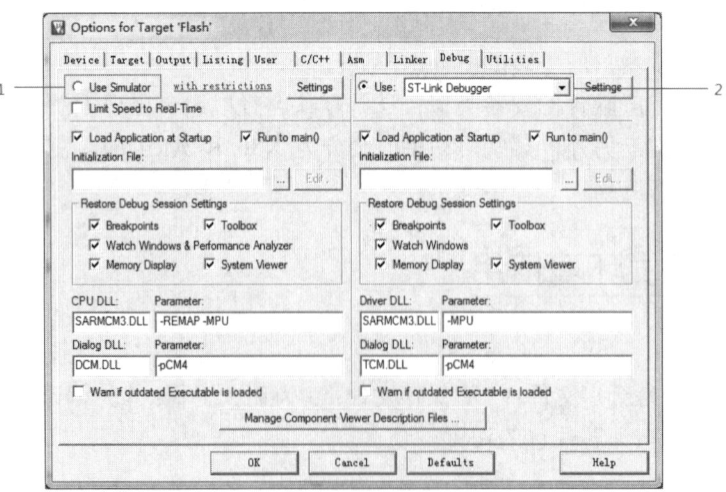

图 1.8　Debug

4. 下载器设置

通过图 1.8 中的 Setting 设置，可以进入下载器设置界面。

根据图 1.9 所示，1 为下载器相关参数信息；2 为下载接口方式；3 为下载速度；4 为下载器 ID 及连接对象，只有用户安装完驱动并正确连接硬件才会显示。

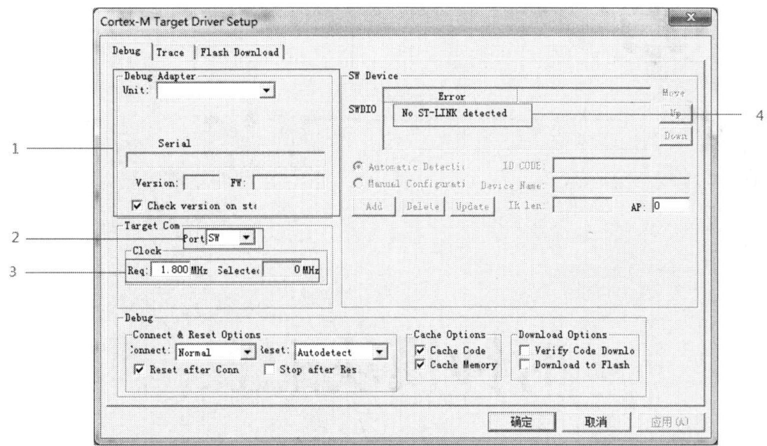

图 1.9 下载器设置

接下来配置下载设置界面中的 Flash Download 页面。

如图 1.10 所示，勾选上 Reset and Run，以便将程序下载到处理器后立刻开始运行，不需要重新断电；若 Programming Algorithm 中没有 Flash，可以选择所使用芯片的类型以及对应 Flash 大小的选项，单击“Add”按钮添加到框中。

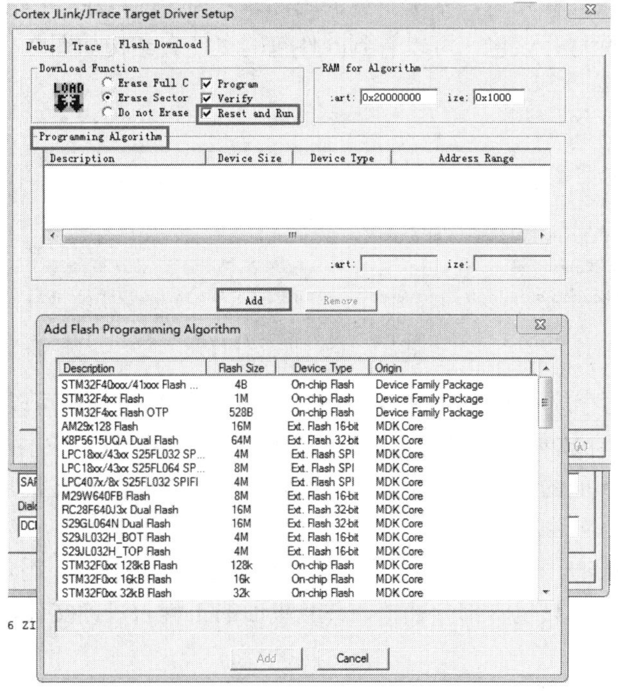

图 1.10 Flash Download 配置

第 2 章

时钟模块配置

2.1 库函数工程搭建

由于 ST 公司发布了针对于 STM32 系列的固件库包，所以用户不需要亲自手动配置微控制器的寄存器，只需要将该固件库包移植到工程中即可。

可以在网上下载固件库包，本例下载的固件库包为 STM32F4_1.4.0 版本的。将包解压到硬盘上，单击鼠标打开该包，可以看到固件包的文件夹结构如图 2.1 所示。

_htmresc	2016/11/1 18:54	文件夹	
Libraries	2016/11/1 18:54	文件夹	
Project	2016/11/1 18:54	文件夹	
Utilities	2016/11/1 18:54	文件夹	
MCD-ST Liberty SW License Agreeme...	2014/7/17 21:52	PDF Document	18 KB
Release_Notes.html	2014/8/4 21:46	Firefox HTML D...	72 KB
stm32f4xx_dsp_stdperiph_lib_um.chm	2014/8/5 1:50	编译的 HTML 帮...	29,285 KB

图 2.1 固件库文件目录

_htmresc：里面存放着 ST 公司的 logo 和相对应的图标，用户可以忽略它。

Libraries：里面存放着用户需要的固件库文件和相对应的启动文件，本章节的重点是如何移植该文件目录下面的部分库，库里面包含有针对 KEIL 和 IAR 的启动文件，本书示例仅需要 KEIL 的启动文件。

Project：里面放置一些 ST 公司给予开发者们参考使用的案例，用户可以借鉴其中案例来进行移植（注：其中只包含部分移植，并且里面的工程为只读文件，不可操作）。

Utilities：可以忽略它。

MCD-ST Liberty SW License Agreement V2.pdf：库说明文件。

Release_Notes.html：固件库下载页面，用户可以单击它进入网页中下载新版的固件库。

stm32f4xx_dsp_stdperiph_lib_um.chm：固件库使用手册，用户可以从手册中查找出各个库函数的使用方法和相对应的例子，这对于初学者来说非常重要。

库文件介绍完后，用户就开始准备移植库文件。首先需要建立一个文件夹，此处命名为“example”，用于存放工程。然后在“example”的文件夹中新创建 5 个文件夹：BSP、CMSIS、OBJ、STM32F4_LIB、USER，分别用于存放个人添加的工程文件、固件库的启动文件和顶层文件、生成文件存放路径、固件库文件、工程启动文件和主函数存放文件；并且在 BSP、CMSIS、STM32F4_LIB 每个文件夹下面各建立 inc 和 src 文件夹，分别用于存放.h 头文件和.c 源文件。具体目录如图 2.2 方框所示。

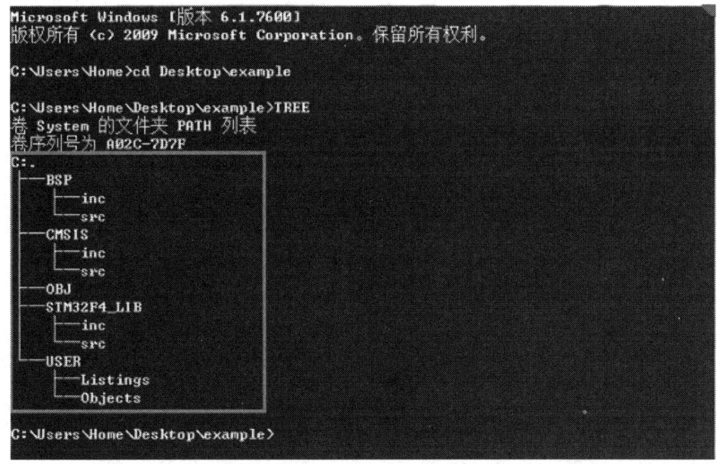

图 2.2　文件夹列表

之后用户可打开 KEIL5 软件，在软件中创建工程，新建工程名为“example”的工程存放到 USER 目录下，如图 2.3 所示。

Listings	2016/11/2 9:41	文件夹
Objects	2016/11/2 9:41	文件夹
example.uvoptx	2016/11/2 9:41	UVOPTX 文件
example.uvprojx	2016/11/2 9:41	µVision5 Project

图 2.3　USER 文件夹中的文件

在固件库包 Libraries\CMSIS\Device\ST\STM32F4xx\Include 中将 stm32f4xx.h、system_stm32f4xx.h 的两个顶层头文件复制到用户新建工程 example 的 CMSIS 文件夹下面的 inc 文件夹中。

复制完两个顶层头文件后，用户需要接着复制相对应的源文件，在固件包 Libraries\CMSIS\Device\ST\STM32F4xx\Source\Template 的目录下面可以看到有个名为 system_stm32f4xx.c 的源文件，用户需要将它复制到新建工程 example 目录下面 CMSIS 的 src 目录下。

复制完上述文件之后，用户需要复制汇编启动文件，打开固件包，在固件包 Libraries\CMSIS\Device\ST\STM32F4xx\Source\Templates\arm 的目录下，里面包含有很多类型的 STM32F4 系列的启动文件，由于用户使用的是 STM32F407xx 系列，因此用户需将 startup_stm32f40_41xxx.s 文件复制到新建工程 example 目录下面 CMSIS 的 inc 目录下。

接着用户需要复制相对应的兼容内核的文件，用于兼容不同的 KEIL MDK 软件，用户需要将 Libraries\CMSIS\Include 目录下面的 core_cm4.h、core_cm4_simd.h、core_cmFunc.h、core_cmInstr.h 复制到 example 下面 CMSIS 文件夹下面的 inc 目录中。

在复制完上述文件之后，用户需要找到 Project\STM32F4xx_StdPeriph_Templates 文件夹，将 stm32f4xx_conf.h、stm32f4xx_it.h 文件复制到 example 下面 CMSIS 文件夹下面的 inc 目录中；将 stm32f4xx_it.c 文件复制到 example 下面 CMSIS 文件夹下面的 src 目录中。

由于 CMSIS 目录下面集成了来自很多固件包目录下的文件，因此此处列出 CMSIS 的树形结构图，如图 2.4 方框所示。

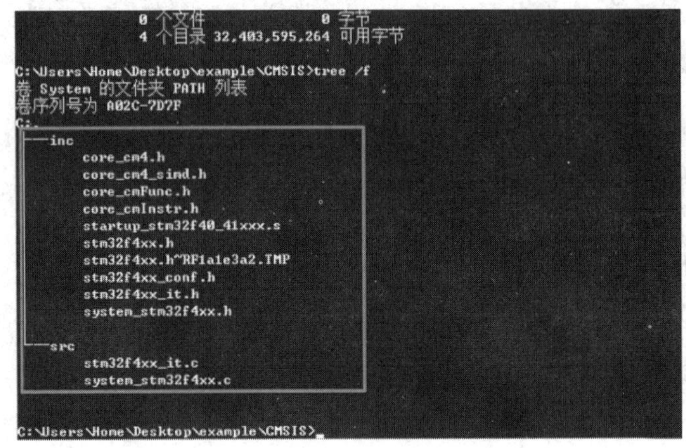

图 2.4 CMSIS 文件夹中的文件

将用户需要的文件复制之后，用户打开之前创建的 example 工程需要单击图标来创建工程目录，此处按照之前 example 文件目录来创建工程目录，如图 2.5 所示，大家可以按照自己的习惯来创建工程目录。

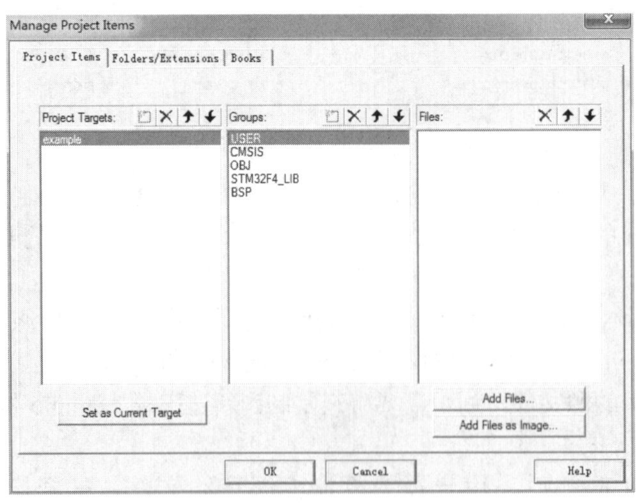

图 2.5 创建工程目录

在工程目录CMSIS中添加exmaple文件夹下的CMSIS下的src文件夹中的源文件和inc文件夹的startup_stm32f40_41xxx.s汇编启动文件。

在工程目录STM32F4_LIB中添加exmaple文件夹下的STM32F4_LIB下的src文件夹中的所有源文件。

在USER工程目录下添加main.c文件并添加主函数结构，完成之后如图2.6所示。

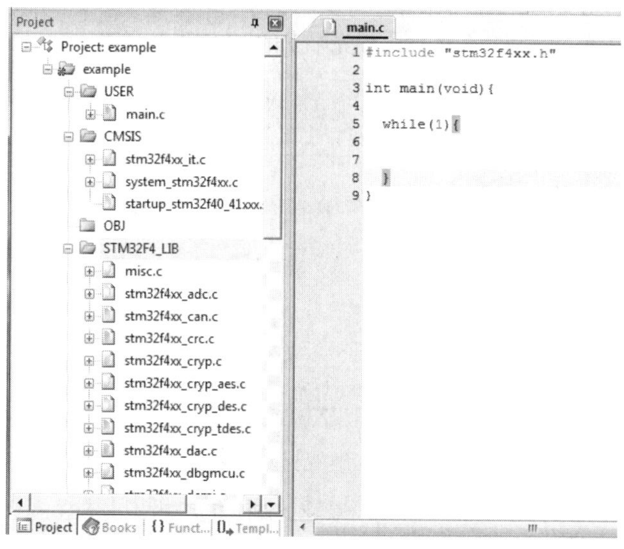

图2.6　工程界面

完成以上步骤后需要在工程目录的STM32F4_LIB下，将stm32f4xx_fmc.c源文件移除，否则会出现很多错误警告，并且将stm32f4xx_it.h文件下第32行的#include "main.h"和144行的TimingDelay_Decrement();注释掉。

修改文件之后，用户需要添加头文件目录；如果没有添加头文件目录，编译会出现找不到头文件的错误；用户需要单击菜单栏上的Flash→Configure Flash Tools，弹出以下的对话框，单击C/C++，如图2.7所示。

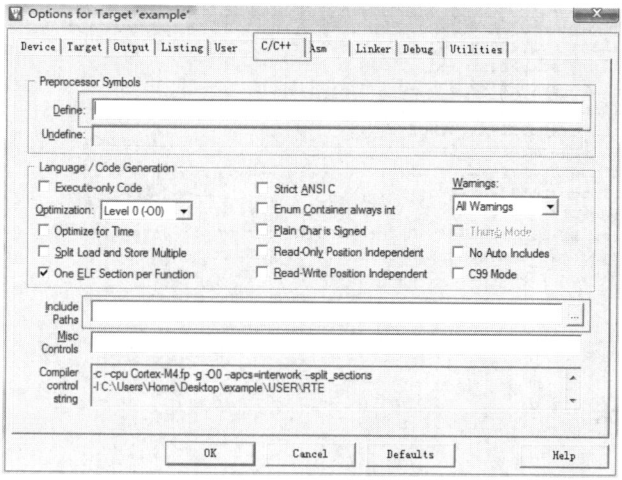

图2.7　添加头文件目录

第一步，在 Preprocessor Symbols 的 Define 框中填入全局宏定义 STM32F40_41xxx, USE_STDPERIPH_DRIVER，不能填错，否则会出现很多变量找不到的问题，很多错误就是由于全局宏定义没有设定好所导致的。

第二步，在 Include Paths 下添加用户头文件的路径；由于用户创建的文件夹路径中，将固件库的头文件放置在 STM32F4_LIB 目录下面的 inc，固件库顶层头文件和起始文件放置在 CMSIS 目录下面的 inc 下，外加一个 BSP 目录下面的 inc 文件夹用于存放个人头文件，因此用户需要添加 3 个头文件路径，添加完后如图 2.8 所示。

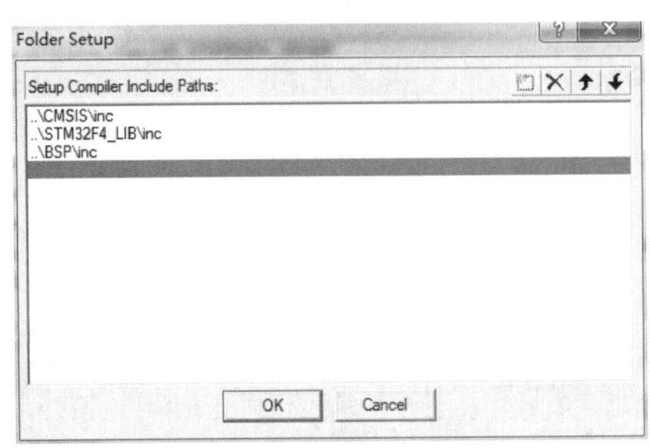

图 2.8　添加头文件路径

当以上全部执行完毕之后，用户需要更改 system_stm32f4xx.c 文件中第 316 行代码，把 PLL 第一级分频系数 M 修改为 8，修改之后为：

```
#define PLL_M      8;
```

除此之外还要将 stm32f4xx.h 文件中第 123 行的 25000000 更改为 8000000，修改之后为:

```
#define HSE_VALUE      ((uint32_t)8000000)
```

这样，用户新建的固件工程就建立完毕了（注：修改原理请参考第 2 章 2.2 节）。

完成以上步骤之后，用户就可以单击图标，进行编译了，在调试栏出现如图 2.9 所示的结果，表示用户的固件库移植完成，后续需要编写例程来验证用户的固件库工程。

```
Build Output
compiling stm32f4xx_rtc.c...
compiling stm32f4xx_sai.c...
compiling stm32f4xx_sdio.c...
compiling stm32f4xx_spi.c...
compiling stm32f4xx_syscfg.c...
compiling stm32f4xx_tim.c...
compiling stm32f4xx_usart.c...
compiling stm32f4xx_wwdg.c...
linking...
Program Size: Code=704 RO-data=408 RW-data=0 ZI-data=1632
".\Objects\example.axf" - 0 Error(s), 0 Warning(s).
Build Time Elapsed:  00:00:32
```

图 2.9　编译结果

2.2　时钟概述

计算机是一个十分复杂的电子设备。它集成了各种各样的电路与电子元件，其中每一个集成电路中都包含了数以万计的晶体管和额外的电子设备。为了让这个庞大的电子系统正常工作，必须有一个指挥中心，对各个部分的工作做出协调，各个电子器件都将在这个指挥下按照不同的顺序完成自己的工作。这个不同的顺序被称为时序。其中时序的“心脏”部分称为时钟。时钟是由晶体振荡器产生的连续脉冲波，这些脉冲波的频率和幅度不会随着时间发生变化。这些时钟信号被称为外部时钟信号。

这些连续脉冲波被送入 CPU 中，形成了 CPU 时钟。不同的 CPU 其外部时钟和 CPU 时钟的关系是不同的。

2.2.1 STM32F4 的时钟

STM32F4 芯片通电后，系统默认使用内部高速时钟，随后程序在启动的过程中切换到稳定性较强的高速外部时钟作为系统的时钟源；当检测到外部时钟失效时，该时钟将会被隔离，系统自动切换到内部的 RC 振荡器。

STM32 中含有 5 个时钟源：

1：HSI 高速内部时钟，RC 振荡器，其默认频率为 16MHz。

2：HSE 是高速外部时钟，可接石英/陶瓷振荡器，或者接外部时钟源，可外接的频率范围为 4～26MHz。

3：LSI 是低速内部时钟，RC 振荡器，其频率为 32kHz，可以使用独立看门狗或通过程序选择驱动 RTC（RTC 用于从停机/待机模式下自动唤醒系统）。

4：LSE 是低速外部时钟，连接的频率为 32.768kHz 的石英晶体，也可以被用来驱动 RTC。

5：PLL 为锁相环输出，其中该时钟可作为两个用途：

（1）主 PLL（PLL）由 HSE 或 HSI 振荡器提供时钟，具有两种不同的特性。

第一种为输出时钟：第一个输出用于产生高速系统时钟（设定芯片的主频，高达 168MHz）。第二个输出用于产生 USB OTG FS（48MHz）的时钟。

第二种为随机模拟发生器（≤48MHz）和 SDIO（≤48MHz）。

（2）专用 PLL（PLLI2S），用于生成精确的时钟以提高在 I2S 接口上的音频性能。

2.2.2 时钟树的概念

微控制器必须由周期性的时钟脉冲来驱动，往往由一个外部晶体振荡器提供的时钟输入作为开始，最终转换为多个外部设备的周期性运作为结尾。其中时钟脉冲流经的路径，犹如大树的根一样通过主干流向各个分支，其路径通常称为“时钟树”。

STM32 微控制器中的时钟树是可以进行配置的，图 2.10 为 STM32F4 的时钟树，其时钟输入源于最终到达外设处的时钟。

1. 系统时钟（SYSCLK）

当处理器芯片复位后，将其 HSI 作为系统时钟。当一个时钟源直接或通过 PLL 作为系统时钟使用时，不可能停止。只有当目标时钟准备就绪时，才能从一个时钟源切换到另外一个时钟源（启动延迟或 PLL 锁定后时钟稳定）。如果选择一个尚未准备好的时钟源，则在时钟源准备就绪之后再发生切换。其中 RCC 时钟控制器（RCC_CR）中就能够标志出哪个时钟准备就绪了。

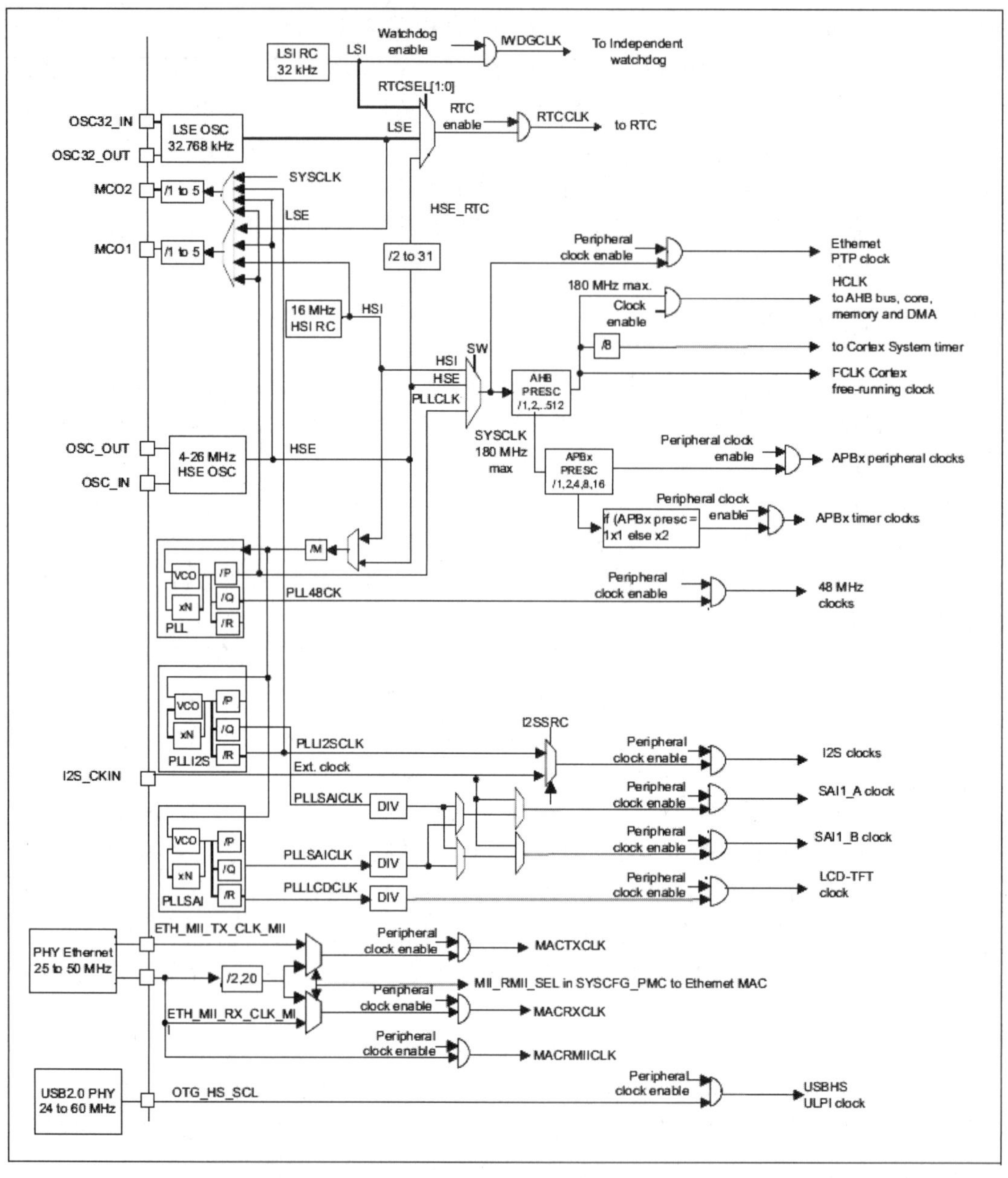

图 2.10　STM32F4 时钟树

2. 时钟安全系统（Clock Security System）

时钟安全系统可以通过软件激活。在这种情况下，时钟检测器在 HSE 振荡器启动延时之后才能被使能，此过程在振荡器停止时被禁止。

如果在 HSE 时钟上检测到故障，则自动禁止该振荡器，将时钟故障时间发送到高级控制定时器 TIM1 和 TIM8 的中断输入中，并且产生中断以通知软件出现故障（时钟安全系统中断 CSSI），允许 MCU 执行救援操作。CSSI 通过 FPU NMI（不可屏蔽中断）异常向量连接到主控芯片。

当 CCS 使能时，如果 HSE 时钟发生故障，CSS 会产生一个中断，从而自动生成一个不可屏蔽中断（NMI）。除非 CSS 中断待处理位被清除，否则 NMI 将被无限次数地执行。因此，应用程序必须通过设置时钟中断寄存器中的 CSSC 位来清除 NMI ISR 中的 CSS 中断（RCC_CIR）。

3. RTC/AWU 时钟

一旦选择了 RTCCLK 时钟源，修改选择的唯一方式就是重置电源域。

RTCCLK 时钟源可以是 HSE 1MHz（需要配置 HSE 的预分频器）、LSE 或 LSI 时钟。这通过编程 RCC 备份域控制寄存器（RCC_BDCR）中的 RTCSEL[1:0]位和 RCC 时钟配置寄存器（RCC_CFGR）中的 RTCPRE[4:0]位来选择。如果不重置域备份，则无法修改此选择。

若选择 LSE 作为 RTC 时钟源，当备份或者系统供电消失时，RTC 将正常工作。如果选择 LSI 作为 AWU 时钟，那么系统电源消失时无法保证 AWU 状态。如果将 HSE 振荡器的值除以 2～31 之间后作为 RTC 时钟源，则备份或者系统电源消失，无法保证 RTC 状态。

4. 看门狗时钟（Watchdog Clock）

如果独立看门狗（IWDG）由硬件选项或软件访问启动，则 LSI 振荡器被强制为开启状态，无法被禁止。当 LSI 振荡器处于暂态之后，时钟将会被提供给 IWDG。

5. 时钟输出（Clock-out Capability）

STM32F4 中提供了两个微控制器时钟输出（MCO）引脚：

（1）MCO1。可以使用四个不同的时钟源输出到 MCO1 引脚（PA8）。其中可以配置的预分频器：

- HSI 时钟
- LSE 时钟
- HSE 时钟
- PLL 时钟

使用 MCO1PRE[2:0]和 MCO1[1:0]位选择需要的时钟源。其 RCC 时钟配置寄存器为 RCC_CFGR。

（2）MCO2。可以用四个不同的时钟源输出到 MCO2 引脚（PC9）。其中可以配置的预分频器：

- HSE 时钟
- PLL 时钟
- 系统时钟（SYSCLK）
- PLL I2S 时钟

使用 MCO2PRE[2:0]和 MCO2 位选择需要的时钟源。其 RCC 时钟配置寄存器为 RCC_CFGR。

对于不同的 MCO 引脚，相应的 GPIO 端口必须在复用功能模式下编程，其端口输出到 MCO 所选定的时钟不能超过 100MHz（GPIO 端口最大速度）。

寄存器 RCC_CR（RCC 时钟控制寄存器）

地址偏移：0x00

复位值：0x0000 XX83

31	30	29	28	27	26	25	24	23	22	21	20	19	18	17	16
Reserved				PLLI2S RDY	PLLI2S ON	PLL RDY	PLL ON	Reserved				CSSON	HSEBYP	HSERDY	HSEON
				r	rw	r	rw					rw	rw	r	rw

15	14	13	12	11	10	9	8	7	6	5	4	3	2	1	0
HSICAL[7:0]								HSITRIM[4:0]					Res	HISRDY	HISON
r	r	r	r	r	r	r	r	rw	rw	rw	rw	rw		r	rw

Bits 31:28：保留，其参数保持复位状态。

Bit 27：PLLI2SRDY 表示 PLLI2S 时钟准备完成标志位。

硬件置 1，用于指示 PLLI2S 被锁定。

0：PLLI2S 未锁定　　　　　　　1：PLLI2S 被锁定

Bit 26：PLLI2SON 表示 PLLI2S 使能标志位。

通过软件置位/复位来启动/关闭 PLLI2S。

进入关闭/待机模式下，由硬件清零。

0：PLLI2S 关闭　　　　　　1：PLLI2S 开启

Bit 25：PLLRDY 表示 PLL 时钟准备完成标志位。

硬件置 1，用于指示 PLL 被锁定。

0：PLL 未锁定　　　　　　1：PLL 被锁定

Bit 24：PLLON 表示 PLL 使能标志位。

通过软件置位/复位来启动/关闭 PLLON。

0：PLLON 关闭　　　　　　1：PLLON 开启

Bits 23:20：保留，其参数保持复位状态。

Bit 19：CSSON　时钟安全系统启用。

通过软件设置/清除来启动时钟安全系统。当 CSSON 置位时，且 HSE 振荡器准备就绪时，时钟检测器由硬件使能；若检测到振荡器发生故障，则由硬件禁止。

0：时钟安全系统关闭（时钟检测器关闭）

1：时钟安全系统开启（若 HSE 振荡器启动的话，启动时钟检测器；否则关闭）

Bit 18：HSEBYP 表示 HSE 时钟旁路。

通过软件置 1 和清零，用外部时钟旁路振荡器。外部时钟必须通过 HSEON 位使能，以供器件使用。HSEBYP 位只有在 HSE 振荡器被禁止时才能被写入。

0：HSE 振荡器未被旁路

1：HSE 振荡器被外部时钟旁路

Bit 17：HSERDY 表示 HSE 时钟就绪标志位。

由硬件置 1，表示 HSE 振荡器稳定。HSEON 位清零后，HSERDY 在 6 个 HSE 振荡器时钟周期后变为低电平。

0：HSE 振荡器未准备就绪

1：HSE 振荡器准备就绪

Bit 16：HSEON 表示 HSE 时钟使能。

通过软件设置和清除；当进入停止或者待机模式下，由硬件清零以停止 HSE 振荡器。若 HSE 振荡器直接或者间接作为系统时钟，则该位不能被复位。

0：HSE 振荡器关闭

1：HSE 振荡器开启

Bits 15:8：HSICAL[7:0]为内部高速时钟校准。

这些位在启动时自动初始化。

Bits 7:3：　　HSITRIM[4:0]为内部高速时钟矫正。

这些位提供了一个附加的用户可编程微调值，该位被添加到 HSICAL[7：0]位。它可以通过编程来调整内部 HSI RC 频率的电压和温度变化。

Bit 2：保留，其参数保持复位状态。

Bit 1：HSIRDY 表示内部高速时钟就绪标志位。

该位为硬件置 1，表示 HSI 振荡器处于稳定。HSION 位清零后，HSIRDY 在 6 个 HSI 时钟周期后变为低电平。

0：HSI 振荡器关闭

1：HSI 振荡器开启

Bit 0：HSION 表示内部高速时钟使能。

通过软件设置和清零。

硬件置 1，在启动或者退出休眠模式时，强制 HSI 振荡器开启，或者直接/间接使用 HSE 振荡器作为系统时钟。若果将 HSI 直接或间接作为系统时钟，则不能清除该位。

0：HSI 振荡器关闭　　　　　　1：HSI 振荡器开启

寄存器 RCC_PLLCFGR　（RCC 锁相环配置寄存器）

地址偏移：0x04

复位值：0x2400 3010

可根据以下公式进行配置

$$f_{(\text{VCO clock})} = f_{(\text{PLL clockinput})} \times (PLL\_N / PLL\_M)$$

$$f_{(\text{PLL general clock output})} = f_{(\text{VCO clock})} / PLL\_P$$

$$f_{(\text{USB OTG FS,SDIO,RNG clock output})} = f_{(\text{VCO clock})} / PLL\_Q$$

31	30	29	28	27	26	25	24	23	22	21	20	19	18	17	16
Reserved				PLL3	PLL2	PLL1	PLL0	Reserved	Reserved					PLL1	PLL0
				rw	rw	rw	rw							rw	rw

15	14	13	12	11	10	9	8	7	6	5	4	3	2	1	0
Reserved	PLLN									PLL5	PLL4	PLL3	PLL2	PLL1	PLL0
	rw	rw	rw	rw	rw	rw	rw	rw	rw	rw	rw	rw	rw	rw	rw

Bits 31:28：保留，其参数保持复位状态。

Bits 27:24：PLLQ USB OTG FS，SDIO 和随机数发生器的主 PLL（PLL）分频系数。

软件置 1 和清 0 控制 USB OTG FS 时钟频率，随机数发生器时钟和 SDIO 时钟。只有在 PLL 被禁止的情况下才能写入这些位。

注意：USB OTG FS 需要 48MHz 时钟才能正常工作。SDIO 和随机数发生器需要一个低于或等于 48MHz 的频率才能正常工作。

USB OTG FS 时钟频率 =VCO 频率/PLLQ，2≤PLLQ≤15。

0000：PLLQ=0，配置错误　　0001：PLLQ=1，配置错误

0010：PLLQ=2　　0011：PLLQ=3

⋮

1110：PLLQ=14　　1111：PLLQ=15

Bit 23：保留，其参数保持复位状态。

Bit 22：PLLSRC 表示主 PLL 时钟（PLL）和音频 PLL（PLLI2S）输入时钟源。

通过软件置 1 和清零来选择 PLL 和 PLLI2S 的时钟源。只有当 PLL 和 PLLI2S 被禁止时，该位才能被写入。

0：选择 HSI 时钟作为 PLL 和 PLLI2S 时钟输入

1：选择 HSE 振荡器时钟作为 PLL 和 PLLI2S 时钟输入

Bits 21:18：保留，其参数保持复位状态。

Bits 17:16：PLLP 表示主系统时钟的主 PLL 分频系数。

通过软件设置/清零来控制通过 PLL 输出的时钟频率。这些位只有在禁止 PLL 的情况下才能被写入。

注意：PLL 输出的时钟频率不能超过 168MHz。

00：PLLP=2，2 分频　　01：PLLP=4，4 分频

10：PLLP=6，6 分频　　11：PLLP=8，8 分频

Bits 14:6：PLLN 表示主 PLL（PLL）倍频系数。

通过软件设定来控制 VCO 的倍频系数。只有当 PLL 被禁止时，这些位才能被写入，并且只允许半字和字访问来写这些位。

注意：软件必须正确设置这些位，以确保 VCO 输出频率在 192～432MHz 之间。

VCO 输出频率 =VCO 输入频率×PLLN，（192≤PLLN≤432）。

000000000：PLLN=0，配置错误

000000001：PLLN=1，配置错误

⋮

011000000：PLLN=192

⋮

110110000：PLLN=432

110110001：PLLN=433，配置错误

⋮

111111111：PLLN=511，配置错误

Bits 5:0：　　PLLM 表示主 PLL（PLL）和音频 PLL（PLLI2S）输入时钟的分频因子通过软件置 1 和清零。

通过软件置 1 和清零，在 VCO 之前分频 PLL 和 PLLI2S 输入时钟。

只有当 PLL 和 PLLI2S 被禁止时，这些位才能被写入。

注意：软件必须正确设置这些位，以确保 VCO 输入频率范围为 1～2MHz。建议选择 2MHz 的频率来限制 PLL 抖动。

VCO 输入频率=PLL 输入时钟频率/PLLM，2≤PLLM≤63。

000000：PLLM=0，配置错误

000001：PLLM=1，配置错误

000010：PLLM=2

⋮

111101：PLLM=61

111110：PLLM=62

111111：PLLM=63

寄存器 RCC_CFGR （RCC 时钟配置寄存器）

地址偏移：0x08

复位值：0x0000 0000

访问类型：0≤等待状态≤2，字，半字和字节访问

只有在时钟源切换期间发生访问时，才会插入 1 或 2 个等待状态。

31	30	29	28	27	26	25	24	23	22	21	20	19	18	17	16
MCO2		MCO2 PRE[2:0]			MCO1 PRE[2:0]			I2SR	MCO1		RTCPRE[4:0]				
rw	rw	rw	rw	rw	rw	rw	rw	rw	rw	rw	rw	rw	rw	rw	rw

15	14	13	12	11	10	9	8	7	6	5	4	3	2	1	0
PPRE2[2:0]			PPRE1[2:0]			Reserved		HPRE[3:0]				SWS1	SWS0	SW1	SW0
rw	rw	rw	rw	rw	rw			rw	rw	rw	rw	r	r	rw	rw

Bits 31:30：MCO2 表示微控制器时钟输出 2。

通过软件设置和清除。选择输出的时钟源可能会在 MCO2 上产生毛刺。建议在复位之前配置这些位，然后使能外部振荡器和 PLL。

00：选择系统时钟（SYSCLK） 01：选择 PLL 音频时钟（PLLI2S）

10：选择 HSE 振荡器时钟 11：选择 PLL 时钟

Bits 29:27：MCO2PRE 表示 MCO2 预分频器。

通过软件置 1 和清零，配置 MCO2 的预分频器。预分频器的修改可能会在 MCO2 上产生故障。建议仅在复位之前更改预分频器，之后才能使能外部振荡器和 PLL。

0xx：不分频 100：2 分频 101：3 分频

110：4 分频 111：5 分频

Bits 26:24：MCO1PRE 表示 MCO1 预分频器。

通过软件置 1 和清零，配置 MCO1 的预分频器。预分频器的修改可能会在 MCO1 上产生故障。建议仅在复位之前更改预分频器，之后才能使能外部振荡器和 PLL。

0xx：不分频 100：2 分频 101：3 分频

110：4 分频 111：5 分频

Bit 23：I2SSRC 表示 I2S 时钟选择。

通过软件设置和清除。该位允许选择 PLLI2S 时钟和外部时钟之间的 I2S 时钟源。建议仅在复位之后和使能 I2S 模块之前更改该位。

0：PLLI2S 时钟用作 I2S 时钟源

1：外部时钟映射在作用 I2S 时钟源的 I2S_CKIN 引脚上

Bits 22:21：MCO1 表示微控制器时钟输出 1。

通过软件设置和清除。选择输出的时钟源可能会在 MCO1 上产生毛刺。建议在复位之前配置这些位，然后使能外部振荡器和 PLL。

00：选择 HSI 时钟　　01：选择 LSE 振荡器

10：选择 HSE 振荡器时钟　　11：选择 PLL 时钟

Bits 20:16：RTCPRE 表示 RTC 时钟的 HSE 分频系数。

通过软件置 1 和清零，将 HSE 时钟输入时钟分频，为 RTC 产生 1MHz 的时钟。

注意：软件必须正确设置这些位，以确保提供给时钟的时钟 RTC 是 1MHz，在选择 RTC 之前，必须根据需要配置这些位的时钟源。

00000：无时钟　　00001：无时钟

00010：HSE/2　　00011：HSE/3

⋮

11110：HSE/30　　11111：HSE/31

Bits 15:13：PPRE2表示 APB 高速时钟分频器（APB2）。

通过软件设置和清零来控制 APB 高速时钟分频系数。

注意：软件必须在这些位上进行正确的设置，以保证其频率不能超过 84MHz。在 PPRE2 写入之后，APB 时钟是由 AHB 分频之后进行再次分频，其分频系数为 1 到 16 个 AHB 周期。

0xx：AHB 时钟不进行分频　　100：AHB 时钟的 2 分频

101：AHB 时钟的 4 分频　　110：AHB 时钟的 8 分频

111：AHB 时钟的 16 分频

Bits 12:10：PPRE1表示 APB 低速时钟分频器（APB1）。

通过软件设置和清零来控制 APB1 低速时钟分频系数。

注意：软件必须在这些位上进行正确的设置，以保证其频率不能超过 42MHz。在 PPRE1 写入之后，APB 时钟是由 AHB 分频之后进行再次分频，其分频系数为 1 到 16 个 AHB 周期。

0xx：AHB 时钟不进行分频　　100：AHB 时钟的 2 分频

101：AHB 时钟的 4 分频　　110：AHB 时钟的 8 分频

111：AHB 时钟的 16 分频

Bits 9:8：保留，其参数保持复位状态。

Bits 7:4：HPRE 表示 AHB 预分频器（AHB）。

通过软件置 1 和清零来控制 AHB 时钟的分频系数。

注意：在 HPRE 写入之后，时钟用新的预分配系数分配 1 到 16 个 AHB 周期。

0xxx：系统时钟　　1000：系统时钟的 2 分频
1001：系统时钟的 4 分频　　1010：系统时钟的 8 分频
1011：系统时钟的 16 分频　　1100：系统时钟的 64 分频
1101：系统时钟的 128 分频　　1110：系统时钟的 256 分频
1111：系统时钟的 512 分频

Bits 3:2：SWS 表示系统时钟切换状态。

由硬件置 1 和清零以表示哪个时钟源用作系统时钟。

00：HSI 振荡器作为系统时钟　　01：HSE 振荡器作为系统时钟
10：PLL 作为系统时钟　　11：不适用

Bits 1:0：SW 表示系统时钟切换。

通过软件设置和清除来选择系统时钟源。通过硬件置 1，在离开停止或待机模式时强制 HSI 选择，或者直接或间接使用 HSE 振荡器作为系统时钟。

00：选定 HSI 振荡器作为系统时钟
01：选定 HSE 振荡器作为系统时钟
10：选定 PLL 时钟作为系统时钟
11：不允许

2.3 时钟初始化配置实例

2.3.1 PLL 时钟

众所周知，一般的外部时钟源与 RC 振荡器产生的时钟频率本身不会特别高，特别是对于处理器来说，需要高主频来提升程序代码的运算速度。为了解决这个问题，ARM-Cortex-M 芯片设计了一套 PLL 锁相环倍频器，如图 2.11 所示。

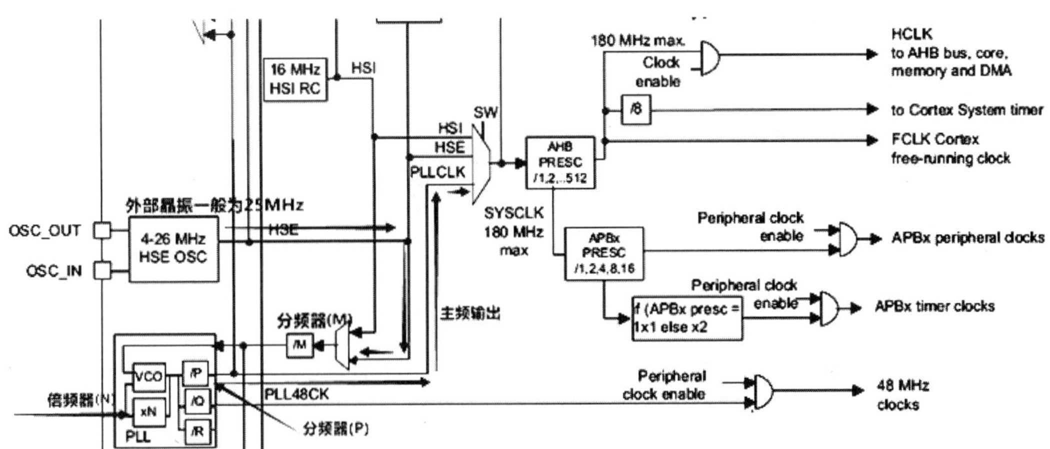

图 2.11　PLL 锁相环倍频器

一般情况下，其外接时钟源频率为 25MHz（可根据需求在区间[4～26MHz]范围内任意选择），通过 STM32F4 手册中可了解到推荐主频不超过 168MHz，其 168MHz 是通过分频器（M）、分频器（P）、倍频器（N）、HSE 时钟源来产生的。

其计算公式为：

$$PLLCLK = \frac{HSE \times PLL(N)}{PLL(M) \times PLL(P)}$$

式中，*PLLCLK* 为时钟主频；*HSE* 为外部时钟源频率；*PLL(N)*为倍频器（N）；*PLL(M)*为分频器（M）；*PLL(P)*为分频器（P）。

2.3.2　AHB 时钟

如图 2.12 所示，AHB 时钟的主频频率是由 PLL 时钟所提供，通过 AHB 分频器分频后将时钟作为 AHB bus 的运行时钟，当中 AHB 由 AHB 分频器分频后的时钟频率最大值不能超过 180MHz。

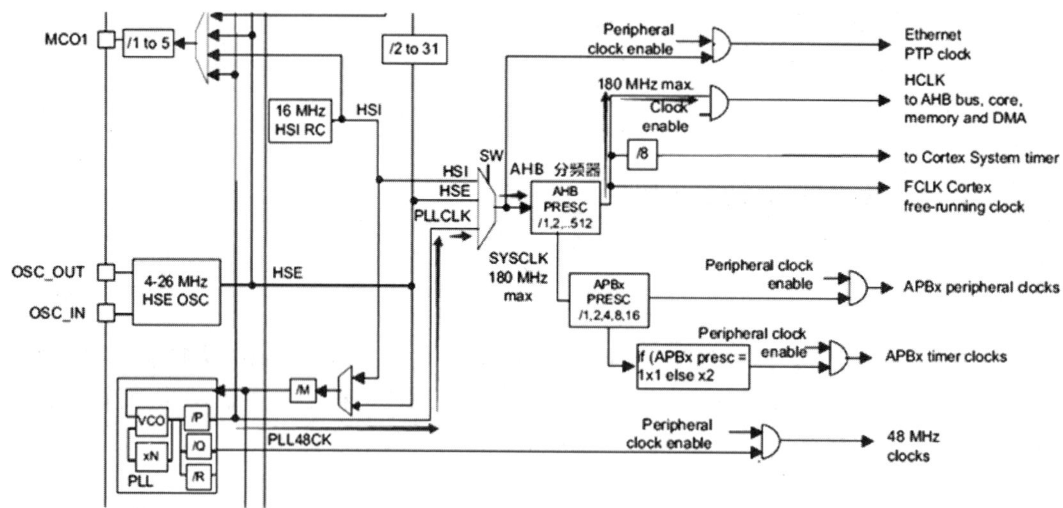

图 2.12　AHB 时钟图

一般主频若为 168MHz，AHB 分频器设置为 1，得出 AHB Bus 的时钟为 168MHz。当需要使用到 AHB 上的某个外设的时候，必须使能该外设时钟。

2.3.3　APB1 和 APB2 时钟

APBx 时钟分为两个时钟，分别为 APB1 时钟（低速总线时钟）与 APB2 时钟（高速总线时钟）。如图 2.13 所示，其时钟来源为 AHB 时钟，由于上述中 AHB 时钟分频器设定为 1，因此 APBx 的输入时钟为 168MHz；APB1 与 APB2，其中 APB1 的时钟频率不能超过 42MHz，APB2 时钟频率不能超过 84MHz。因此需要对 APB1 分频器、APB2 分频器进行分频。

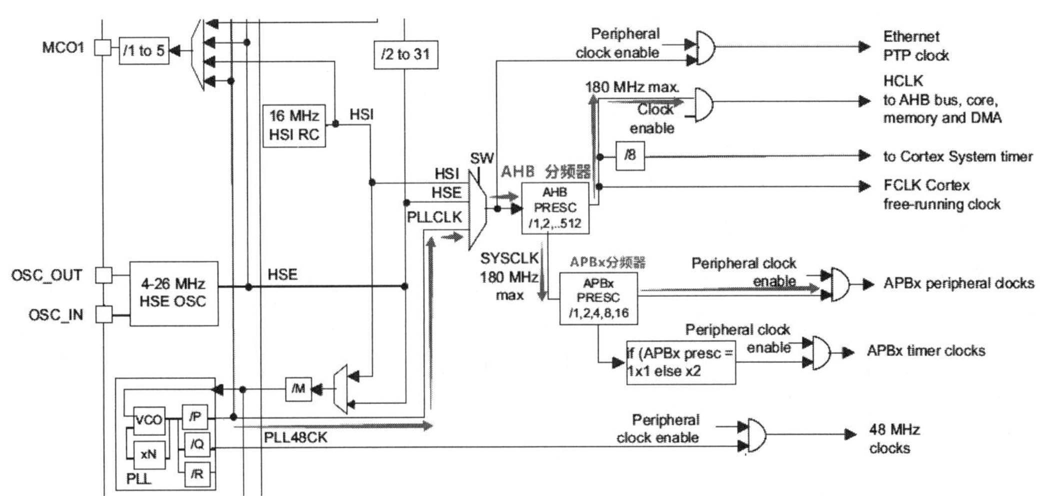

图 2.13　APBx 时钟图

掌握以上知识，读者就能够对时钟进行配置了。

由于之前创建工程时，系统已经默认给处理器设置了 PLL 主频、AHB、APBx 的频率了，因此在手动设置之前，需要将系统设定的参数清除。

本次实例中使用的开发板外接 HSE 的时钟源频率为 8MHz，需要通过 PLL 倍频使频率整合成 168MHz，初步计算得出 PLL_N=336，PLL_M=8，PLL_P=2，根据以上公式就可以计算出最终 PLLCLK 为 168MHz。

设定主频之前，需要将系统默认的时钟设定恢复成默认值，其函数如：

代码清单 2.1　设置默认时钟：

```
RCC_DeInit();
```

需要启动外接 HSE 时钟，其函数如：

代码清单 2.2　开启 HSE 时钟：

```
RCC_HSEConfig(RCC_HSE_ON);
```

接下来先将 PLL 时钟关闭，选定主频时钟为 PLLCLK，设定 PLL 倍频器参数。随后设定 APB1 与 APB2 的分频器，最后打开 PLL 时钟，这样整体的时钟设定流程就结束了。

代码清单 2.3　时钟初始化配置：

```
uint8_t Rcc_Init(void)
{
    uint16_t retry=0x1FFF;
    RCC_DeInit();                  //将原始时钟参数复位
    RCC_HSEConfig(RCC_HSE_ON);              //启动 HSE 时钟
    while(RCC_WaitForHSEStartUp() != SUCCESS)    //等待时钟启动成功
    {
        retry++;
        if(retry == 0xFFFF)
            return 1;      //HSE 时钟启动失败
    }
    RCC_PLLCmd(DISABLE);       //配置 PLL 时钟的时钟源之前需要关闭该时钟
    RCC_SYSCLKConfig(RCC_SYSCLKSource_PLLCLK); //设定 PLLCLK 的时钟为系统时钟
    /*设定 HSE 作为 PLLCLK 的时钟源，PLL_M 为 8，PLL_N 为 336,PLL_P 为 2，PLL_Q 为 7*/
```

```
        /* HSE 时钟源由外部决定，本次使用的开发板外接 HSE 时钟源为 8MHz */
        RCC_PLLConfig(RCC_PLLSource_HSE , 8,336,2,7);       //得出 PLLCLK 为 168MHz
        RCC_PCLK1Config(RCC_HCLK_Div4);     //APB1 设定为 PLLCLK 的 4 分频  168/4=42MHz
        RCC_PCLK2Config(RCC_HCLK_Div2);     //APB2 设定为 PLLCLK 的 2 分频  168/2=84MHz
        RCC_PLLCmd(ENABLE);             //启动 PLL 时钟
        while(RCC_GetFlagStatus(RCC_FLAG_PLLRDY) == RESET); //等待 PLL 时钟启动成功
        return 0;
}
```

当设定完主频后，需要测试主频是否设定成功，由于 PA8 端口可以作为 MCO1 进行 PLLCLK 输出，因此可以设定 PA8 端口为 PLLCLK 主频输出引脚（输出速率不能超过引脚最大速率 100MHz，选择分频输出）。这样就可以通过示波器观测 PLLCLK 输出频率了。

代码清单 2.4　端口初始化配置：

```
void MCO1_Init(void)
{
        GPIO_InitTypeDef   GPIO_InitStruct;
        RCC_AHB1PeriphClockCmd(RCC_AHB1Periph_GPIOA , ENABLE); //开启 GPIOA 时钟

        GPIO_InitStruct.GPIO_Mode = GPIO_Mode_AF;   //端口设定为复用
        GPIO_InitStruct.GPIO_OType = GPIO_OType_PP;
        GPIO_InitStruct.GPIO_Pin = GPIO_Pin_8;
        GPIO_InitStruct.GPIO_PuPd = GPIO_PuPd_UP;
        GPIO_InitStruct.GPIO_Speed = GPIO_Speed_100MHz;
        GPIO_Init(GPIOA , &GPIO_InitStruct);
        //端口 PA8 映射到 MCO 上
        GPIO_PinAFConfig(GPIOA, GPIO_PinSource8, GPIO_AF_MCO);
        //将 PLLCLK 4 分频输出(168/4=42MHz)
        RCC_MCO1Config(RCC_MCO1Source_PLLCLK , RCC_MCO1Div_4);
}
```

主函数编写如下代码所示：

代码清单 2.5　主函数：

```
int main(void)
{
        Rcc_Init();
        MCO1_Init();
        delay_init(168);    //启动滴答定时器延时
        while(1)
        {
        }
}
```

GPIO 输出功能配置（LED）

3.1 GPIO 功能概述

通用输入/输出端口（General Purpose Input Output，GPIO），也称为总线扩展器。如果将一款单片机比作一个人，其作出的各种反应相当于人类的动作，则微处理器相当于人类的大脑，而 GPIO 则是人体神经的一部分，通过这些神经，大脑可以获取来自外界的信息——CPU 与外设的数据交互，也可以控制人类的行为——控制一些硬件设备。

STM32 芯片的单片机被分为很多组，每组有 16 个 GPIO，从 Pin0 到 Pin15，如 STM32F4IGT6 型号的芯片有 GPIOA、GPIOB、GPIOC 一直到 GPIOG 共计 7 组 GPIO 口，芯片一共有 144 个引脚，其中 GPIO 就占了很大一部分，所有的 GPIO 引脚都有最基本的输入输出功能。

I/O 口的输出功能由 GPIOx_MODER 寄存器控制，控制 I/O 口输出高电平或低电平可实现 LED 灯亮或灭的操作。

每个通用 I/O 端口包括 4 个 32 位配置寄存器（GPIOx_MODER、GPIOx_OTYPER、GPIOx_OSPEEDR 和 GPIOx_PUPDR）、2 个 32 位数据寄存器（GPIOx_IDR 和 GPIOx_ODR）、1 个 32 位置位/复位寄存器（GPIOx_BSRR）、1 个 32 位锁定寄存器（GPIOx_LCKR）和 2 个 32 位复用功能选择寄存器（GPIOx_AFRH 和 GPIOx_AFRL）。

通过配置寄存器，开发者可以将 I/O 口配置为 8 种模式：

- 带上拉电阻的输入
- 带下拉电阻的输入
- 浮空输入
- 模拟输入
- 带上下拉电阻的推挽输出

- 带上下拉电阻的开漏输出
- 带上下拉电阻的推挽复用输出
- 带上下拉电阻的开漏复用输出

图 3.1 所示的硬件框图，从右向左看，I/O 引脚线路向里延伸，首先是上下拉电阻与保护二极管。

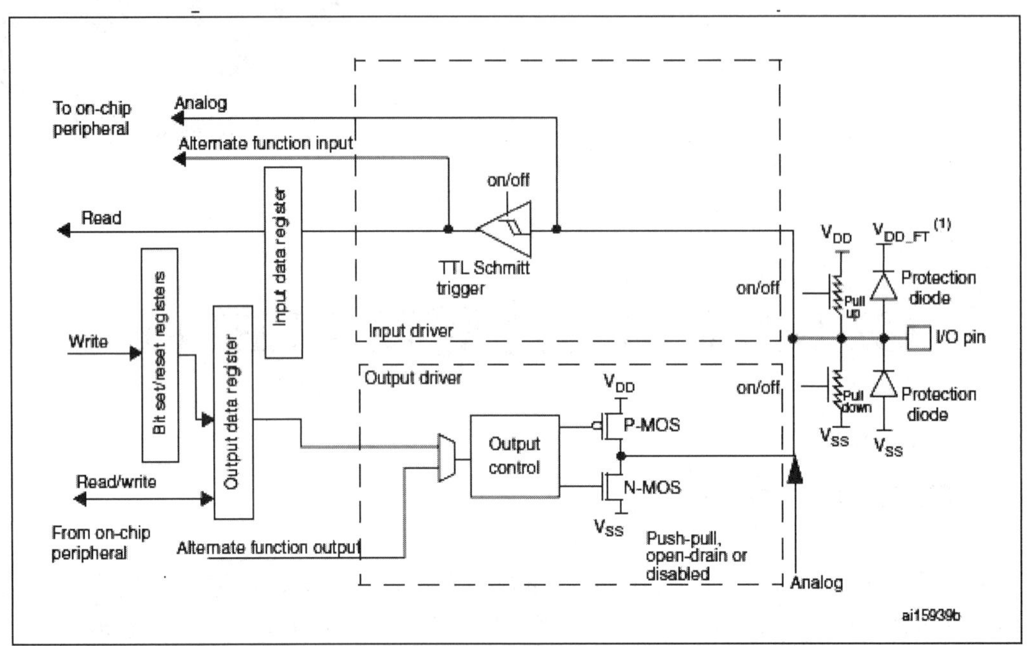

图 3.1　I/O 端口的基本结构

引脚的两个保护二极管用于保护电路，防止外部过高过低的电平输入。由于二极管的单向导通性，在平常状态下，保护二极管的存在不会对电路造成影响，而当外部输入电平高于 V_{DD_FT} 的时候，位于上方的保护二极管就会导通，将电压拉低；当输入的电平低于 V_{SS} 的时候，下方的保护二极管就会导通。

尽管有这样的保护，但是这并不就意味着单片机的 I/O 口可以随意接负载，当电压大于一定数值时，二极管将被击穿，烧毁芯片，所以在 I/O 接负载使用时，务必要注意。

通过配置上下拉电阻，可以控制引脚默认电平，在开启上拉电阻时，可以将不确定的输入电平拉高，则默认输入电平为高电平；在开启下拉电阻的时候，可以将不确定的输入电平拉低，则默认输入电平为低电平。上下拉电阻可以应用在按键输入的时候，首先开启上下拉电阻，确定一个初始电平，当检测到输入的电平改变的时候，就可以认为按键按下了。

当上下拉电阻不开启时，I/O 口处于浮空状态，输入的电平将是一个不确定的值，无法确定到底是高是低，所以一般情况下都会开启上下拉电阻。

引脚线路经过保护二极管与上下路电阻，向上最终流向 CPU，此路线为“输入模式”，下方则是由 CPU 输出，此路线为“输出模式”。

GPIO 的输出部分，主要是由两个 MOS 管，以及输出控制器组成，两个 MOS 管的组合输出，让 I/O 口有了推挽与开漏两种模式。

带上下拉电阻的推挽输出：

推挽输出是由 MOS 管的工作方式命名的。当 CPU 对相关寄存器写“1”的时候，上方的 P-MOS 管导通，下方的 N-MOS 管关闭，电压会被拉高至 VDD，最终输出高电平；当 CPU 对寄存器写“0”的时候，上方的 P-MOS 管关闭，下方的 N-MOS 管导通，电压被拉低至 VSS，最终输出低电平。也就是说，推挽输出即便不接上下拉电阻，也可以输出高低电平。

带上下拉电阻的开漏输出：

开漏输出模式下，P-MOS 管始终不会被开启。当 CPU 对相关寄存器写“1”的时候，上方的 P-MOS 管与下方的 N-MOS 管都不会被开启，此时引脚既不输出高电平，也不输出低电平，为高阻态；当 CPU 对寄存器写“0”的时候，上方的 P-MOS 管依旧不会开启，下方的 N-MOS 管则会开启，输出接地，最终输出低电平。也就是说，在没有上下拉电阻的情况下，开漏输出无法输出高电平，若是想要输出高电平，则必须给 I/O 口配置上拉电阻。

带上下拉电阻的推挽复用输出：

GPIO 最基础的功能是当作通用输入/输出端口使用，而 STM32 是有着强大的功能模块的，这些模块与不同的引脚重叠，也就是说一个引脚往往有好几种外设模块。强大的功能势必伴随着高耗能，为了节省功耗，工程师为这些功能设置了一个又一个的开关，极大的降低了 STM32 的功耗，

可以将复用功能看做是一个单刀多掷开关，一个“闭合状态”代表一个外设功能，复用代表开启这个功能的通道；在没有开启复用之前，外设不会对这些 I/O 口有任何的影响。所以带上下拉电阻的推挽复用输出，就是基于外设输出的功能之下，将最后的输出变为推挽输出。

带上下拉电阻的开漏复用输出：

带上下拉电阻的开漏复用输出，就是基于外设输出的功能之下，将最后的输出变为开漏输出。

3.2 GPIO 相关寄存器

一般情况下，STM32 的编程方式有两种：一种是使用自带的固件库函数编程，另一种则是使用寄存器编程。要是会汇编语言，也可使用汇编进行编写。

固件库函数编程，本质还是基于对寄存器的操作，与直接操作寄存器编程相比，固件库函数编程显得更加的方便、快捷、简单，不过用户还是需要了解最基础的寄存器编程。因为在某些对代码运行极其苛刻的场景之下，库函数的效率并不足以胜任，必须要使用较为快速的寄存器编程，乃至是汇编语言编程。

首先一个问题，寄存器到底是什么？

寄存器是中央处理器（CPU）内的组成部分。寄存器是有限存储容量的高速存储部件，它们可以用来暂存指令、数据和地址。也就是说，寄存器类似内存，可以用来暂存指令、数据和地址，只是存储容量很小；既然类似内存，自然寄存器是有地址的，可以通过 C 语言的指针来操作寄存器里面暂存的数据，而寄存器编程正是基于此。

寄存器 GPIOx_MODER （GPIO 端口模式配置寄存器)
地址偏移：0x00
复位值：
端口 A：0xA800 0000
端口 B：0x0000 0280
其余端口：0x0000 0000

31	30	29	28	27	26	25	24	23	22	21	20	19	18	17	16
MODER15[10]		MODER14[10]		MODER13[10]		MODER12[10]		MODER11[10]		MODER10[10]		MODER9[10]		MODER8[10]	
rw	rw	rw	rw	rw	rw	rw	rw	rw	rw	rw	rw	rw	rw	rw	rw
15	**14**	**13**	**12**	**11**	**10**	**9**	**8**	**7**	**6**	**5**	**4**	**3**	**2**	**1**	**0**
MODER7[10]		MODER6[10]		MODER5[10]		MODER4[10]		MODER3[10]		MODER2[10]		MODER1[10]		MODER0[10]	
rw	rw	rw	rw	rw	rw	rw	rw	rw	rw	rw	rw	rw	rw	rw	rw

Bits 2y+1:0：MODERy[1:0]表示用于配置 I/O 的功能模式（rw 代表既可以读也可以写这个寄存器，y 对应的相应的 I/O 口，一共 32 位的寄存器，每两位对应一个 I/O 口，一共对应 16 个 I/O 口）。

00：配置 I/O 口输入（此状态为 I/O 口默认状态以及复位后的状态）
01：通用输出模式
10：复用功能模式
11：模拟模式

寄存器 GPIOx_OTYPER （GPIO 端输出类型寄存器)
地址偏移：0x04
复位值：0x0000 0000

31	30	29	28	27	26	25	24	23	22	21	20	19	18	17	16
Reserved															
15	**14**	**13**	**12**	**11**	**10**	**9**	**8**	**7**	**6**	**5**	**4**	**3**	**2**	**1**	**0**
OT15	OT14	OT13	OT12	OT11	OT10	OT9	OT8	OT7	OT6	OT5	OT4	OT3	OT2	OT1	OT0
rw	rw	rw	rw	rw	rw	rw	rw	rw	rw	rw	rw	rw	rw	rw	rw

Bits 31:16：Resevrved 表示保留，必须保持复位值。

Bits 15:0：用于配置 I/O 口的输出类型。（一位对应一个 I/O 口，设置推挽输出还是开漏输出）。

0：输出推挽（复位后状态）
1：输出开漏

寄存器 GPIOx_OSPEEDR （GPIO 端口输出速率寄存器)
地址偏移：0x08
复位值：
端口 B：0x0000 00C0

其他端口：0x0000 0000

31	30	29	28	27	26	25	24	23	22	21	20	19	18	17	16
OSPEEDER15 [1:0]		OSPEEDER14 [1:0]		OSPEEDER13 [1:0]		OSPEEDER12 [1:0]		OSPEEDER11 [1:0]		OSPEEDER10 [1:0]		OSPEEDER9 [1:0]		OSPEEDER8 [1:0]	
rw	rw	rw	rw	rw	rw	rw	rw	rw	rw	rw	rw	rw	rw	rw	rw
15	**14**	**13**	**12**	**11**	**10**	**9**	**8**	**7**	**6**	**5**	**4**	**3**	**2**	**1**	**0**
OSPEEDER7 [1:0]		OSPEEDER6 [1:0]		OSPEEDER5 [1:0]		OSPEEDER4 [1:0]		OSPEEDER3 [1:0]		OSPEEDER2 [1:0]		OSPEEDER1 [1:0]		OSPEEDER0 [1:0]	
rw	rw	rw	rw	rw	rw	rw	rw	rw	rw	rw	rw	rw	rw	rw	rw

Bits 2y+1:0：OSPEEDRy[1:0] 表示通过软件写入，控制 I/O 的响应速度（请注意，I/O 口的输出速度是由程序控制的，这里的输出速度是指的引脚支持高低电平切换的最高频率）。

00：2MHz（低速）

01：25MHz（中速）

10：50MHz（快速）

11：30pF 的电容对应 100MHz（高速）

寄存器 GPIOx_PUPDR （GPIO 上下拉设定寄存器)

地址偏移：0x0C

复位值：

端口 A：0x6400 0000

端口 B：0x0000 0100

其余端口：0x0000 0000

31	30	29	28	27	26	25	24	23	22	21	20	19	18	17	16
PUPDER15[1:0]		PUPDER14[1:0]		PUPDER13[1:0]		PUPDER12[1:0]		PUPDER11[1:0]		PUPDER10[1:0]		PUPDER9[1:0]		PUPDER8[1:0]	
rw	rw	rw	rw	rw	rw	rw	rw	rw	rw	rw	rw	rw	rw	rw	rw
15	**14**	**13**	**12**	**11**	**10**	**9**	**8**	**7**	**6**	**5**	**4**	**3**	**2**	**1**	**0**
PUPDER7[1:0]		PUPDER6[1:0]		PUPDER5[1:0]		PUPDER4[1:0]		PUPDER3[1:0]		PUPDER2[1:0]		PUPDER1[1:0]		PUPDER0[1:0]	
rw	rw	rw	rw	rw	rw	rw	rw	rw	rw	rw	rw	rw	rw	rw	rw

Bits 2y+1:2y：PUPDER[1:0]表示端口 x 设定位（y=0…15）。

这些位可以通过软件写入的方式来配置对应端口的上下拉。

00：悬空（默认） 01：上拉

10：下拉 11：保留

寄存器 GPIOx_IDR （GPIO 端口输入状态寄存器)

地址偏移：0x10

复位值：0x0000 XXXX

31	30	29	28	27	26	25	24	23	22	21	20	19	18	17	16
Reserved															
15	14	13	12	11	10	9	8	7	6	5	4	3	2	1	0
IDR15	IDR14	IDR13	IDR12	IDR11	IDR10	IDR9	IDR8	IDR7	IDR6	IDR5	IDR4	IDR3	IDR2	IDR1	IDR0
r	r	r	r	r	r	r	r	r	r	r	r	r	r	r	r

Bits 31:16：保留，必须保持复位值。

Bits 15:0：IDRy[15:0] 表示端口输入数据，这里的 r 表示只读形式，也就是说开发者无法对输入数据寄存器里的数据进行修改，能做的只是读取该寄存器里的数据。

寄存器 GPIOx_ODR （GPIO 端口输出状态寄存器)

地址偏移：0x14

复位值：0x0000 0000

31	30	29	28	27	26	25	24	23	22	21	20	19	18	17	16
Reserved															
15	14	13	12	11	10	9	8	7	6	5	4	3	2	1	0
ODR15	ODR14	ODR13	ODR12	ODR11	ODR10	ODR9	ODR8	ODR7	ODR6	ODR5	ODR4	ODR3	ODR2	ODR1	ODR0
rw	rw	rw	rw	rw	rw	rw	rw	rw	rw	rw	rw	rw	rw	rw	rw

Bits 31:16：保留，必须保持复位值。

Bits 15:0：ODRy[15:0]表示端口输出数据，这里可通过软件进行读写，修改相应 I/O 口的输出的电平。

0：低电平

1：高电平

寄存器 GPIOx_BSRR （GPIO 端口设定复位状态寄存器)

地址偏移：0x18

复位值：0x0000 0000

31	30	29	28	27	26	25	24	23	22	21	20	19	18	17	16
BR15	BR14	BR13	BR12	BR11	BR10	BR9	BR8	BR7	BR6	BR5	BR4	BR3	BR2	BR1	BR0
w	w	w	w	w	w	w	w	w	w	w	w	w	w	w	w
15	14	13	12	11	10	9	8	7	6	5	4	3	2	1	0
BS15	BS14	BS13	BS12	BS11	BS10	BS9	BS8	BS7	BS6	BS5	BS4	BS3	BS2	BS1	BS0
w	w	w	w	w	w	w	w	w	w	w	w	w	w	w	w

Bits 31:16：BRy 表示相应端口复位。

0：不对相应的 ODR 端口执行操作

1：对相应的 ODR 端口进行复位（ODRy 置 0）

Bits 15:0：BSy 表示相应端口置位。

0：不对相应的 ODR 端口执行操作

1：对相应的 ODR 端口进行置位（ODRy 置 1）

寄存器 GPIOx_LCKR （GPIO 端口锁定寄存器)

地址偏移：0x1C

复位值：0x0000 0000

31	30	29	28	27	26	25	24	23	22	21	20	19	18	17	16
Reserved															LCKK
															rw

15	14	13	12	11	10	9	8	7	6	5	4	3	2	1	0
LCK15	LCK14	LCK13	LCK12	LCK11	LCK10	LCK9	LCK8	LCK7	LCK6	LCK5	LCK4	LCK3	LCK2	LCK1	LCK0
rw	rw	rw	rw	rw	rw	rw	rw	rw	rw	rw	rw	rw	rw	rw	rw

Bits 31:17：保留，必须保持复位值。

Bit 16：LCKK[16]表示端口配置锁定功能。

0：端口配置锁定功能未激活

1：端口配置锁定功能激活（一旦激活，除非单片机重新上电或者复位，否则端口配置将一直被锁定）

当这个位被写入正确的序列的时候，将会锁定端口位的配置；在 LCKK 位未写入正确的序列之前，任何对位[15:0]里的写操作都将无法生效；在给寄存器写序列的时候，一旦写序列出错，则必须从头开始重新写序列。

锁定写序列：

写入：0x00010000

写入：0x00000000

写入：0x00010000

可在写序列完毕之后，对 LCKK[16]进行读取，若是 LCKK[16]中的值为 1，则表示端口配置锁定已经生效，已经可以对 LCKy[15]进行写操作，锁定相应的端口配置了。

Bits 15:0：LCKy[15:0]表示用于锁定相应的 I/O 口配置。

0：端口配置未锁定

1：端口配置已锁定

寄存器 GPIOx_AFRL（GPIO 低位端口复用寄存器）

地址偏移：0x20

复位值：0x0000 0000

31	30	29	28	27	26	25	24	23	22	21	20	19	18	17	16
AFRL7[3:0]				AFRL6[3:0]				AFRL5[3:0]				AFRL4[3:0]			
rw	rw	rw	rw	rw	rw	rw	rw	rw	rw	rw	rw	rw	rw	rw	rw

15	14	13	12	11	10	9	8	7	6	5	4	3	2	1	0
AFRL3[3:0]				AFRL2[3:0]				AFRL1[3:0]				AFRL0[3:0]			
rw	rw	rw	rw	rw	rw	rw	rw	rw	rw	rw	rw	rw	rw	rw	rw

Bits 31:0：AFRLx 表示通过配置寄存器，选择相应的复用功能。（4 个一组，与复用高位寄存器合用，表示 16 个 I/O 口）。

AFRLy：

0000：AF0	1000：AF8
0001：AF1	1001：AF9
0010：AF2	1010：AF10
0011：AF3	1011：AF11
0100：AF4	1100：AF12
0101：AF5	1101：AF13
0110：AF6	1110：AF14
0111：AF7	1111：AF15

寄存器 GPIOx_AFRH （GPIO 高位端口复用寄存器)

地址偏移：0x24

复位值：0x0000 0000

31	30	29	28	27	26	25	24	23	22	21	20	19	18	17	16
AFRH7[3:0]				AFRH6[3:0]				AFRH5[3:0]				AFRH4[3:0]			
rw	rw	rw	rw	rw	rw	rw	rw	rw	rw	rw	rw	rw	rw	rw	rw
15	**14**	**13**	**12**	**11**	**10**	**9**	**8**	**7**	**6**	**5**	**4**	**3**	**2**	**1**	**0**
AFRH3[3:0]				AFRH2[3:0]				AFRH1[3:0]				AFRH0[3:0]			
rw	rw	rw	rw	rw	rw	rw	rw	rw	rw	rw	rw	rw	rw	rw	rw

Bits 31:0：AFRHx 表示通过配置寄存器，选择相应的复用功能。（4 个一组，与复用功能低位寄存器合用，表示 16 个 I/O 口）。

AFRHy：

0000：AF0	1000：AF8
0001：AF1	1001：AF9
0010：AF2	1010：AF10
0011：AF3	1011：AF11
0100：AF4	1100：AF12
0101：AF5	1101：AF13
0110：AF6	1110：AF14
0111：AF7	1111：AF15

3.3 GPIO 输出配置实例

1. 开启时钟

如果说 CPU 相当于人类的大脑，那么时钟就相当于人体的心脏，心脏跳动得越快，才能支撑一个人愈加剧烈的运动，时钟的频率越大，则电路的反应越快。在 STM32 开发时，不管使用什么功能，哪怕是最为基础的 I/O 口输入/输出功能，用户也必须使能相应的时钟。

而像 51 单片机，就没有输入、输出以及时钟的问题，在使用时，不需要配置较多的寄存器，程序很容易就能跑起来。

随着电子产品的集成度越来越高，单片机集成了越来越多的功能，单片机的发热与功耗越来越严重。为此，芯片厂商也在尽力解决这个问题，首先一个最直接的思路就是减少功能。但是舍弃强大的功能，去追逐低功耗，未免有些舍本逐末。芯片厂商选择为单片机的这些强大的外设设置了一个又一个开关，让开发者可以精确地控制——即使用某些功能就开启某些功能的开关，不需要的设备处于关闭状态。

另外，时钟的存在还涉及了一个时钟门控的技术，这个技术又涉及了同步电路，有兴趣的读者可以翻阅数字电子技术基础方面的书籍。

本节实验用户用 I/O 口点亮 LED 等，将会使用到 I/O 口功能，需要使能 I/O 的时钟。STM32 的所有外设功能的时钟统一由一个专门的外设来管理，这个外设叫作 RCC，对于 RCC，可以回顾本书的第 2 章。

另外在相关的 Data Sheet 中可查到，所有的 GPIO 时钟线都挂载到 AHB1 总线上，它们的时钟都是由 AHB1 外设时钟使能寄存器（RCC_AHB1ENR）来控制，其中 GPIOF 端口的时钟由该寄存器的位 5 写 1 使能来开启。

关于使能相关函数，可以在 stm32fxxx_rcc.c 文件中找到。

代码清单 3.1　使能 I/O 口时钟：

```
RCC_AHB1PeriphClockCmd(RCC_AHB1Periph_GPIOF, ENABLE);//使能 GPIOF 端口时钟
```

2. GPIO 口配置

在使能了 I/O 口时钟，开启 I/O 口之后，用户就要对 I/O 口进行设置了。关于 I/O 口的相关寄存器配置，在 3.2 节的相关寄存器就全部涉及了。

此章用户旨在点亮 LED 灯，所以首先用户就需要将 I/O 口模式设置为输出。

关于输出模式，在讲寄存器的时候，也讲到过，I/O 口输出共有四种方式。

此章实验用户不会用到任何的外设功能，所以 I/O 口输出功能选择也就限制在了两种，即推挽输出与开漏输出。

这里用户将 I/O 口的输出配置为推挽输出，之所以选择推挽输出，是因为开漏输出在无外部上下拉电阻的情况下，无法输出高低电平。而在开发板上，LED 灯电路是一端接 I/O 口，另一端接 3.3V 的电压。唯有在输出低电平的时候，LED 灯才会一直保持点亮的状态不熄灭。

再接下来就是配置 I/O 口的输出速度，前文说过 I/O 口输出速度是 I/O 口支持的高低电平切换的最大频率，这个用户可以随意配置，对用户要实现的功能没有什么影响。

代码清单 3.2　GPIO 配置：

```
GPIO_InitStructure.GPIO_Pin=GPIO_Pin_9 | GPIO_Pin_10;
GPIO_InitStructure.GPIO_Mode = GPIO_Mode_OUT;
GPIO_InitStructure.GPIO_OType = GPIO_OType_PP;
GPIO_InitStructure.GPIO_Speed = GPIO_Speed_100MHz;
GPIO_InitStructure.GPIO_PuPd = GPIO_PuPd_UP;
```

在将 I/O 口设置完毕之后，用户就可以控制 I/O 口输出高低电平了。

用户在初始化完毕之后，需要通过代码控制 I/O 口输出高电平，以免在用户控制之前，LED 就被点亮。

代码清单 3.3 控制 I/O 口电平：

```
GPIO_SetBits(GPIOF,GPIO_Pin_9);        //将 F9 口的电平拉高
```

代码初始化完毕后，用户需要在 main 函数中的 while(1)死循环中来控制 I/O 口的状态。

LED 一端连接的是 I/O 口，另一端连接的是 3.3V 的高电平，若想 LED 灯亮，则需要电流通过，即两端有电压差，此时应控制 I/O 口输出低电平。

输出低电平会让 LED 灯亮起来，输出高电平会让 LED 灯熄灭，延迟函数通过执行延迟，保持 I/O 口输出电平一段时间，也会让 LED 灯保持相应的状态一段时间，通过这些操作用户可以控制 LED 灯，展示用户想要的状态。

代码清单 3.4 封装代码：

```
void LED_ON(uint16_t LEDx)
{
        switch(LEDx)
        {
            case 1:GPIO_ResetBits(GPIOF,GPIO_Pin_9);
                break;
            case 2:GPIO_ResetBits(GPIOF,GPIO_Pin_10);
                break;
            default: break;
        }
}
void  LED_OFF(uint16_t LEDx)
{
        switch(LEDx)
        {
            case 1:GPIO_SetBits(GPIOF,GPIO_Pin_9);
                break;
            case 2:GPIO_SetBits(GPIOF,GPIO_Pin_10);
                break;
            default: break;
        }
}
```

代码清单 3.5 完整代码：

```
void Led_Init()
{
    /*声明一个 GPIO_InitTypeDef 类型的 GPIO_InitStructure 结构体*/
    GPIO_InitTypeDef   GPIO_InitStructure;

    /*使能 GPIOF 端口时钟，使用任何外设都需要先使能其时钟*/
    RCC_AHB1PeriphClockCmd(RCC_AHB1Periph_GPIOF, ENABLE);

    /*通过访问结构体的成员初始化 GPIO 口设置*/
    GPIO_InitStructure.GPIO_Pin=GPIO_Pin_9 | GPIO_Pin_10;
    GPIO_InitStructure.GPIO_Mode = GPIO_Mode_OUT;
    GPIO_InitStructure.GPIO_OType = GPIO_OType_PP;
    GPIO_InitStructure.GPIO_Speed = GPIO_Speed_100MHz;
    GPIO_InitStructure.GPIO_PuPd = GPIO_PuPd_UP;

    /*通过传入参数，告诉 CPU 初始化的是 GPIOF 的 I/O 口*/
```

```
	GPIO_Init(GPIOF, &GPIO_InitStructure);

	/*控制输出低电平，以保证 LED 在没有控制前是关闭的*/
	GPIO_SetBits(GPIOF,GPIO_Pin_9 | GPIO_Pin_10);
}

void LED_ON(uint16_t LEDx)
{
	switch(LEDx)
	{
		case 1:GPIO_ResetBits(GPIOF,GPIO_Pin_9);
			break;
		case 2:GPIO_ResetBits(GPIOF,GPIO_Pin_10);
			break;
		default: break;
	}
}

//将代码封装为接口会更加的明显
void	LED_OFF(uint16_t LEDx)
{
	switch(LEDx)
	{
		case 1:GPIO_SetBits(GPIOF,GPIO_Pin_9);
			break;
		case 2:GPIO_SetBits(GPIOF,GPIO_Pin_10);
			break;
		default: break;
	}
}

int main()
{
	GPIO_PinAFConfig(GPIOH,GPIO_Pin_7,GPIO_AF_IIC3);
	delay_init(168);
	LED_Init();
	while(1)
	{
		LED_ON(1);			//点亮 LED1
		LED_OFF(2);			//关闭 LED2
		delay_ms(2000);		//保持状态 2s
		LED_ON(2);			//点亮 LED2
		LED_OFF(1);			//熄灭 LED1
		delay_ms(2000);		//保持 2s
	}
}
```

GPIO 输入功能配置

4.1 GPIO 相关寄存器

寄存器 GPIOx_MODER （GPIO 端口模式配置寄存器）
地址偏移：0x00
复位值：
端口 A：0xA800 0000
端口 B：0x0000 0280
其余端口：0x0000 0000

31	30	29	28	27	26	25	24	23	22	21	20	19	18	17	16
MODER15[1:0]		MODER14[1:0]		MODER13[1:0]		MODER12[1:0]		MODER11[1:0]		MODER10[1:0]		MODER9[1:0]		MODER8[1:0]	
rw	rw	rw	rw	rw	rw	rw	rw	rw	rw	rw	rw	rw	rw	rw	rw

15	14	13	12	11	10	9	8	7	6	5	4	3	2	1	0
MODER7[1:0]		MODER6[1:0]		MODER5[1:0]		MODER4[1:0]		MODER3[1:0]		MODER2[1:0]		MODER1[1:0]		MODER0[1:0]	
rw	rw	rw	rw	rw	rw	rw	rw	rw	rw	rw	rw	rw	rw	rw	rw

Bits 2y+1:2y：MODER[1:0]表示端口 x 设定位（y=0…15）。
这些位可以通过软件写入的方式设定端口的输入/输出模式。

00：输入模式（默认）　　01：通用输出模式
10：复用功能模式　　11：模式模式

寄存器 GPIOx_OTYPER （GPIO 端输出类型寄存器）
地址偏移：0x04
复位值：0x0000 0000

31	30	29	28	27	26	25	24	23	22	21	20	19	18	17	16
Reserved															
15	14	13	12	11	10	9	8	7	6	5	4	3	2	1	0
OT15	OT14	OT13	OT12	OT11	OT10	OT9	OT8	OT7	OT6	OT5	OT4	OT3	OT2	OT1	OT0
rw	rw	rw	rw	rw	rw	rw	rw	rw	rw	rw	rw	rw	rw	rw	rw

Bits 31:16：保留，其参数保持复位状态。

Bits 15:0：Oty 表示端口 x 设定位（x=0…15）。

这些位可以通过软件写入的方式来配置对应端口的输出类型。

0：推完输出（默认）

1：开漏输出

寄存器 GPIOx_OSPEEDR （GPIO 端口输出速率寄存器）

地址偏移：0x08

复位值：

端口 B：0x0000 00C0

其他端口：0x0000 0000

31	30	29	28	27	26	25	24	23	22	21	20	19	18	17	16
OSPEEDER15 [1:0]		OSPEEDER14 [1:0]		OSPEEDER13 [1:0]		OSPEEDER12 [1:0]		OSPEEDER11 [1:0]		OSPEEDER10 [1:0]		OSPEEDER9 [1:0]		OSPEEDER8 [1:0]	
rw	rw	rw	rw	rw	rw	rw	rw	rw	rw	rw	rw	rw	rw	rw	rw
15	14	13	12	11	10	9	8	7	6	5	4	3	2	1	0
OSPEEDER7 [1:0]		OSPEEDER6 [1:0]		OSPEEDER5 [1:0]		OSPEEDER4 [1:0]		OSPEEDER3 [1:0]		OSPEEDER2 [1:0]		OSPEEDER1 [1:0]		OSPEEDER0 [1:0]	
rw	rw	rw	rw	rw	rw	rw	rw	rw	rw	rw	rw	rw	rw	rw	rw

Bits 2y+1:2y：OSPEEDER[1:0]表示端口 x 设定位（y=0…15）。

这些位可以通过软件写入的方式来配置对应端口的输出速率。

00：低速输出（2MHz） 01：中速输出（25MHz）

10：快速输出（50MHz） 11：快速输出（100MHz）

寄存器 GPIOx_PUPDR （GPIO 上下拉设定寄存器）

地址偏移：0x0C

复位值：

端口 A：0x6400 0000

端口 B：0x0000 0100

其余端口：0x0000 0000

31	30	29	28	27	26	25	24	23	22	21	20	19	18	17	16
PUPDER15[1:0]		PUPDER14[1:0]		PUPDER13[1:0]		PUPDER12[1:0]		PUPDER11[1:0]		PUPDER10[1:0]		PUPDER9[1:0]		PUPDER8[1:0]	
rw	rw	rw	rw	rw	rw	rw	rw	rw	rw	rw	rw	rw	rw	rw	rw

15	14	13	12	11	10	9	8	7	6	5	4	3	2	1	0
PUPDER7[1:0]		PUPDER6[1:0]		PUPDER5[1:0]		PUPDER4[1:0]		PUPDER3[1:0]		PUPDER2[1:0]		PUPDER1[1:0]		PUPDER0[1:0]	
rw	rw	rw	rw	rw	rw	rw	rw	rw	rw	rw	rw	rw	rw	rw	rw

Bits 2y+1:2y：PUPDER[1:0]表示端口 x 设定位（y=0…15）。

这些位可以通过软件写入的方式来配置对应端口的上下拉。

00：悬空（默认） 01：上拉

10：下拉 11：保留

寄存器 GPIOx_IDR （GPIO 端口输入状态寄存器）

地址偏移：0x10

复位值：0x0000 XXXX

31	30	29	28	27	26	25	24	23	22	21	20	19	18	17	16
Reserved															
15	**14**	**13**	**12**	**11**	**10**	**9**	**8**	**7**	**6**	**5**	**4**	**3**	**2**	**1**	**0**
IDR15	IDR14	IDR13	IDR12	IDR11	IDR10	IDR9	IDR8	IDR7	IDR6	IDR5	IDR4	IDR3	IDR2	IDR1	IDR0
r	r	r	r	r	r	r	r	r	r	r	r	r	r	r	r

Bits 31:16：保留，其参数保持复位状态。

Bits 15:0：IDRy 表示端口 x 输入位（x=0…15）。

端口为只读状态，只能在字模式下进行访问。它们包含响应 I/O 端口输入值。

寄存器 GPIOx_AFRL （GPIO 低位端口复用寄存器）

地址偏移：0x20

复位值：0x0000 0000

31	30	29	28	27	26	25	24	23	22	21	20	19	18	17	16
AFRL7[3:0]				AFRL6[3:0]				AFRL5[3:0]				AFRL4[3:0]			
rw	rw	rw	rw	rw	rw	rw	rw	rw	rw	rw	rw	rw	rw	rw	rw
15	**14**	**13**	**12**	**11**	**10**	**9**	**8**	**7**	**6**	**5**	**4**	**3**	**2**	**1**	**0**
AFRL3[3:0]				AFRL2[3:0]				AFRL1[3:0]				AFRL0[3:0]			
rw	rw	rw	rw	rw	rw	rw	rw	rw	rw	rw	rw	rw	rw	rw	rw

Bits 31:0：AFRLy 表示端口 x 位 y 的复用功能选择（y=0…7）。

这些位由软件写入，配置复用功能 I/O。

0000：AF0

0001：AF1

⋮

1111：AF15

寄存器 GPIOx_AFRH （GPIO 高位端口复用寄存器）

地址偏移：0x24

复位值：0x0000 0000

31	30	29	28	27	26	25	24	23	22	21	20	19	18	17	16
AFRH15[3:0]				AFRH14[3:0]				AFRH13[3:0]				AFRH12[3:0]			
rw	rw	rw	rw	rw	rw	rw	rw	rw	rw	rw	rw	rw	rw	rw	rw
15	14	13	12	11	10	9	8	7	6	5	4	3	2	1	0
AFRH11[3:0]				AFRH10[3:0]				AFRH9[3:0]				AFRH8[3:0]			
rw	rw	rw	rw	rw	rw	rw	rw	rw	rw	rw	rw	rw	rw	rw	rw

Bits 31:0：AFRHy 表示端口 x 位 y 的复用功能选择（y=8…15）。

这些位由软件写入，配置复用功能 I/O。

0000：AF0

0001：AF1

⋮

1111：AF15

4.2 GPIO 输入功能配置实例

功能：通过 GPIO 输入功能检测按键端口，通过按下不同的按键操作两个 LED 灯的状态。

在编写按键功能之前，首先需要了解的是按键相关硬件的设计方式。其按键的硬件电路图如图 4.1 所示。

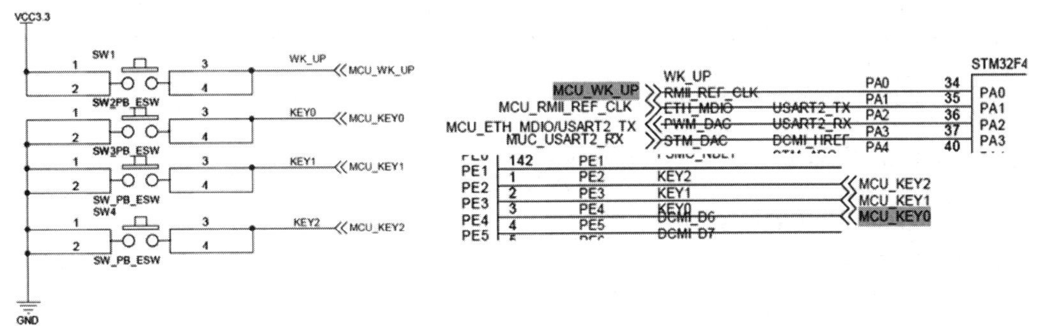

图 4.1　按键电路图

根据硬件原理图中，用户可以得出：

- KEY_UP 按键连接 PA0 端口，按键另外一端连接高电平
- KEY0 按键连接端口的 PE4 端口，按键另外一端连接 GND
- KEY1 按键连接端口的 PE3 端口，按键另外一端连接 GND
- KEY2 按键连接端口的 PE2 端口，按键另外一端连接 GND

因此用户可以得出结论：

按键 KEY_UP 端口设定为

- 端口设定为输入

- 端口设定为下拉

KEY0、KEY1、KEY2 端口设定为：

- 端口设定为输入
- 端口设定为上拉

（1）按键初始化，需要开始端口时钟和对四个按键端口进行初始化。

代码清单 4.1　按键端口初始化：

```
void KEY_Init(void)
{
	GPIO_InitTypeDef		GPIO_InitStructure;
	//使能 GPIOA,GPIOE 时钟
	RCC_AHB1PeriphClockCmd(RCC_AHB1Periph_GPIOA|RCC_AHB1Periph_GPIOE, ENABLE);
	//KEY0 KEY1 KEY2 对应引脚
	GPIO_InitStructure.GPIO_Pin = GPIO_Pin_2|GPIO_Pin_3|GPIO_Pin_4;
	GPIO_InitStructure.GPIO_Mode = GPIO_Mode_IN;			//普通输入模式
	GPIO_InitStructure.GPIO_Speed = GPIO_Speed_100MHz;
	GPIO_InitStructure.GPIO_PuPd = GPIO_PuPd_UP;			//端口设定为上拉
	GPIO_Init(GPIOE, &GPIO_InitStructure);				//初始化按键端
	GPIO_InitStructure.GPIO_Pin = GPIO_Pin_0;			//WK_UP 对应引脚 PA0
	GPIO_InitStructure.GPIO_PuPd = GPIO_PuPd_DOWN ;		//端口设定为下拉
	GPIO_Init(GPIOA, &GPIO_InitStructure);				//初始化按键端口
}
```

（2）端口初始化后，需要通过扫描端口的高低电平的变化来判定按键是否已被按下。

代码清单 4.2　按键检测：

```
uint8_t KEY_Scan(void)
{
	delay_ms(20);		//延迟消抖
	if(GPIO_ReadInputDataBit(GPIOA,GPIO_Pin_0))		//若 KEY_UP 被按下
		return 1;
	if(!GPIO_ReadInputDataBit(GPIOE,GPIO_Pin_4))		//若 KEY0 被按下
		return 2;
	if(!GPIO_ReadInputDataBit(GPIOE,GPIO_Pin_3))		//若 KEY1 被按下
		return 3;
	if(!GPIO_ReadInputDataBit(GPIOE,GPIO_Pin_2))		//若 KEY2 被按下
		return 4;
	return 0;			//没有按键按下
}
```

（3）部分代码编写完后，需要在主函数中调用这些代码，通过按下不同的按键来控制两个 LED 灯的亮灭。

代码清单 4.3　主函数：

```
int main(void)
{
	uint16_t key_scan=0;
	delay_init(168);	//启动滴答定时器延时
	LED_Init();		//LED 灯初始化
	KEY_Init();		//按键初始化
	while(1)
	{
```

```
			key_scan = KEY_Scan();		//扫描按键，并且得出按键数值
			switch(key_scan)
			{
				//按键 KEY_UP 按下时，LED1 亮,LED2 灭
				case 1:		LED_ON(1);		LED_OFF(2);		break;

				//按键 KEY0  按下时，LED1 灭,LED2 亮
				case 2:		LED_OFF(1);		LED_ON(2);		break;

				//按键 KEY1  按下时，LED1 亮,LED2 亮
				case 3:		LED_ON(1);		LED_ON(2);		break;

				//按键 KEY2  按下时，LED1 灭,LED2 灭
				case 4:		LED_OFF(1);		LED_OFF(2);		break;

			default:	break;
			}
		}
	}
```

第 5 章

外部中断配置

5.1 外部中断功能概述

Cortex-M4 在内核水平上搭载了一个异常响应系统，将能打断程序正常运行流程的事件分为中断和异常。其中，编号为 1～15 对应的是系统异常，大于 16 的则全是外部中断（相对于内核而言）。除了个别异常的优先级被定死外，其余的优先级都是可编程的。

Cortex-M4 内核支持 256 个中断，其中包含了 16 个内核中断和 240 个外部中断，并且具有 256 级的可编程中断设置。不过 STM32F4 并没有使用 Cortex-M4 内核的全部资源，而是使用了 Cortex-M4 内核的其中一部分。

以 STM32F40xx 系列的开发板为例，STM32F40xx 共有 92 个中断，其中包括 10 个内核中断和 82 个可屏蔽中断，可将这 82 个可屏蔽中断划分为 16 个优先级，而用户常用的就是这 82 个可屏蔽中断。

注意：中断分为可屏蔽中断和不可屏蔽中断，二者皆属于外部中断，不同的是不可屏蔽中断一旦提出请求，CPU 必须无条件响应；而对于可屏蔽中断请求，CPU 可以响应也可以不响应。

STM32 的中断数量繁多，使用起来极其不易，为了方便开发者，厂商建立了一个强大而又便捷的中断控制工具——嵌套向量中断控制器（Nested Vectored Interrupt Controller，NVIC）。

具体的系统异常和外部中断，用户可以在标准库文件 stm32f4xx.h 这个头文件查询到，在 IRQn_Type 这个结构体中定义了 STM32F4 系列全部的异常、中断，使用的时候用户可以直接查询。

嵌套向量中断控制器是 Cortex-M4 核心的一部分，Cortex-M4 的中断向量统一由 NVIC

来管理，EXTI（外部中断/事件控制器）是 ST 公司在其 STM32 产品上扩展的外中断控制，它负责管理映射到 GPIO 引脚上的外部中断和片内几个集成外设的中断（PVD，RTC alarm，USB wakeup，ethernet wakeup），以及软件中断。其输出最终被映射到 NVIC 的相应通道，也就是说，EXTI 是 NVIC 中的一个成员。

（EXTI）管理了控制器的 23 个中断/事件线。每个中断/事件线都对应有一个边沿检测器，可以实现输入信号的上升沿检测和下降沿的检测。EXTI 可以实现对每个中断/事件线进行单独配置，可以单独配置为中断或者事件，以及触发事件的属性。

如图 5.1 所示，是 EXTI 的功能框图，里面介绍了 EXTI 最为核心的内容。

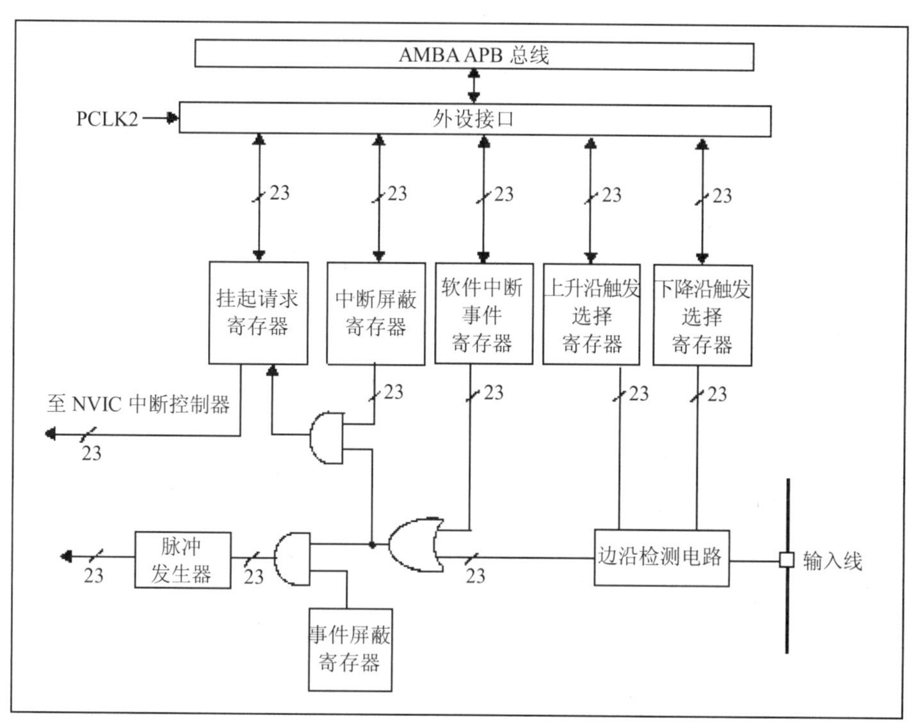

图 5.1 外部中断/事件控制器

由图可知，从输入线开始，输入信号有两个走向：一个是至 NVIC 中断控制器产生中断；另一个则是至脉冲发生器产生一个脉冲。

这里的输入线是产生信号的输入口，通过控制器，用户可以将输入线设置为任意一个有外部中断资源的 GPIO 口，信号将通过这个 GPIO 口将信号传入片内。

信号通过 GPIO 口进入片内，首先会遇到一个边沿检测电路，它会根据上升沿触发选择寄存器和下降沿触发选择寄存器的配置来控制信号的触发。如果检测到有边沿跳变（上升沿变成下降沿/下降沿变成上升沿），则输出有效信号 1，否则输出无效信号 0。上升沿触发选择寄存器和下降沿触发选择寄存器，用户可以控制器需要检测哪些类型的电平跳变过程，可以是只有上升沿触发、可以只有下降沿触发，也可以是上升沿和下降沿都触发。

信号再往后经过一个或门电路，这个电路有两个输入：来自边沿检测电路的输入信号和来自软件中断寄存器的输入信号。通过这个软件中断寄存器，用户可以通过程序来控制启动中断/事件。或门电路，只要有一个条件满足，就会触发信号，两个输入来源，只要有一个产生了有效信号 1，或门就会产生有效信号 1 给后面的电路。

在或门之后电路开始分叉，往上走是一个与门，信号最终流向的 NVIC 中断控制器；往下走也是一个与门，最后会产生一个脉冲信号。与门之后，信号的流向由两个寄存器控制，即中断屏蔽寄存器和事件屏蔽寄存器，一个是屏蔽中断产生事件的，一个是屏蔽事件产生中断的。通过将寄存器相应的位配置为 0，用户可以控制信号流向另外一个方向。

首先先看上方产生中断的走向，与门电路有两个来源，中断屏蔽寄存器与或门电路，只有当两个来源信号都为 1 的时候，与门才会产生相应的有效信号 1；而无论哪个信号输入为 0，都会导致与门输出的信号为 0，所以用户可以通过寄存器来屏蔽中断或者事件。

与门信号接下来会流入挂起请求寄存器，通过与门输出的信号为 1 还是 0 来将寄存器相应的位来置 1 还是置 0，只有当相应的位为 1 的时候，才会传输信号到 NVIC 中断控制器，最后产生中断。

接下来再看或门后电路向下方流向，或门还是会经过一个与门电路，与门电路的信号来源依旧是一个寄存器与或门输出信号，当二者皆为 1 的时候，与门电路才会输出有效信号 1。

接下来信号流过一个脉冲发生器电路，若与门电路产生的是一个无效信号 0，则脉冲信号发生器不会产生脉冲；可若是脉冲电路产生的是有效信号 1，则脉冲发生器电路会产生相应的脉冲。最终的脉冲，就是所谓的事件，这个脉冲信号可以给其他的外设电路使用。

产生中断是将信号传入 NVIC 控制器，进而运行中断服务函数，这属于软件级；而事件则是产生相应的脉冲，而后将这个脉冲给其他的外设功能使用，是电路上的信号传输，属于硬件级。

EXTI 有 23 个中断/事件线，其中 EXTI0～EXTI15 对应每个 IO 口，可以设置为输入源；EXTI16～EXTI22 则用于特定的事件，EXTI 线 16 连接到 PVD 输出，EXTI 线 17 连接到 RTC 闹钟事件，EXTI 线 18 连接到 USB OTG FS 唤醒事件，EXTI 线 19 连接到以太网唤醒事件，EXTI 线 20 连接到 USB OTG HS（在 FS 中配置）唤醒事件，EXTI 线 21 连接到 RTC 入侵和时间戳事件，EXTI 线 22 连接到 RTC 唤醒事件。

5.2 外部中断相关寄存器

寄存器 EXTI_IMR （中断屏蔽寄存器）

地址偏移：0x00

复位值：0x0000 0000

31	30	29	28	27	26	25	24	23	22	21	20	19	18	17	16
Reserved									MR22	MR21	MR20	MR19	MR18	MR17	MR16
									rw	rw	rw	rw	rw	rw	rw

15	14	13	12	11	10	9	8	7	6	5	4	3	2	1	0
MR15	MR14	MR13	MR12	MR11	MR10	MR9	MR8	MR7	MR6	MR5	MR4	MR3	MR2	MR1	MR0
rw	rw	rw	rw	rw	rw	rw	rw	rw	rw	rw	rw	rw	rw	rw	rw

Bits 31:23：保留，必须保持复位值。

Bits 22:0：MRx 表示 x 线上的中断屏蔽（Interrupt mask on line x）。

0：屏蔽来自相应 x 线的中断请求（不允许中断）

1：开放来自相应 x 线的中断请求（允许中断）

寄存器 EXTI_EMR （事件屏蔽寄存器）

地址偏移：0x04

复位值：0x0000 0000

31	30	29	28	27	26	25	24	23	22	21	20	19	18	17	16
Reserved									MR22	MR21	MR20	MR19	MR18	MR17	MR16
									rw	rw	rw	rw	rw	rw	rw

15	14	13	12	11	10	9	8	7	6	5	4	3	2	1	0
MR15	MR14	MR13	MR12	MR11	MR10	MR9	MR8	MR7	MR6	MR5	MR4	MR3	MR2	MR1	MR0
rw	rw	rw	rw	rw	rw	rw	rw	rw	rw	rw	rw	rw	rw	rw	rw

Bits 31:23：保留，必须保持复位值。

Bits 22:0：MRx 表示 x 线上的事件屏蔽（Event mask on line x）。

0：屏蔽来自 x 线的事件请求（不允许产生事件）

1：开放来自 x 线的事件请求（允许产生事件）

寄存器 EXTI_RTSR （上升沿触发选择寄存器）

地址偏移：0x08

复位值：0x0000 0000

31	30	29	28	27	26	25	24	23	22	21	20	19	18	17	16
Reserved									TR22	TR21	TR20	TR19	TR18	TR17	TR16
									rw	rw	rw	rw	rw	rw	rw

15	14	13	12	11	10	9	8	7	6	5	4	3	2	1	0
TR15	TR14	TR13	TR12	TR11	TR10	TR9	TR8	TR7	TR6	TR5	TR4	TR3	TR2	TR1	TR0
rw	rw	rw	rw	rw	rw	rw	rw	rw	rw	rw	rw	rw	rw	rw	rw

Bits 31:23：保留，必须保持复位值。

Bits 22:0：TRx 表示线 x 的上升沿触发事件配置位（Rising trigger event configuration bit of line x）

0：禁止输入线上升沿触发（事件和中断）

1：允许输入线上升沿触发（事件和中断）（边沿检测电路在上升沿的时候才可以产生有效信号 1）

注意：外部唤醒线配置为边沿触发时，在这些线上不能出现毛刺信号。

如果在向 EXTI_RTSR 寄存器写入值的同时外部中断线上产生上升沿，挂起位将被置位（写寄存器的同时，检测到了上升沿，挂起位会置 1，也就是会产生中断）。

在同一中断线上，可以同时设置上升沿和下降沿触发。即任一边沿的发生都可触发中断。

寄存器 EXTI_FTSR （下降沿触发选择寄存器）

地址偏移：0x0C

复位值：0x0000 0000

31	30	29	28	27	26	25	24	23	22	21	20	19	18	17	16
Reserved									TR22	TR21	TR20	TR19	TR18	TR17	TR16
									rw	rw	rw	rw	rw	rw	rw

15	14	13	12	11	10	9	8	7	6	5	4	3	2	1	0
TR15	TR14	TR13	TR12	TR11	TR10	TR9	TR8	TR7	TR6	TR5	TR4	TR3	TR2	TR1	TR0
rw	rw	rw	rw	rw	rw	rw	rw	rw	rw	rw	rw	rw	rw	rw	rw

Bits 31:23：保留，必须保持复位值。

Bits 22:0：TRx 表示线 x 的上升沿触发事件配置位（Rising trigger event configuration bit of line x）。

0：禁止输入线上升沿触发（事件和中断）

1：允许输入线上升沿触发（事件和中断）（边沿检测电路在下升沿的时候才可以产生有效信号 1）

注意：外部唤醒线配置为边沿触发时，在这些线上不能出现毛刺信号。

如果在向 EXTI_FTSR 寄存器写入值的同时外部中断线上产生下降沿，挂起位不会被置位。（写寄存器的同时，发生了上升沿，挂起位不会置 1，也就是不会产生中断）

在同一中断线上，可以同时设置上升沿和下降沿触发。即任一边沿都可触发中断。

寄存器 EXTI_SWIER （软件中断事件寄存器）

地址偏移：0x10

复位值：0x0000 0000

31	30	29	28	27	26	25	24	23	22	21	20	19	18	17	16
Reserved									SWIER22	SWIER21	SWIER20	SWIER19	SWIER18	SWIER17	SWIER16
									rw	rw	rw	rw	rw	rw	rw

15	14	13	12	11	10	9	8	7	6	5	4	3	2	1	0
SWIER15	SWIER14	SWIER13	SWIER12	SWIER11	SWIER10	SWIER9	SWIER8	SWIER7	SWIER6	SWIER5	SWIER4	SWIER3	SWIER2	SWIER1	SWIER0
rw	rw	rw	rw	rw	rw	rw	rw	rw	rw	rw	rw	rw	rw	rw	rw

Bits 31:23：保留，必须保持复位值。

Bits 22:0：SWIERx 表示线 x 上的软件中断（Software Interrupt on line x）。

当该位为“0”时，写“1”将设置 EXTI_PR 中相应的挂起位。如果在 EXTI_IMR 和 EXTI_EMR 中允许产生该中断，则产生中断请求。通过清除 EXTI_PR 的对应位（写入“1”），可以清除该位为“0”（当寄存器中位为“0”，为其写“1”，若允许中断则产生中断；给 EXTI_PR 对应位写“1”会清除软件中断寄存器的相应的位）。

寄存器 EXTI_PR （挂起寄存器）

地址偏移：0x14

复位值：未定义

31	30	29	28	27	26	25	24	23	22	21	20	19	18	17	16
Reserved									PR22	PR21	PR20	PR19	PR18	PR17	PR16
									rw	rw	rw	rw	rw	rw	rw

15	14	13	12	11	10	9	8	7	6	5	4	3	2	1	0
PR15	PR14	PR13	PR12	PR11	PR10	PR9	PR8	PR7	PR6	PR5	PR4	PR3	PR2	PR1	PR0
rw	rw	rw	rw	rw	rw	rw	rw	rw	rw	rw	rw	rw	rw	rw	rw

Bits 31:23：保留，必须保持复位值。

Bits 22:0：PRx 表示挂起位（Pending bit）。

0：没有发生触发请求

1：发生了选择的触发请求

当在外部中断线上发生了选择的边沿事件，该位被置“1”。在此位中写入“1”可以清除它，也可以通过改变边沿检测的极性清除（发生相应的中断，则相应的位置 1；对这个位写 1 则会将中断标志位清除）。

5.3 外部中断配置实例

本次实例，是以按键输入为例来进行讲解。

如前文所说，使用什么功能，就需要使能相应的时钟。所以首先需要做的，是使能各种时钟，使用外部中断，就需要使能系统时钟；而使用按键，就需要通过 I/O 口传入电平，所以用户会使用到 I/O 口，需要使能 I/O 口的时钟。

代码清单 5.1 开启时钟：

```
RCC_APB2PeriphClockCmd(RCC_APB2Periph_SYSCFG, ENABLE);
RCC_AHB1PeriphClockCmd(RCC_AHB1Periph_GPIOA, ENABLE);
RCC_AHB1PeriphClockCmd(RCC_AHB1Periph_GPIOE, ENABLE);
RCC_AHB1PeriphClockCmd(RCC_AHB1Periph_GPIOF, ENABLE);
```

使能时钟之后，要对 I/O 口进行初始化，即第 4 章说的 I/O 口输入功能，对于 KEY_UP 按键，按键的一端接的是 3.3V 的高电平，另一端则是接的引脚，按键相当于一个开关，让电路保持断路状态，当按键按下之后，电路就会导通，就会向 I/O 口输入一个高电平；对于 KEY0～KEY3 按键，按键的一端接的地，另一端接的 I/O 口，当按键按下，就会向 I/O 口输入一个低电平；通过检测输入电平的高低，用户来确定确定按键是否按下。

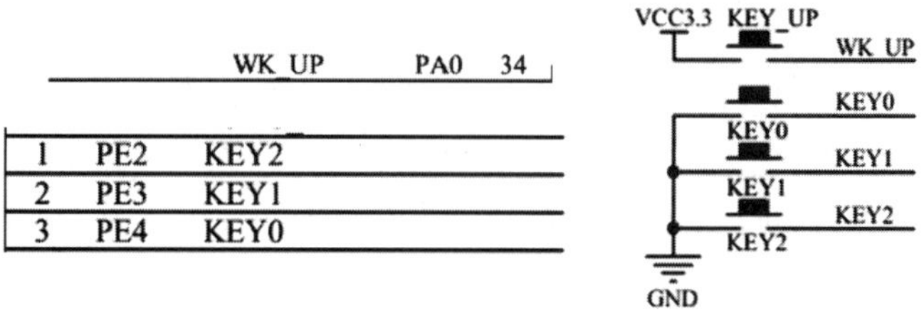

图 5.2 按键硬件连接图

代码清单 5.2　初始化 I/O 口：

```
GPIO_InitStructure.GPIO_Pin = GPIO_Pin_2|GPIO_Pin_3|GPIO_Pin_4;
GPIO_InitStructure.GPIO_Mode = GPIO_Mode_IN;
GPIO_InitStructure.GPIO_Speed = GPIO_Speed_100MHz;
GPIO_InitStructure.GPIO_PuPd = GPIO_PuPd_UP;
GPIO_Init(GPIOE, &GPIO_InitStructure);

GPIO_InitStructure.GPIO_Pin = GPIO_Pin_0;
GPIO_InitStructure.GPIO_PuPd = GPIO_PuPd_DOWN ;
GPIO_Init(GPIOA, &GPIO_InitStructure);
```

在初始化 I/O 口之后，用户将需要对外部中断进行配置，首先用户要将相应的 I/O 口映射到相应的中断线，在使用的时候，一般是一个中断线对应一个 I/O 口，不可以重复对应。

代码清单 5.3　I/O 口映射中断线：

```
SYSCFG_EXTILineConfig(EXTI_PortSourceGPIOE, EXTI_PinSource2);
SYSCFG_EXTILineConfig(EXTI_PortSourceGPIOE,EXTI_PinSource3);
SYSCFG_EXTILineConfig(EXTI_PortSourceGPIOE, EXTI_PinSource4);
SYSCFG_EXTILineConfig(EXTI_PortSourceGPIOA, EXTI_PinSource0);
```

接下来就是对中断线进行配置。中断线的触发方式分为事件和中断，其中中断可以分为上升沿中断触发和下降沿中断触发。由于按键的硬件连接方式分为两种，所以对中断线的配置分为两种。

代码清单 5.4　中断线配置：

```
EXTI_InitStructure.EXTI_Line = EXTI_Line0;
EXTI_InitStructure.EXTI_Mode = EXTI_Mode_Interrupt;
EXTI_InitStructure.EXTI_Trigger = EXTI_Trigger_Rising;
EXTI_InitStructure.EXTI_LineCmd = ENABLE;
EXTI_Init(&EXTI_InitStructure);
EXTI_InitStructure.EXTI_Line = EXTI_Line2 | EXTI_Line3 | EXTI_Line4;
EXTI_InitStructure.EXTI_Mode = EXTI_Mode_Interrupt;
EXTI_InitStructure.EXTI_Trigger = EXTI_Trigger_Falling;
EXTI_InitStructure.EXTI_LineCmd = ENABLE;
EXTI_Init(&EXTI_InitStructure);
```

对于中断线的配置，在配置完毕之后，即使用户按下按键，也发生相应的事件之后，并不会真正的产生中断，最多只是会将相应的寄存器相应的位置 1，真正要产生中断还需要用户进行配置。

代码清单 5.5　中断配置：

```
NVIC_InitStructure.NVIC_IRQChannel = EXTI0_IRQn;
NVIC_InitStructure.NVIC_IRQChannelPreemptionPriority = 0x00;
NVIC_InitStructure.NVIC_IRQChannelSubPriority = 0x02;
NVIC_InitStructure.NVIC_IRQChannelCmd = ENABLE;
NVIC_Init(&NVIC_InitStructure);
```

中断是硬件的，会打断软件的执行，先执行影响的中断函数，每一个中断都对应一个中断服务函数，需要用户去配置，中断服务函数需要执行的工作，在中断服务函数中处理完之后，用户还要清除掉中断标志位，不然会因为寄存器的标志位为 1，不停地进入中断。

中断服务函数的入口，是在中断通道的前一部分，加上_IRQHandler，或者用户可以在 stm32f4xx_it.c 这个文件里面寻找。

代码清单 5.6　中断服务函数：

```
//按下 KEY1，点亮两个灯
void EXTI3_IRQHandler(void)
{
	delay_ms(10);
	if(KEY1==0)
	{
		GPIO_ResetBits(GPIOF,GPIO_Pin_9);
		GPIO_ResetBits(GPIOF,GPIO_Pin_10);
	}
	EXTI_ClearITPendingBit(EXTI_Line3);
}
```

当按键被按下后，I/O 口的电平状态发生改变，主控芯片在检测到电平状态发生改变后立即产生中断，运行中断服务函数。在中断服务函数中执行改变 LDE 灯状态的程序语句，达到可观看的实验现象。

代码清单 5.7　完整代码：

```
/*初始化 LED,在按键按下时能有一个明确的标志*/
void LED_Init(void)
{
	GPIO_InitTypeDef   GPIO_InitStructure;

	RCC_AHB1PeriphClockCmd(RCC_AHB1Periph_GPIOF, ENABLE);

	GPIO_InitStructure.GPIO_Pin = GPIO_Pin_9 | GPIO_Pin_10;
	GPIO_InitStructure.GPIO_Mode = GPIO_Mode_OUT;
	GPIO_InitStructure.GPIO_OType = GPIO_OType_PP;
	GPIO_InitStructure.GPIO_Speed = GPIO_Speed_100MHz;
	GPIO_InitStructure.GPIO_PuPd = GPIO_PuPd_UP;
	GPIO_Init(GPIOF, &GPIO_InitStructure);

	GPIO_SetBits(GPIOF,GPIO_Pin_9 | GPIO_Pin_10);
}

/*初始化 I/O 口，按键通过 I/O 口输入高低电平*/
void ALL_GPIO_Init()
{
	GPIO_InitTypeDef GPIO_InitStructure;

	RCC_AHB1PeriphClockCmd(RCC_AHB1Periph_GPIOA, ENABLE);
	RCC_AHB1PeriphClockCmd(RCC_AHB1Periph_GPIOE, ENABLE);

	GPIO_InitStructure.GPIO_Pin = GPIO_Pin_2|GPIO_Pin_3|GPIO_Pin_4;
	GPIO_InitStructure.GPIO_Mode = GPIO_Mode_IN;
	GPIO_InitStructure.GPIO_Speed = GPIO_Speed_100MHz;
	GPIO_InitStructure.GPIO_PuPd = GPIO_PuPd_UP;
	GPIO_Init(GPIOE, &GPIO_InitStructure);

	GPIO_InitStructure.GPIO_Pin = GPIO_Pin_0;
	GPIO_InitStructure.GPIO_PuPd = GPIO_PuPd_DOWN ;
```

```
        GPIO_Init(GPIOA, &GPIO_InitStructure);
}

/*配置中断线，将外部中断映射到相应的 I/O 口上*/
void ALL_EXTI_Init()
{
        EXTI_InitTypeDef     EXTI_InitStructure;

        RCC_APB2PeriphClockCmd(RCC_APB2Periph_SYSCFG, ENABLE);

        SYSCFG_EXTILineConfig(EXTI_PortSourceGPIOE, EXTI_PinSource2);
        SYSCFG_EXTILineConfig(EXTI_PortSourceGPIOE, EXTI_PinSource3);
        SYSCFG_EXTILineConfig(EXTI_PortSourceGPIOE, EXTI_PinSource4);
        SYSCFG_EXTILineConfig(EXTI_PortSourceGPIOA, EXTI_PinSource0);

        EXTI_InitStructure.EXTI_Line = EXTI_Line0;
        EXTI_InitStructure.EXTI_Mode = EXTI_Mode_Interrupt;
        EXTI_InitStructure.EXTI_Trigger = EXTI_Trigger_Rising;
        EXTI_InitStructure.EXTI_LineCmd = ENABLE;
        EXTI_Init(&EXTI_InitStructure);

        EXTI_InitStructure.EXTI_Line = EXTI_Line2 | EXTI_Line3 | EXTI_Line4;
        EXTI_InitStructure.EXTI_Mode = EXTI_Mode_Interrupt;
        EXTI_InitStructure.EXTI_Trigger = EXTI_Trigger_Falling;
        EXTI_InitStructure.EXTI_LineCmd = ENABLE;
        EXTI_Init(&EXTI_InitStructure);
}

void ALL_NVIC_Init (void)
{
        NVIC_InitTypeDef     NVIC_InitStructure;

        NVIC_InitStructure.NVIC_IRQChannel = EXTI0_IRQn;
        NVIC_InitStructure.NVIC_IRQChannelPreemptionPriority = 0x00;
        NVIC_InitStructure.NVIC_IRQChannelSubPriority = 0x02;
        NVIC_InitStructure.NVIC_IRQChannelCmd = ENABLE;
        NVIC_Init(&NVIC_InitStructure);

        NVIC_InitStructure.NVIC_IRQChannel = EXTI2_IRQn;
        NVIC_InitStructure.NVIC_IRQChannelPreemptionPriority = 0x03;
        NVIC_InitStructure.NVIC_IRQChannelSubPriority = 0x02;
        NVIC_InitStructure.NVIC_IRQChannelCmd = ENABLE;
        NVIC_Init(&NVIC_InitStructure);

        NVIC_InitStructure.NVIC_IRQChannel = EXTI3_IRQn;
        NVIC_InitStructure.NVIC_IRQChannelPreemptionPriority = 0x02;
        NVIC_InitStructure.NVIC_IRQChannelSubPriority = 0x02;
        NVIC_InitStructure.NVIC_IRQChannelCmd = ENABLE;
        NVIC_Init(&NVIC_InitStructure);
```

```
        NVIC_InitStructure.NVIC_IRQChannel = EXTI4_IRQn;
        NVIC_InitStructure.NVIC_IRQChannelPreemptionPriority = 0x02;
        NVIC_InitStructure.NVIC_IRQChannelSubPriority = 0x02;
        NVIC_InitStructure.NVIC_IRQChannelCmd = ENABLE;
        NVIC_Init(&NVIC_InitStructure);
}

/*中断线 0 中断服务函数,当按键按下的时候，点亮 LED0*/
void EXTI0_IRQHandler(void)
{
        delay_ms(10);
        if(EXTI_GetITStatus(EXTI0)==SET)
        {
                GPIO_ResetBits(GPIOF,GPIO_Pin_9);
        }
        EXTI_ClearITPendingBit(EXTI_Line0);
}

/*KEY2 按键按下的时候，点亮 LED1*/
void EXTI2_IRQHandler(void)
{
        delay_ms(10);
        if(EXTI_GetITStatus(EXTI2)==SET)
        {
                GPIO_ResetBits(GPIOF,GPIO_Pin_10);
        }
        EXTI_ClearITPendingBit(EXTI_Line2);
}

/*KEY1 按键按下的时候，点亮 LED0 和 LED1*/
void EXTI3_IRQHandler(void)
{
        delay_ms(10);
        if(EXTI_GetITStatus(EXTI3)==SET)
        {
                GPIO_ResetBits(GPIOF,GPIO_Pin_9);
                GPIO_ResetBits(GPIOF,GPIO_Pin_10);
        }
        EXTI_ClearITPendingBit(EXTI_Line3);
}

/*KEY1 按键按下的时候，熄灭 LED0 和 LED1*/
void EXTI4_IRQHandler(void)
{
        delay_ms(10);
        if(EXTI_GetITStatus(EXTI4)==SET)
        {
                GPIO_SetBits(GPIOF,GPIO_Pin_9);
                GPIO_SetBits(GPIOF,GPIO_Pin_10);
        }
```

```
        EXTI_ClearITPendingBit(EXTI_Line3);
    }

    int main(void)
    {
        /*中断分组，不同的分组有不同的抢占优先级与响应优先级*/
        NVIC_PriorityGroupConfig(NVIC_PriorityGroup_2);
        /*延迟初始化*/
        delay_init(168);
        /*LED 灯初始化*/
        LED_Init();
        ALL_GPIO_Init()
        /*外部中断初始化*/
        ALL_EXTI_Init();
        ALL_NVIC_Init(void)
        while(1)
        {
            /*初始化完毕之后，代码将一直在此区域执行，如果发生中断，则代码会被打断，去执行相应的中断服务函数*/
        }
    }
```

第6章 看门狗配置

6.1 看门狗功能概述

STM32 自带有两个看门狗模块：独立看门狗（IWDG）和窗口看门狗（WWDG）。看门狗的主要作用是：用来检测和解决由软件错误引起的故障；解决程序由于不正当的操作或者程序自身原因所造成的无限死循环或者通常说的“跑飞”现象。用户需要在规定时间之内进行喂狗操作，否则看门狗将执行一次 MCU 复位操作。

看门狗的工作原理：开启看门狗后设置递减计数器的初始值，当计数值达到溢出值时，产生 MCU 复位，此时本来运行的程序将终止，并且重新启动单片机（由于没有在规定的时间内喂狗，看门狗系统默认判定故障）。在使用看门狗之后，在正常运行的程序中加入喂狗的程序，即采用定时器的方式每隔一段时间进行一次喂狗重置计数装载值，这样只要程序正常运行，没有出现故障或软件错误程序就会不断地定时喂狗，从而不会使计数器超时产生复位信号。

IWDG 主要性能：

- IWDG 采用的是内部低速振荡器 LSI，其频率为 32kHz
- 自由运行的递减计数器
- 时钟由独立的 RC 振荡器提供（可在停止和待机模式下工作）
- 看门狗被激活之后，则在计数器计数到 0x000 时产生复位

6.2 看门狗相关寄存器

寄存器 IWDG_KR （关键字寄存器）

地址偏移：0x00

复位值：0x0000 0000

31	30	29	28	27	26	25	24	23	22	21	20	19	18	17	16
Reserved															
15	**14**	**13**	**12**	**11**	**10**	**9**	**8**	**7**	**6**	**5**	**4**	**3**	**2**	**1**	**0**
KEY[15:0]															
w	w	w	w	w	w	w	w	w	w	w	w	w	w	w	w

Bits 31:16：保留，其参数保持复位状态。

Bits 15:0：KEY[15：0]默认值为 0x0000。

写入 0x5555 接触对 PR 和 RLR 寄存器的锁定，可以往这两个寄存器中填写数值。

写入 0xAAAA 执行装载值，重装操作。

写入 0xCCCC 启动看门狗。

寄存器 IWDG_PR （预分频寄存器）

地址偏移：0x04

复位值：0x0000 0000

31	30	29	28	27	26	25	24	23	22	21	20	19	18	17	16
Reserved															
15	**14**	**13**	**12**	**11**	**10**	**9**	**8**	**7**	**6**	**5**	**4**	**3**	**2**	**1**	**0**
Reserved													PR[2:0]		
													rw	rw	rw

Bits 31:3：保留，其参数保持复位状态。

Bits 2:0：PR[2：0]表示预装载值。

Bits 2:0 具有读写保护功能，写之前需要给寄存器 IWDG_KR 写入 0x5555 进行解锁操作。其中可以填写以下参数来设定预分配系数。

000：4 分频　　001：8 分频

010：16 分频　　011：32 分频

100：64 分频　　101：128 分频

110：256 分频　　111：256 分频

寄存器 IWDG_RLR （重载寄存器）

地址偏移：0x08

复位值：0x0000 FFFF

31	30	29	28	27	26	25	24	23	22	21	20	19	18	17	16
Reserved															
15	**14**	**13**	**12**	**11**	**10**	**9**	**8**	**7**	**6**	**5**	**4**	**3**	**2**	**1**	**0**
Reserved				RL[11:0]											
				rw	rw	rw	rw	rw	rw	rw	rw	rw	rw	rw	rw

Bits 31:12：保留，其参数保持复位状态。

Bits 11:0：RL[11:0]表示看门狗计数装载值。

Bits 11:0 具有读写保护功能，修改寄存器参数之前需要给寄存器 IWDG_KR 写入 0x5555 进行解锁操作。若要将计数装载值填写到计数器中的话，需要往寄存器 IWDG_KR 中填写 0xAAAA。

寄存器 IWDG_SR （状态寄存器）

地址偏移：0x0C

复位值：0x0000 0000

31	30	29	28	27	26	25	24	23	22	21	20	19	18	17	16
Reserved															

15	14	13	12	11	10	9	8	7	6	5	4	3	2	1	0
Reserved														RVU	PVU
														r	r

Bits 31:2：保留，其参数保持复位状态。

Bit 1：RVU 表示看门狗计数器重载值更新（Watchdog counter reload value update），可通过硬件将该位置 1 来指示重载值正在更新。当在 VDD 电压域下完成重载值更新操作后（需要多达 5 个 RC 40kHz 周期），会通过硬件将该位复位。重载值只有在 RVU 位为 0 时才可更新。

Bit 0：PVU 表示看门狗预分频器值更新（Watchdog prescaler value update），可通过硬件将该位置 1 来指示预分频器值正在更新。当在 VDD 电压域下完成预分频器值更新操作后（需要多达 5 个 RC 40kHz 周期），会通过硬件将该位复位。预分频器值只有在 PVU 位为 0 时才可更新。

6.3 看门狗配置实例

本次实例为配置独立看门狗。其程序启动或重启的时候 LED2 常亮、LED1 亮 1 秒。若看门狗计数器发生周期性溢出的话，程序将会周期性重启，因此 LED1 灯会出现闪烁现象。

用户设定 1 秒钟之内没有进行喂狗操作的话，程序将会重启。

独立看门狗的主频为 32kHz，若进行 64 分频，并且设定重载值为 500 的话，系统将会在 1 秒之后发生计时器溢出现象，触发系统重启。

设定独立看门狗的预分频器寄存器（PR）和重载值寄存器（RLR）之前，用户需要对 KR 寄存器写入 0x5555 数值，解锁 PR、RLR 寄存器的保护机制。

当用户设定为预分频和重载值寄存器后，用户需要重载重载值，并且使能看门狗。其中重载重载值（喂狗）的过程为对 KR 寄存器中写入 0xAAAA 参数。使能看门狗的话，需要对 KR 寄存器中写入 0xCCCC 即可。

代码清单 6.1　看门狗初始化配置：

```
/*      函数名：IWDG_Init
 *      输入参数：
 *              prep: 设定预分频系数
 *              rlr: 设定重载值
 *      返回： 无
 */
void IWDG_Init(uint8_t prer , uint16_t rlr)
{
        IWDG->KR = 0x5555;    //向 KR 中写入 0x5555 使能写入 PR 和 RLR
        //设定预分配系数 ，prer 填写范围 0～6 分别表示  4 8 16 32 64 128 256 分频
        IWDG->PR = prer;
        IWDG->RLR = rlr;        //设定装载值，     取值范围是 0～4095
        IWDG->KR = 0xAAAA; //raload 装载值
        IWDG->KR = 0xCCCC; //使能看门狗
}
```

若用户要进行喂狗操作的话，只需要往 KR 寄存器中写入 0xCCCC 即可。

代码清单 6.2　喂狗操作函数：

```
/*      函数名：IWDG_Feed
 *      输入参数： 无
 *      返回： 无
 */
void IWDG_Feed(void)    //喂狗
{
        IWDG->KR = 0xAAAA; //raload 装载值
}
```

独立看门狗的初始化函数与喂狗函数编写完后，需要将代码调用到主函数中。

代码清单 6.3　主函数：

```
/*      函数名： main
 *      函数功能： 主函数，程序正常喂狗的时候，LED 灯只亮 1 秒；若没有正常喂狗的话，程序重启 LED 灯出现持续闪烁
 *      输入参数： 无
 *      返回参数： 0
 */
int main(void)
{
        delay_init(168);     //启动滴答定时器延时
        LED_Init();
        LED1_On();
        delay_ms(1000);
        LED1_Off();
        //独立看门狗主频 32kHz  64 预分配，其设定重载值为 500-->计数器溢出时间为 1 秒
        IWDG_Init(4,500);
        while(1)
        {
                IWDG_Feed();      //喂狗
        }
        return 0;
}
```

第7章 定时器配置

7.1 定时器功能概述

定时器是 STM32 众多外设中的一个。

在 STM32 中，定时器一共有 3 种，分别是基本定时器、通用定时器、高级定时器。

STM32F4xx 系列控制器有 2 个高级控制定时器，10 个通用定时器，以及 2 个基本定时器。每个定时器都是彼此独立的，不共享任何的资源。

定时器这个名字已经说明了其最基础的功能——定时功能，将定时功能与其他的外设联用，可以实现多种功能。

三种定时器仅从名字上就可以了解到，基本定时器比通用定时器和高级控制定时器简单，功能方面也更加简单。

基本定时器主要有两个功能：一个是最为基础的定时功能，以时间为基准信号；二则是专门用于驱动数模转换器（DAC），此类定时器内部链接到 DAC，并且可以通过其触发输出以驱动 DAC。

基本定时器有两个，分别为 TIM6 和 TIM7，两个定时器功能完全一样，所用资源彼此完全独立，可以同时使用，不会相互影响。

基本定时器带有一个独立的、向上递增的可编程的计数器。当给自动重装载寄存器（TIMx_ARR）设置一个值，并且使能这个定时器 TIMx 之后，计数寄存器（TIMx_CNT）将从 0 开始向上计数。当计数寄存器与自动重装载寄存器值相同的时候，就会产生一个上溢出中断，并且将计数寄存器中的值清零。

如图 7.1 所示的是基本定时器框图，信号从上到下。首先是时钟源，若要计时，用户就必须要知道过去了多长时间，芯片本身是没有计时设备的，所以用户需要选择时钟源来获取时间，达到定时的效果。

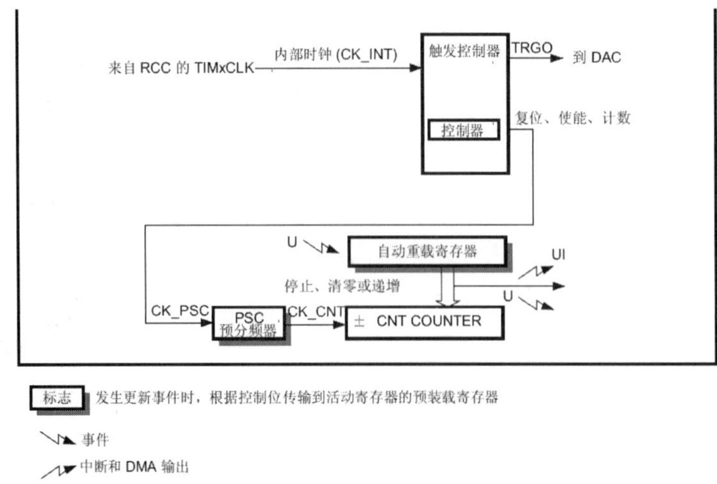

图 7.1　基本定时器框图

一般而言，基本定时器的时钟源只能来自内部时钟，高级控制定时器和通用定时器则可以选择外部时钟源，或者直接选择来自其他定时器的等待模式。

时钟源用来精准定时，定时器控制器则控制实现定时器功能，比如说控制定时器复位、使能、计数，基本定时器还可以产生脉冲，专门用于控制 DAC 转换触发。

基本定时器的技术涉及两个方面：一方面是时钟源；另一方面则是三个 16 位的寄存器，三个寄存器分别是计数器寄存器，预分频器寄存器以及自动重装载寄存器。

内部时钟 CK_INT 经过定时器控制器之后，变成了 CK_PSC，也就是说 CK_INT 就是 CK_PSC，之后通过 PSC 预分频器寄存器，在不同的场景之下，会用到不同的时钟频率。PSC 预分频寄存器可以将时钟频率进行分割，可以得到一个输出的时钟频率，也就是 CK_CNT。以 CK_CNT 为频率，计时器开始计数，一直到自动重装载寄存器中的值，这时候计数寄存器中的值会清零，同时产生一个上溢中断。

图 7.2 所示的是一个计数器预分频系数变换的时序图，一开始计时器的预分频系数为 1，一个 CK_PSC 脉冲周期对应的是一个定时器时钟脉冲周期；当预分频系数变成了 4 的时候，两个 CK_PSC 脉冲周期才对应一个定时器时钟脉冲周期。

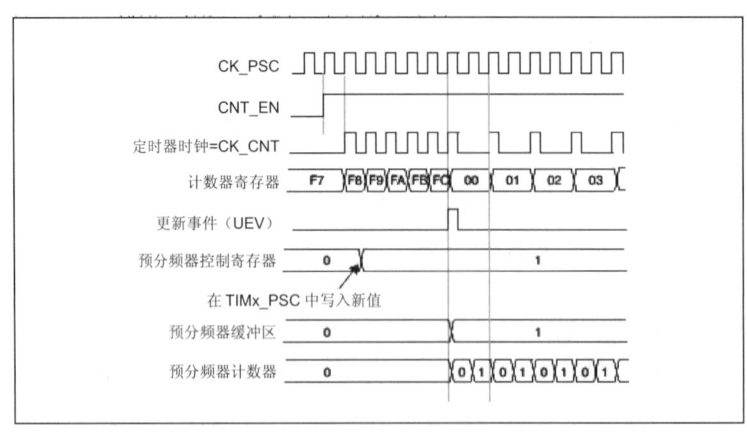

图 7.2　计数器时钟预分频系数变换时序图

通用定时器是在基本定时器的基础上，引入了外部引脚，通用定时不仅仅能定时，还以定时为基础，发展出测量输入信号的脉冲长度（输入捕获）或者产生输出波形（输出比较和 PWM）等功能，通用定时器如图 7.3 所示。

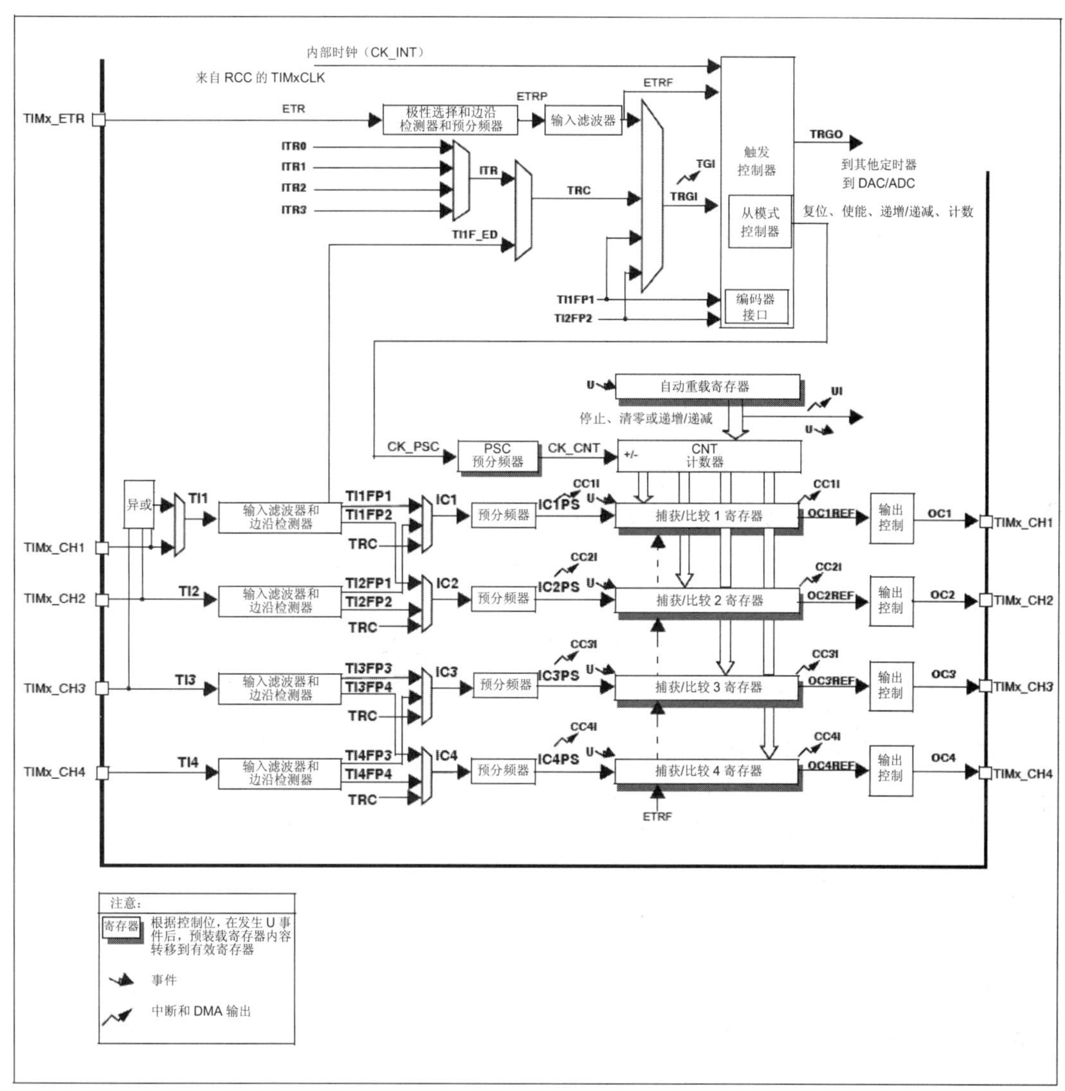

图 7.3 通用定时器框图

由于通用定时器的框图太大，不是很清晰，用户将框图分为几个部分来解析，首先看时钟源，如图 7.4 所示。

由图 7.4 可知，一般情况下，用户使用的都是 CK_INT，也即来自芯片内部的时钟作为时钟源，如果想要使用其他的时钟源，用户可以通过配置 TIMx 从模式控制寄存器的 SMS 位来设置时钟源。当用户使用外部时钟源的时候，一共有两种选择。

当用户配置为外部时钟源模式 1 的时候，结构框图如图 7.5 所示。这时候使用的是外部输入引脚通道，也就是使用定时器的输入通道。这时候定时器的输入通道一共有四个，即 TIMx_CH1/2/3/4，具体使用哪一路的信号由用户自行选择配置。

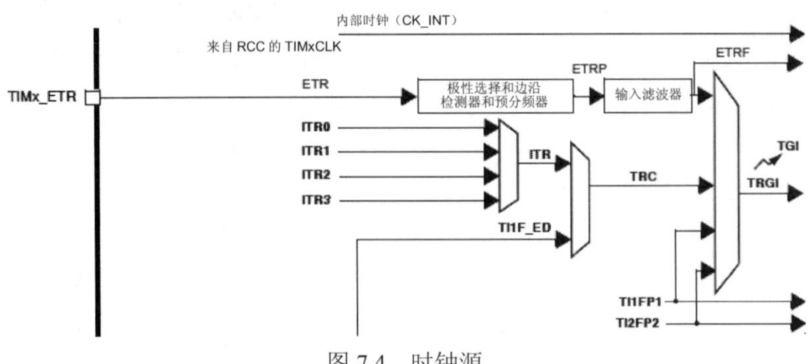

图 7.4　时钟源

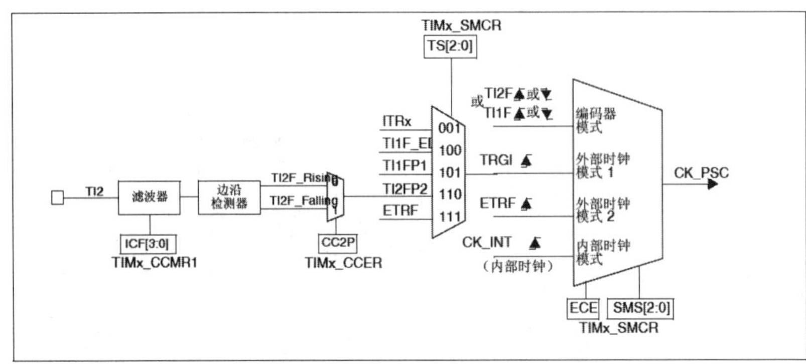

图 7.5　外部时钟源模式 1 外部触发输入模块

来自外部的时钟信号首先会经过滤波器，这里用户可以去除信号干扰。然后信号会经过边沿检测器，在这里会进行边沿检测，确定上升沿还是下降沿有效。在使用外部时钟源模式 1 的时候，触发源有两个，一个是来自定时器通道 1 滤波后的信号 TI1FP1，一个是来自定时器通道 2 滤波后的信号 TI2FP1，此二者信号来自不同的通道，也就是 TIMx_CHx，但是都映射到比较通道 IC1。

在配置好时钟源模式之后，信号要经过 TRGI 脚，最后变成 CK_PSC，驱动计数器 CNT 计数。

当用户选择配置为外部时钟源模式 2 的时候，结构框图如图 7.6 所示。这时候使用的将不再是外部输入引脚通道，时钟信号来自于特定的输入通道 TIMx_ETR，这个通道只有 1 个。

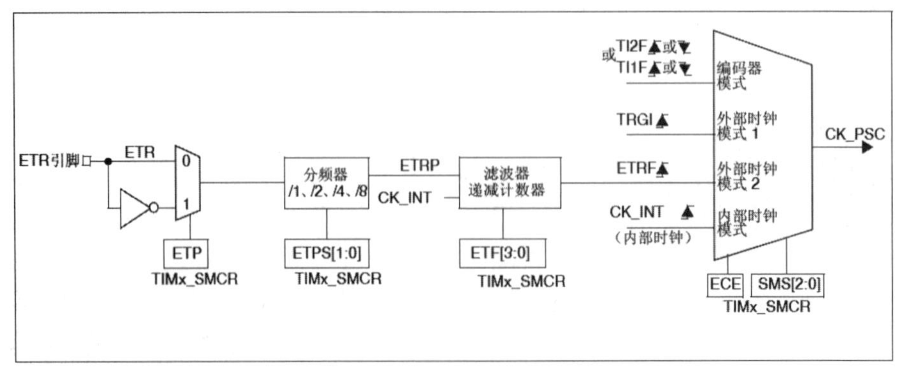

图 7.6　外部时钟源模式 2 外部触发输入模块

来自 ETR 引脚的信号可以选择为上升沿还是下降沿有效。而后信号可以由外部触发预分频器进行分频，获取想要的频率的信号。信号之后会经过滤波器，滤掉一些干扰。之后的信号流入 ETRF 线，触发信号最后变成 CK_PSC，驱动计数器 CNT 计数。

除了使用内部时钟、外部时钟作为时钟源，用户还可以使用内部触发输入作为时钟源，结构框图如图 7.7 所示。

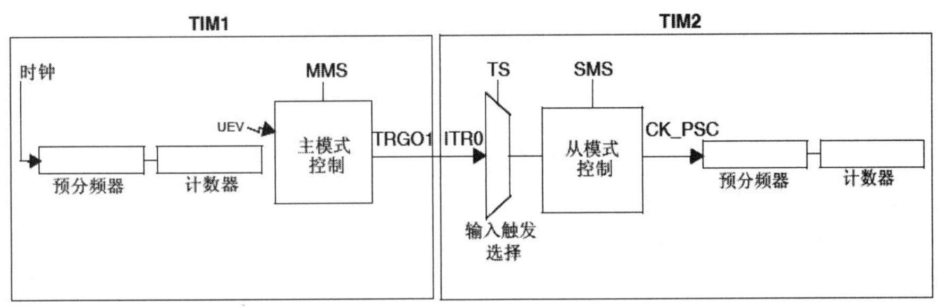

图 7.7　TIM1 作 TIM2 的内部触发输入

内部触发输入，就是使用一个定时器作为另一个定时器的预分频器，TIMx 定时器从内部链接在一起，以实现定时器内部级联。

当某个定时器配置为主模式时，可对另一个配置为从模式的定时器的计数器执行复位、启动、停止操作或为其提供时钟。

通用定时器的控制器部分包括有触发控制器、从模式控制器以及编码器接口，如图 7.8 所示。其中触发控制器上文有提到过，是用来针对片内外设输出触发信号。比如说作为其他定时器的内部触发输入，或者给 DAC/ADC 触发信号。从模式控制器用来控制计数器的复位、启动、递增/递减、计数；编码器接口专门针对编码器计数。

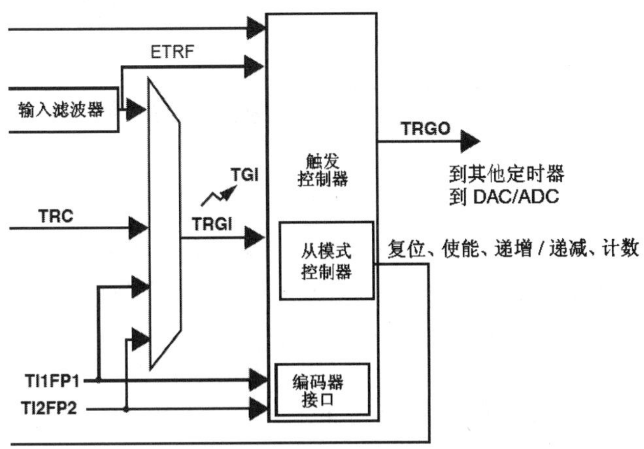

图 7.8　通用定时器的控制部分

通用定时器的时基单元部分与基本定时器相同，相应的时钟源变成 CK_PSC，经过 PSC 预分频器分频，信号编程 CK_CNT，驱动计数器 CNT 开始计数，此过程中涉及的 3 个寄存器也都是 16 位的寄存器，如图 7.9 所示。

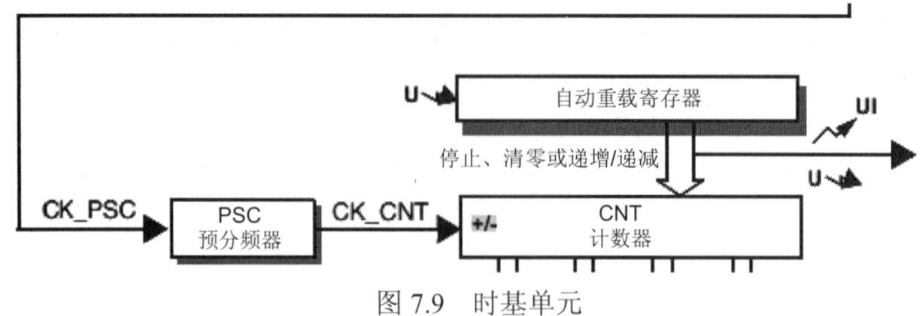

图 7.9　时基单元

通用定时器的输入捕获使用了定时器的输入通道，即 TIMx_CHx；信号进入输入通道，首先会遇到输入滤波器和边沿检测器，滤波器是用来设置通道的采样频率，决定连续多个高电平产生一个有用的脉冲。边沿检测器则是用来设定输入波形的有效性（有效性分为上升沿有效、下降沿有效、双边沿有效）。

信号通过输入通道输入，之后会进入捕获通道 ICx，一个输入通道的信号可以输向两个捕获通道，上面提到的 TI1FP1，TI2FP1 就是来自不同的输入通道，被输入相同的捕获通道。每个捕获通道 ICx 都有对应的捕获寄存器，CCRx 当发生捕获的时候，计数器 CNT 的值就会被锁存到捕获寄存器中，如图 7.10 所示。

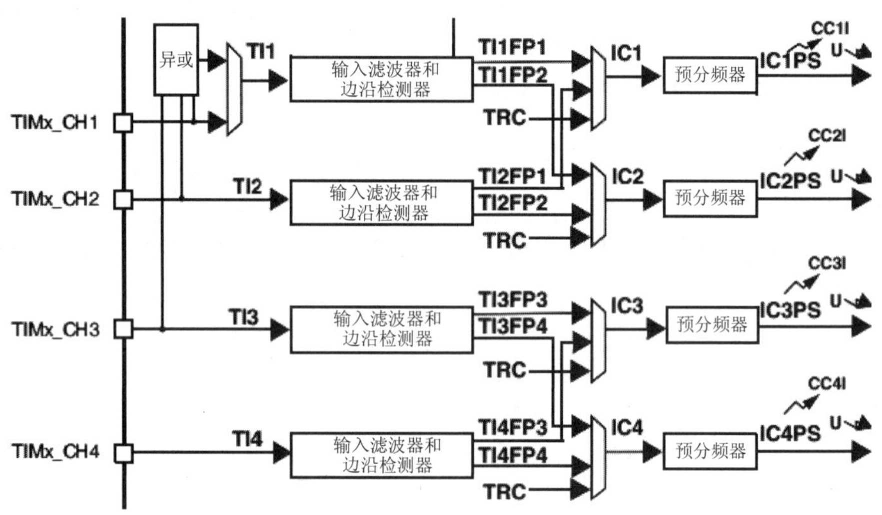

图 7.10　通用定时器的输入捕获部分

捕获通道输入的信号会经过一个预分频器，这里预分频器的作用是决定多少个边沿进行一次捕获，若配置为 00，则一个波形的两个边沿都会被捕获到。

最后经过分频的信号 ICxPS 会被捕获，当发生捕获的时候，计数器 CNT 的值会被锁存到捕获寄存器 CCR 中，同时产生相应的中断。若中断标志位未清除，又发生重复捕获事件，会使得 TIMx_SR 寄存器相应的 CCxOF 位置 1。

定时器的输入通道与输出通道为同一通道，同样的，所用捕获/比较寄存器也是同一寄存器。

在配置定时器的输出比较的时候，开发者为比较寄存器设置一个比较值，在使能计数器之后，计数器开始计数，当计数器的值与比较寄存器的值相等的时候，输出信号 OCxREF 的极性就会改变，如图 7.11 所示。

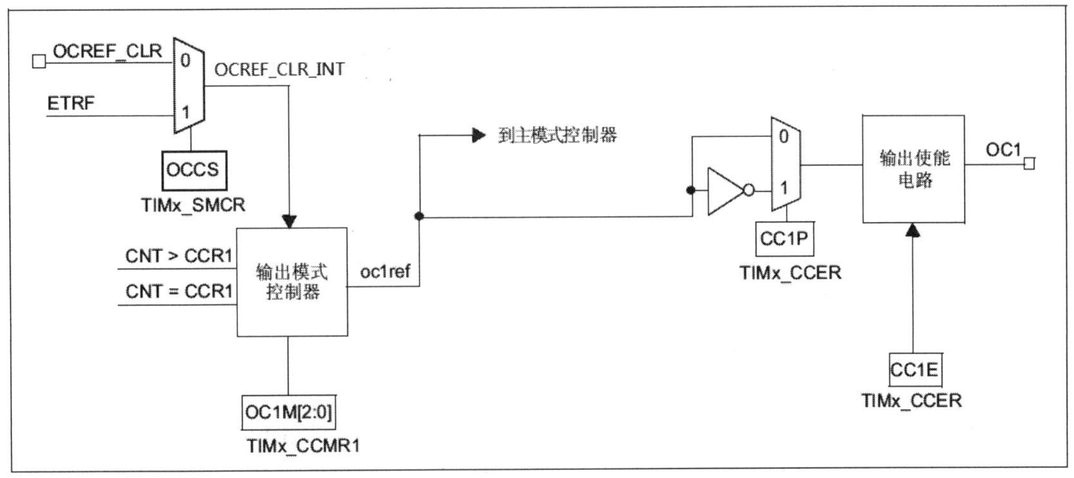

图 7.11　定时器的输出比较模式部分

通过 TIMx_CCMR1 的 OC1M[2:0]位，可以控制输出比较的 8 种模式。其中在 PWM 模式 1，若计数器递增，则 TIMx_CNT<TIMx_CCR1 时，通道上的电平为有效电平，否则为无效电平；若递减模式，则 TIMx_CNT>TIMx_CCR1 时，通道上的电平为无效电平（OCxREF=0），否则为有效电平（OCxREF=1）。在 PWM 模式 2，若计数器递增，则 TIMx_CNT<TIMx_CCR1 时，通道上的电平为无效电平，否则为有效电平；若递减模式，则 TIMx_CNT>TIMx_CCR1 时，通道上的电平为有效电平（OCxREF=1），否则为无效电平（OCxREF=0）。

信号经由输出模式控制器分成两路：一路向上至主模式控制器；一路进入双路开关被分成两路，一路是原信号，另一路则是原信号取非。如图 7.12 所示。

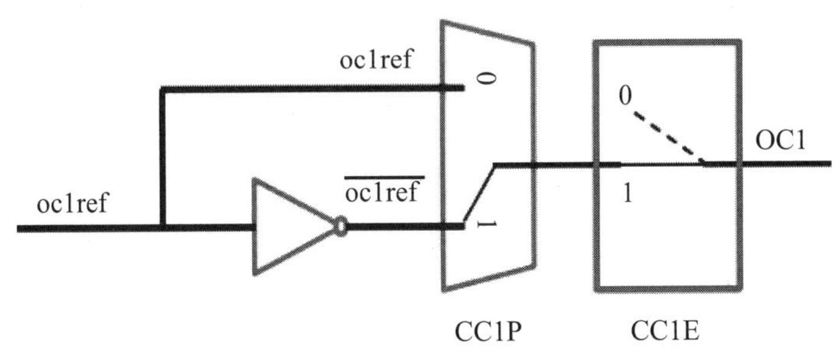

图 7.12　信号输出部分

当 CC1P=0 的时候，最终输出信号 OCx 为有效电平 OCxREF，也就是高电平；当 CC1P=1 的时候，最终输出信号 OCx 为有效电平 OCxREF 的非，也就是低电平。

7.2　定时器相关寄存器

寄存器 TIMx_CR1 （TIMx 控制寄存器 1）

地址偏移：0x00

复位值：0x0000 0000

15	14	13	12	11	10	9	8	7	6	5	4	3	2	1	0
Reserved						CKD[1:0]		APRE	CMS[1:0]		DIR	OPM	URS	UDIS	CEN
						rw	rw	rw	rw	rw	rw	rw	rw	rw	rw

Bits 15:10：保留，必须保持复位值。

Bits 9:8：CKD[1:0]表示时钟分频（Clock division）。

00： tDTS = tCK_INT（不分频）

01： tDTS = 2 × tCK_INT（2 分频）

10： tDTS = 4 × tCK_INT（4 分频）

11： 保留

Bit 7：ARPE 表示自动重载预装载使能（Auto-reload preload enable）。

0：TIMx_ARR 寄存器不进行缓冲，修改重装载值立马生效

1：TIMx_ARR 寄存器进行缓冲，修改重装载值下个周期开始生效

Bits 6:5：CMS 表示中心对齐模式选择（Center-aligned mode selection）。

00：边沿对齐模式。计数器根据方向位（DIR）递增计数或递减计数（上下计数模式）。

01：中心对齐模式 1。计数器将从 0 计数到自动装载值，然后从重装载值向下计数到 0。仅当计数器递减计数时，通道配置为输出通道（TIMx_CCMRx_CCxS=1），相应的比较中断标志才会置 1。

10：中心对齐模式 2。计数器将从 0 计数到自动装载值，然后从重装载值向下计数到 0。仅当计数器递增计数时，通道配置为输出通道（TIMx_CCMRx_CxS=00），相应的比较中断标志才会置 1。

11：中心对齐模式 3。计数器将从 0 计数到自动装载值，然后从重装载值向下计数到 0。当计数器递增计数或递减计数时，通道配置为输出通道（TIMx_CCMRx_CxS=00），相应的比较中断标志会置 1。

注意：只要计数器处于使能状态（CEN=1），就不得从边沿对齐模式切换为中心对齐模式。

Bit 4：DIR 表示方向（Direction）。

0：计数器递增计数

1：计数器递减计数

注意：当定时器配置为中心对齐模式或编码器模式时，该位为只读状态。

Bit 3：OPM 表示单脉冲模式（One-pulse mode）。

0：计数器在发生更新事件时不会停止计数

1：计数器在发生下一更新事件时停止计数（将 CEN 位清零）

Bit 2：URS 表示更新请求源（Update request source）。

此位由软件置 1 和清零，用以选择 UEV 事件源。

0：使能时，所有以下事件都会生成更新中断或 DMA 请求。此类事件包括：

- 计数器上溢/下溢
- 将 UG 位置 1
- 通过从模式控制器生成的更新事件

1：使能时，只有计数器上溢/下溢会生成更新中断或 DMA 请求

Bits 1：UDIS 表示更新禁止（Update disable）。

此位由软件置 1 和清零，用以使能/禁止 UEV 事件生成。

0：使能 UEV。更新（UEV）事件可通过以下事件之一生成：

- 计数器上溢/下溢
- 将 UG 位置 1
- 通过从模式控制器生成的更新事件然后缓冲的寄存器加载预装载值

1：禁止 UEV。不会生成更新事件，各影子寄存器的值（ARR、PSC 和 CCRx）保持不变。但如果将 UG 位置 1，或者从从模式控制器接收到硬件复位，则会重新初始化计数器和预分频器。

Bit 0：CEN 表示计数器使能（Counter enable）。

0：禁止计数器

1：使能计数器

注意：只有事先通过软件将 CEN 位置 1，才可以使用外部时钟、门控模式和编码器模式。而触发模式可通过硬件自动将 CEN 位置 1。在单脉冲模式下，当发生更新事件时会自动将 CEN 位清零。

寄存器 TIMx_CR2 （TIMx 控制寄存器 2）

地址偏移：0x04

复位值：0x0000

15	14	13	12	11	10	9	8	7	6	5	4	3	2	1	0
Res.	OIS4	OIS3N	OIS3	OIS2N	OIS2	OIS1N	OIS1	APRE	MMS[2：0]			CCDS	CCUS	Res.	CCPC
	rw	rw	rw	rw	rw	rw	rw	rw	rw	rw	rw	OPM	rw		rw

Bits 15:8 保留，必须保持复位值。

Bits 7：TI1S 表示 TI1 选择（TI1 selection）。

0：TIMx_CH1 引脚连接到 TI1 输入

1：TIMx_CH1、TIMx_CH2 和 TIMx_CH3 引脚连接到 TI1 输入（异或组合）

Bits 6:4：MMS 表示主模式选择（Master mode selection）。

这些位可选择主模式下将要发送到从定时器以实现同步的信息（TRGO）（一个定时器作为另一个定时器的触发，见图7.6）。这些位的组合如下：

000：复位——TIMx_EGR 寄存器中的 UG 位用作触发输出（TRGO）。如果复位由触发输入生成（从模式控制器配置为复位模式），则 TRGO 上的信号相比实际复位会有延迟。

001：使能——计数器使能信号（CNT_EN）用作触发输出（TRGO）。该触发输出可用于同时启动多个定时器，或者控制在一段时间内使能从定时器。计数器使能信号可由 CEN 控制位产生。当配置为门控模式时，也可由触发输入产生。当计数器使能信号由触发输入控制时，TRGO 上会存在延迟，选择主/从模式时除外（请参见 TIMx_SMCR 寄存器中 MSM 位的说明）。

010：更新——选择更新事件作为触发输出（TRGO）。例如，主定时器可用作从定时

器的预分频器。

011：比较脉冲——一旦发生输入捕获或比较匹配事件，当 CC1IF 被置 1 时（即使已为高电平），触发输出都会发送一个正脉冲（TRGO）。

100：比较——OC1REF 信号用作触发输出（TRGO）。

101：比较——OC2REF 信号用作触发输出（TRGO）。

110：比较——OC3REF 信号用作触发输出（TRGO）。

111：比较——OC4REF 信号用作触发输出（TRGO）。

Bit 3：CCDS 表示捕获/比较 DMA 选择（Capture/Compare DMA selection）。

0：发生 CCx 事件时发送 CCx DMA 请求

1：发生更新事件时发送 CCx DMA 请求

Bits 2:0 保留，必须保持复位值。

寄存器 TIMx_ SMCR （TIMx 从模式控制寄存器 1）

地址偏移：0x08

复位值：0x0000

15	14	13	12	11	10	9	8	7	6	5	4	3	2	1	0
ETP	ECE	TTPS[1:0]		ETF[3:0]				MSM	TS[2:0]			Res.	sms[2:0]		
rw	rw	rw	rw	rw	rw	rw	rw	rw	rw	rw	rw		rw	rw	rw

Bit 15：ETP 表示外部触发极性（External trigger polarity）。

此位可选择将 ETR 还是 ETR 用于触发操作。

0：ETR 未反相，高电平或上升沿有效

1：ETR 反相，低电平或下降沿有效

Bit 14：ECE 表示外部时钟使能（External clock enable）。

此位可使能外部时钟模式 2。

0：禁止外部时钟模式 2

1：使能外部时钟模式 2。计数器时钟由 ETRF 信号的任意有效边沿提供。

注意：

（1）将 ECE 位置 1 与选择外部时钟模式 1 并将 TRGI 连接到 ETRF（SMS=111 且 TS=111）具有相同效果。

（2）外部时钟模式 2 可以和以下从模式同时使用：复位模式、门控模式和触发模式。不过此类情况下 TRGI 不得连接 ETRF（TS 位不得为 111）。

（3）如果同时使能外部时钟模式 1 和外部时钟模式 2，则外部时钟输入为 ETRF（详见图 7.5）。

Bits 13:12：ETPS 表示外部触发预分频器（External trigger prescaler）。

外部触发信号 ETRP 频率不得超过 CK_INT 频率的 1/4。可通过使能预分频器来降低 ETRP 频率。这种方法在输入快速外部时钟时非常有用。

00：预分频器关闭

01：2 分频 ETRP 频率

10：4 分频 ETRP 频率

11：8 分频 ETRP 频率

Bits 11:8：ETF[3:0]表示外部触发滤波器（External trigger filter）。

此位域可定义 ETRP 信号的采样频率和适用于 ETRP 的数字滤波器滤波时间。数字滤波器由事件计数器组成，每 *N* 个事件才视为一个有效边沿：

0000：无滤波器，按 fDTS 频率进行采样

0001：fSAMPLING=fCK_INT，N=2

0010：fSAMPLING=fCK_INT，N=4

0011：fSAMPLING=fCK_INT，N=8

0100：fSAMPLING=fDTS/2，N=6

0101：fSAMPLING=fDTS/2，N=8

0110：fSAMPLING=fDTS/4，N=6

0111：fSAMPLING=fDTS/4，N=8

1000：fSAMPLING=fDTS/8，N=6

1001：fSAMPLING=fDTS/8，N=8

1010：fSAMPLING=fDTS/16，N=5

1011：fSAMPLING=fDTS/16，N=6

1100：fSAMPLING=fDTS/16，N=8

1101：fSAMPLING=fDTS/32，N=5

1110：fSAMPLING=fDTS/32，N=6

1111：fSAMPLING=fDTS/32，N=8

Bit7：MSM 表示主/从模式（Master/Slave mode）。

0：不执行任何操作

1：当前定时器的触发输入事件（TRGI）的处理被推迟，以使当前定时器与其从定时器实现完美同步(通过 TRGO)。此设置适用于单个外部事件对多个定时器进行同步的情况。

Bits 6:4：TS 表示触发选择（Trigger selection）。

此位域可选择将要用于同步计数器的触发输入。

000：内部触发 0（ITR0）

001：内部触发 1（ITR1）

010：内部触发 2（ITR2）

011：内部触发 3（ITR3）

100： TI1 边沿检测器（TI1F_ED）

101：滤波后的定时器输入 1（TI1FP1）

110：滤波后的定时器输入 2（TI2FP2）

111：外部触发输入（ETRF）

注意：这些位只能在未使用的情况下（例如，SMS=000 时）进行更改，以避免转换时出现错误的边沿检测。

Bit 3：保留，必须保持复位值。

Bits 2:0：SMS 表示从模式选择（Slave mode selection）。

000：禁止从模式——如果 CEN =“1”，预分频器时钟直接由内部时钟提供。

001：编码器模式 1——计数器根据 TI1FP1 电平在 TI2FP2 边沿递增/递减计数。

010：编码器模式 2——计数器根据 TI2FP2 电平在 TI1FP1 边沿递增/递减计数。

011：编码器模式 3——计数器在 TI1FP1 和 TI2FP2 的边沿计数，计数的方向取决于另外一个信号的电平。

100：复位模式——在出现所选触发输入（TRGI）上升沿时，重新初始化计数器并生成一个寄存器更新事件。

101：门控模式——触发输入（TRGI）为高电平时使能计数器时钟。只要触发输入变为低电平，计数器立即停止计数（但不复位）。计数器的启动和停止都是受控的。

110：触发模式——触发信号 TRGI 出现上升沿时启动计数器（但不复位）。只控制计数器的启动。

111：外部时钟模式 1——由所选触发信号（TRGI）的上升沿提供计数器时钟。

注意：如果将 TI1F_ED 选作触发输入（TS=100），则不得使用门控模式。实际上，TI1F 每次转换时，TI1F_ED 都输出 1 个脉冲，而门控模式检查的则是触发信号的电平。

寄存器 TIMx_DIER （TIMx DMA/中断使能寄存器）

地址偏移：0x0C

复位值：0x0000

15	14	13	12	11	10	9	8	7	6	5	4	3	2	1	0
Res	TDE	Res	CC4DE	CC3DE	CC2DE	CC1DE	UDE	Res	TIE	Res	CC4IE	CC3IE	CC2IE	CC1IE	CC0IE
	rw		rw	rw	rw	rw	rw		rw		rw	rw	rw	rw	rw

Bit 15：保留，必须保持复位值。

Bit 14：TDE 表示触发 DMA 请求使能（Trigger DMA request enable）。

0：禁止触发 DMA 请求

1：使能触发 DMA 请求

Bit 13：保留，始终读为 0。

Bit 12：CC4DE 表示捕获/比较 4 DMA 请求使能。

0：禁止 CC4 DMA 请求

1：使能 CC4 DMA 请求

Bit 11：CC3DE 表示捕获/比较 3 DMA 请求使能。

0：禁止 CC3 DMA 请求

1：使能 CC3 DMA 请求

Bit 10：CC2DE 表示捕获/比较 2 DMA 请求使能。

0：禁止 CC2 DMA 请求

1：使能 CC2 DMA 请求

Bit 9：CC1DE 表示捕获/比较 1 DMA 请求使能。

0：禁止 CC1 DMA 请求

1：使能 CC1 DMA 请求

Bit 8：UDE 表示更新 DMA 请求使能（Update DMA request enable）。

0：禁止更新 DMA 请求

1：使能更新 DMA 请求

Bit 7：保留，必须保持复位值。

Bit 6：TIE 表示触发信号（TRGI）中断使能（Trigger interrupt enable）。

0：禁止触发信号（TRGI）中断

1：使能触发信号（TRGI）中断

Bit 5：保留，必须保持复位值。

Bit 4：CC4IE 表示捕获/比较 4 中断使能（Capture/Compare 1 interrupt enable）。

0：禁止 CC4 中断

1：使能 CC4 中断

Bit 3：CC3IE 表所示捕获/比较 3 中断使能（Capture/Compare 1 interrupt enable）。

0：禁止 CC3 中断

1：使能 CC3 中断

Bit 2：CC2IE 表示捕获/比较 2 中断使能（Capture/Compare 1 interrupt enable）。

0：禁止 CC2 中断

1：使能 CC2 中断

Bit 1：CC1IE 表示捕获/比较 1 中断使能（Capture/Compare 1 interrupt enable）。

0：禁止 CC1 中断

1：使能 CC1 中断

Bit 0：UIE 表示更新中断使能（Update interrupt enable）。

0：禁止更新中断

1：使能更新中断

寄存器 TIMx_SR （TIMx 状态寄存器 1）

地址偏移：0x10

复位值：0x0000

15	14	13	12	11	10	9	8	7	6	5	4	3	2	1	0
Reserved			CC4OF	CC3OF	CC2OF	CC1OF	Reserved		TIF	Res.	CC4IF	CC3IF	CC2IF	CC1IF	UIF
			rw_w0	rw_w0	rw_w0	rw_w0			rw_w0		rw_w0	rw_w0	rw_w0	rw_w0	rw_w0

Bits 15:13：保留，必须保持复位值。

Bit 12：CC4OF 表示捕获/比较 4 重复捕获标志。

Bit 11：CC3OF 表示捕获/比较 3 重复捕获标志。

Bit 10：CC2OF 表示捕获/比较 2 重复捕获标志。

Bit 9：CC1OF 表示捕获/比较 1 重复捕获标志。

仅当将相应通道配置为输入捕获模式时，此标志位才会由硬件置 1。通过软件写入“0”可将该位清零。

0：未检测到重复捕获

1：TIMx_CCR1 寄存器中已捕获到计数器值且 CC1IF 标志已置 1

Bits 8:7：保留，必须保持复位值。

Bit 6：TIF 表示触发中断标志（Trigger interrupt flag）。

在除门控模式以外的所有模式下，当使能从模式控制器后在 TRGI 输入上检测到有效边沿时，该标志将由硬件置 1。选择门控模式时，该标志将在计数器启动或停止时置 1。但需要通过软件清零。

0：未发生触发信号（TRGI）事件

1：触发信号（TRGI）中断挂起

Bit 5：保留，必须保持复位值。

Bit 4：CC4IF 表示捕获/比较 4 中断标志（Capture/Compare 4 interrupt flag）。

Bit 3：CC3IF 表示捕获/比较 3 中断标志（Capture/Compare 3 interrupt flag）。

Bit 2：CC2IF 表示捕获/比较 2 中断标志（Capture/Compare 2 interrupt flag）。

Bit 1：CC1IF 表示捕获/比较 1 中断标志（Capture/Compare 1 interrupt flag）。

如果通道 CC1 配置为输出：

当计数器与比较值匹配时，此标志由硬件置 1，中心对齐模式下除外（请参见 TIMx_CR1 寄存器中的 CMS 位说明），但需要通过软件清零。

0：不匹配

1：TIMx_CNT 计数器的值与 TIMx_CCR1 寄存器的值匹配。当 TIMx_CCR1 的值大于 TIMx_ARR 的值时，CC1IF 位将在计数器发生上溢（递增计数模式和增减计数模式下）或下溢（递减计数模式下）时变为高电平

如果通道 CC1 配置为输入：

此位将在发生捕获事件时由硬件置 1。通过软件或读取 TIMx_CCR1 寄存器将该位清零。

0：未发生输入捕获事件

1：TIMx_CCR1 寄存器中已捕获到计数器值（IC1 上已检测到与所选极性匹配的边沿）

Bit 0：UIF 表示更新中断标志（Update interrupt flag）。

该位在发生更新事件时通过硬件置 1。但需要通过软件清零。

0：未发生更新

1：更新中断挂起。该位在以下情况下更新寄存器时由硬件置 1：

- 上溢或下溢（对于 TIM2 到 TIM5）以及当 TIMx_CR1 寄存器中 UDIS=0 时
- TIMx_CR1 寄存器中的 URS=0 且 UDIS=0，并且由软件使用 TIMx_EGR 寄存器中的 UG 位重新初始化 CNT 时。TIMx_CR1 寄存器中的 URS=0 且 UDIS=0，并且 CNT 由触发事件重新初始化时（参见同步控制寄存器说明）

寄存器 TIMx_ EGR （TIMx 事件生成寄存器）

地址偏移：0x14

复位值：0x0000

15	14	13	12	11	10	9	8	7	6	5	4	3	2	1	0
Reserved									TG	Res.	CC4G	CC3G	CC2G	CC1G	UG
									w		w	w	w	w	w

Bits 15:7：保留，必须保持复位值。

Bit 6：TG 表示产生触发信号（Trigger generation），此位由软件置 1 以生成事件，并由硬件自动清零。

0：不执行任何操作

1：TIMx_SR 寄存器中的 TIF 标志置 1。使能后可发生相关中断或 DMA 传输事件

Bit 5：保留，必须保持复位值。

Bit 4：CC4G 表示捕获/比较 4 生成（Capture/Compare 4 generation）。

Bit 3：CC3G 表示捕获/比较 3 生成（Capture/Compare 3 generation）。

Bit 2：CC2G 表示捕获/比较 2 生成（Capture/Compare 2 generation）。

Bit 1：CC1G 表示捕获/比较 1 生成（Capture/Compare 1 generation）。

此位由软件置 1 以生成事件，并由硬件自动清零。

0：不执行任何操作

1：通道 1 上生成捕获/比较事件

如果通道 CC1 配置为输出：

使能时，CC1IF 标志置 1 并发送相应的中断或 DMA 请求。

如果通道 CC1 配置为输入：

TIMx_CCR1 寄存器中将捕获到计数器当前值。使能时，CC1IF 标志置 1 并发送相应的中断或 DMA 请求。如果 CC1IF 标志已为高电平，CC1OF 标志将置 1。

Bit 0：UG 表示更新生成（Update generation）。

该位可通过软件置 1，并由硬件自动清零。

0：不执行任何操作

1：重新初始化计数器并生成寄存器更新事件。请注意，预分频器计数器也将清零（但预分频比不受影响）。如果选择中心对齐模式或 DIR=0（递增计数），计数器将清零。如果 DIR=1（递减计数），计数器将使用自动重载值（TIMx_ARR）

寄存器 TIMx_CCMR1 （TIMx 捕获比较模式寄存器 1）

地址偏移：0x18

复位值：0x0000

15	14	13	12	11	10	9	8	7	6	5	4	3	2	1	0
OC2E	OC2M[2:0]			OC2PE	OC2FE	CC2S[1:0]		OC1CE	OC1M[2:0]			OC1PE	OC1PE	CCS1[1:0]	
IC2F[3:0]				IC2PSC[1:0]				IC1F[3:0]				IC1PSC[1:0]			
rw	rw	rw	rw	rw	rw	rw	rw	rw	rw	rw	rw	rw	rw	rw	rw

Bit 15：OC2CE 表示输出比较 2 清零使能（Output compare 3 clear enable）。

Bits 14:12：OC2M[2:0]表示输出比较 2 模式（Output compare 2 mode）。

Bit 11：OC2PE 表示输出比较 2 预装载使能（Output compare 2 preload enable）。

Bit 10：OC2FE 表示输出比较 2 快速使能（Output compare 2 fast enable）。

Bits 9:8：CC2S[1:0]表示捕获/比较 2 选择（Capture/Compare 2 selection）。

此位域定义通道方向（输入/输出）以及所使用的输入。

00：CC2 通道配置为输出

01：CC2 通道配置为输入，IC2 映射到 TI2 上

10：CC2 通道配置为输入，IC2 映射到 TI1 上

11：CC2 通道配置为输入，IC2 映射到 TRC 上。此模式仅在通过 TS 位（TIMx_SMCR 寄存器）选择内部触发输入时有效

注意：仅当通道关闭时（TIMx_CCER 中的 CC2E=0），才可向 CC2S 位写入数据。

Bit 7：OC1CE 表所示输出比较 1 清零使能。

0：OC1Ref 不受 ETRF 输入影响

1：ETRF 输入上检测到高电平时，OC1Ref 立即清零

Bits 6:4：OC1M 表示输出比较 1 模式。

这些位定义提供 OC1 和 OC1N 的输出参考信号 OC1REF 的行为。OC1REF 为高电平有效，而 OC1 和 OC1N 的有效电平则取决于 CC1P 位和 CC1NP 位。

000：冻结——输出比较寄存器 TIMx_CCR1 与计数器 TIMx_CNT 进行比较不会对输出造成任何影响（该模式用于生成时基）

001：将通道 1 设置为匹配时输出有效电平。当计数器 TIMx_CNT 与捕获/比较寄存器 1（TIMx_CCR1）匹配时，OC1REF 信号强制变为高电平

010：将通道 1 设置为匹配时输出无效电平。当计数器 TIMx_CNT 与捕获/比较寄存器 1（TIMx_CCR1）匹配时，OC1REF 信号强制变为低电平

011：翻转——TIMx_CNT=TIMx_CCR1 时，OC1REF 发生翻转

100：强制变为无效电平——OC1REF 强制变为低电平

101：强制变为有效电平——OC1REF 强制变为高电平

110：PWM 模式 1——在递增计数模式下，只要 TIMx_CNT<TIMx_CCR1，通道 1 便为有效状态，否则为无效状态。在递减计数模式下，只要 TIMx_CNT>TIMx_CCR1，通道 1 便为无效状态（OC1REF=0），否则为有效状态（OC1REF=1）

111：PWM 模式 2——在递增计数模式下，只要 TIMx_CNT<TIMx_CCR1，通道 1 便为无效状态，否则为有效状态。在递减计数模式下，只要 TIMx_CNT>TIMx_CCR1，通道 1 便为有效状态，否则为无效状态。

注意：在 PWM 模式 1 或 PWM 模式 2 下，仅当比较结果发生改变或输出比较模式由“冻结”模式切换到“PWM”模式时，OCREF 电平才会发生更改。

Bit 3：OC1PE 表示输出比较 1 预装载使能（Output compare 1 preload enable）。

0：禁止与 TIMx_CCR1 相关的预装载寄存器。可随时向 TIMx_CCR1 写入数据，写入后将立即使用新值

1：使能与 TIMx_CCR1 相关的预装载寄存器。可读/写访问预装载寄存器。TIMx_CCR1 预装载值在每次生成更新事件时都会装载到活动寄存器中

注意：

（1）只要编程了 LOCK 级别 3（TIMx_BDTR 寄存器中的 LOCK 位）且 CC1S=00（通道配置为输出），便无法修改这些位。

（2）只有单脉冲模式下才可在未验证预装载寄存器的情况下使用 PWM 模式（TIMx_CR1 寄存器中的 OPM 位置 1）。其他情况下则无法保证该行为。

Bit 2：OC1FE 表示输出比较 1 快速使能（Output compare 1 fast enable），此位用于加快触发输入事件对 CC 输出的影响。

0：即使触发开启，CC1 也将根据计数器和 CCR1 值正常工作。触发输入出现边沿时，激活 CC1 输出的最短延迟时间为 5 个时钟周期

1：触发输入上出现有效边沿相当于 CC1 输出上的比较匹配。随后，无论比较结果如何，OC 都设置为比较电平。采样触发输入和激活 CC1 输出的延迟时间缩短为 3 个时钟周期。仅当通道配置为 PWM1 或 PWM2 模式时，OCFE 才会起作用

Bits 1:0：CC1S 表示捕获/比较 1 选择（Capture/Compare 1 selection），此位域定义通道方向（输入/输出）以及所使用的输入。

00：CC1 通道配置为输出

01：CC1 通道配置为输入，IC1 映射到 TI1 上

10：CC1 通道配置为输入，IC1 映射到 TI2 上

11：CC1 通道配置为输入，IC1 映射到 TRC 上。此模式仅在通过 TS 位（TIMx_SMCR 寄存器）选择内部触发输入时有效

注意：仅当通道关闭时（TIMx_CCER 中的 CC1E=0），才可向 CC1S 位写入数据。

输入捕获模式

Bits 15:12：IC2F 表示输入捕获 2 滤波器（Input capture 2 filter）。

Bits 11:10：IC2PSC[1:0]表示输入捕获 2 预分频器（Input capture 2 prescaler）。

Bits 9:8：CC2S 表示捕获/比较 2 选择（Capture/compare 2 selection），此位域定义通道方向（输入/输出）以及所使用的输入。

00：CC2 通道配置为输出

01：CC2 通道配置为输入，IC2 映射到 TI2 上

10：CC2 通道配置为输入，IC2 映射到 TI1 上

11：CC2 通道配置为输入，IC2 映射到 TRC 上。此模式仅在通过 TS 位（TIMx_SMCR 寄存器）选择内部触发输入时有效

注意：仅当通道关闭时（TIMx_CCER 中的 CC2E=0），才可向 CC2S 位写入数据。

Bits 7:4：IC1F 表示输入捕获 1 滤波器（Input capture 1 filter），此位域可定义 TI1 输入的采样频率和适用于 TI1 的数字滤波器带宽。数字滤波器由事件计数器组成，每 N 个事件才视为一个有效边沿：

0000：无滤波器，按 fDTS 频率进行采样　　0001：fSAMPLING=fCK_INT，N=2

0010：fSAMPLING=fCK_INT，N=4　　0011：fSAMPLING=fCK_INT，N=8

0100：fSAMPLING=fDTS/2，N=6　　0101：fSAMPLING=fDTS/2，N=8

0110：fSAMPLING=fDTS/4，N=6　　0111：fSAMPLING=fDTS/4，N=8

1000：fSAMPLING=fDTS/8，N=6　　1001：fSAMPLING=fDTS/8，N=8

1010：fSAMPLING=fDTS/16，N=5　　1011：fSAMPLING=fDTS/16，N=6

1100：fSAMPLING=fDTS/16，N=8　　　　1101：fSAMPLING=fDTS/32，N=5
1110：fSAMPLING=fDTS/32，N=6　　　　1111：fSAMPLING=fDTS/32，N=8

注意：在当前版本中，当 ICxF[3:0]=1、2 或 3 时，将用 CK_INT 代替公式中的 fDTS。

Bits 3:2：IC1PSC 表示输入捕获 1 预分频器（Input capture 1 prescaler）。

此位域定义 CC1 输入（IC1）的预分频比。只要 CC1E=0（TIMx_CCER 寄存器），预分频器便立即复位。

00：无预分频器，捕获输入上每检测到一个边沿便执行捕获

01：每发生 2 个事件便执行一次捕获

10：每发生 4 个事件便执行一次捕获

11：每发生 8 个事件便执行一次捕获

Bits 1:0：CC1S 表示捕获/比较 1 选择（Capture/Compare 1 selection），此位域定义通道方向（输入/输出）以及所使用的输入。

00：CC1 通道配置为输出

01：CC1 通道配置为输入，IC1 映射到 TI1 上

10：CC1 通道配置为输入，IC1 映射到 TI2 上

11：CC1 通道配置为输入，IC1 映射到 TRC 上。此模式仅在通过 TS 位（TIMx_SMCR 寄存器）选择内部触发输入时有效

注意：仅当通道关闭时（TIMx_CCER 中的 CC1E=0），才可向 CC1S 位写入数据。

寄存器 TIMx_ CCMR2（TIMx　捕获比较模式寄存器 2）

地址偏移：0x1C

复位值：0x0000

<table>
<tr><td>15</td><td>14</td><td>13</td><td>12</td><td>11</td><td>10</td><td>9</td><td>8</td><td>7</td><td>6</td><td>5</td><td>4</td><td>3</td><td>2</td><td>1</td><td>0</td></tr>
<tr><td>OC4E</td><td colspan="3">OC4M[2:0]</td><td>OC4PE</td><td>OC4FE</td><td colspan="2" rowspan="2">CC4S[1:0]</td><td>OC3CE</td><td colspan="3">OC3M[2:0]</td><td>OC3PE</td><td>OC3PE</td><td colspan="2" rowspan="2">CC3S[1:0]</td></tr>
<tr><td colspan="4">IC4F[3:0]</td><td colspan="2">IC4PSC[3:0]</td><td colspan="4">IC3F[3:0]</td><td colspan="2">IC3PSC[1:0]</td></tr>
<tr><td>rw</td><td>rw</td><td>rw</td><td>rw</td><td>rw</td><td>rw</td><td>rw</td><td>rw</td><td>rw</td><td>rw</td><td>rw</td><td>rw</td><td>rw</td><td>rw</td><td>rw</td><td>rw</td></tr>
</table>

输出比较模式

Bit 15：OC4CE 表示输出比较 4 清零使能（Output compare 4 clear enable）。

Bits 14:12：OC4M 表示输出比较 4 模式（Output compare 4 mode）。

Bit 11：OC4PE 表示输出比较 4 预装载使能（Output compare 4 preload enable）。

Bit 10：OC4FE 表示输出比较 4 快速使能（Output compare 4 fast enable）。

Bits 9:8：CC4S 表示捕获/比较 4 选择（Capture/Compare 4 selection）。

此位域定义通道方向（输入/输出）以及所使用的输入。

00：CC4 通道配置为输出

01：CC4 通道配置为输入，IC4 映射到 TI4 上

10：CC4 通道配置为输入，IC4 映射到 TI3 上

11：CC4 通道配置为输入，IC4 映射到 TRC 上。此模式仅在通过 TS 位（TIMx_SMCR 寄存器）选择内部触发输入时有效

注意：仅当通道关闭时（TIMx_CCER 中的 CC4E=0），才可向 CC4S 位写入数据。

Bit 7：OC3CE 表示输出比较 3 清零使能（Output compare 3 clear enable）。

Bits 6:4：OC3M 表示输出比较 3 模式（Output compare 3 mode）。

Bit 3：OC3PE 表示输出比较 3 预装载使能（Output compare 3 preload enable）。

Bit 2：OC3FE 表示输出比较 3 快速使能（Output compare 3 fast enable）。

Bits 1:0：CC3S 表示捕获/比较 3 选择（Capture/Compare 3 selection）。

此位域定义通道方向（输入/输出）以及所使用的输入。

00：CC3 通道配置为输出

01：CC3 通道配置为输入，IC3 映射到 TI3 上

10：CC3 通道配置为输入，IC3 映射到 TI4 上

11：CC3 通道配置为输入，IC3 映射到 TRC 上。此模式仅在通过 TS 位（TIMx_SMCR 寄存器）选择内部触发输入时有效

注意：仅当通道关闭时（TIMx_CCER 中的 CC3E=0），才可向 CC3S 位写入数据。

输入捕获模式

Bits 15:12：IC4F 表示输入捕获 4 滤波器（Input capture 4 filter）。

Bits 11:10：IC4PSC 表示输入捕获 4 预分频器（Input capture 4 prescaler）。

Bits 9:8：CC4S 表示捕获/比较 4 选择（Capture/Compare 4 selection）。

此位域定义通道方向（输入/输出）以及所使用的输入。

00：CC4 通道配置为输出

01：CC4 通道配置为输入，IC4 映射到 TI4 上

10：CC4 通道配置为输入，IC4 映射到 TI3 上

11：CC4 通道配置为输入，IC4 映射到 TRC 上。此模式仅在通过 TS 位（TIMx_SMCR 寄存器）选择内部触发输入时有效

注意：仅当通道关闭时（TIMx_CCER 中的 CC4E=0），才可向 CC4S 位写入数据。

Bits 7:4：IC3F 表示输入捕获 3 滤波器（Input capture 3 filter）。

Bits 3:2：IC3PSC 表示输入捕获 3 预分频器（Input capture 3 prescaler）。

Bits 1:0：CC3S 表示捕获/比较 3 选择（Capture/Compare 3 selection）。

此位域定义通道方向（输入/输出）以及所使用的输入。

00：CC3 通道配置为输出

01：CC3 通道配置为输入，IC3 映射到 TI3 上

10：CC3 通道配置为输入，IC3 映射到 TI4 上

11：CC3 通道配置为输入，IC3 映射到 TRC 上。此模式仅在通过 TS 位（TIMx_SMCR 寄存器）选择内部触发输入时有效

注意：仅当通道关闭时（TIMx_CCER 中的 CC3E=0），才可向 CC3S 位写入数据。

寄存器 TIMx_ CCER（TIMx　捕获比较使能）

地址偏移：0x20

复位值：0x0000

15	14	13	12	11	10	9	8	7	6	5	4	3	2	1	0
CC4PN	Res.	CC4P	CC4E	CC3NP	Res.	CC3P	CC3E	CC2NP	Res.	CC2P	CC2E	CC1NP	Res.	CC1P	CC1E
rw		rw	rw	rw	rw	rw	rw	rw		rw	rw	rw	rw	rw	rw

Bit 15：CC4NP 表示捕获/比较 4 输出极性（Capture/Compare 1 output Polarity）。

Bit 14：保留，必须保持复位值。

Bit 13：CC4P 表示捕获/比较 4 输出极性（Capture/Compare 1 output Polarity）。

Bit 12：CC4E 表示捕获/比较 4 输出使能（Capture/Compare 2 output enable）。

Bit 11：CC3NP 表示捕获/比较 3 输出极性（Capture/Compare 1 output Polarity）。

Bit 10：保留，必须保持复位值。

Bit 9：CC3P 表示捕获/比较 3 输出极性（Capture/Compare 1 output Polarity）。

Bit 8：CC3E 表示捕获/比较 3 输出使能（Capture/Compare 2 output enable）。

Bit 7：CC2NP 表示捕获/比较 2 输出极性（Capture/Compare 1 output Polarity）。

Bit 6 保留，必须保持复位值。

Bit 5：CC2P 表示捕获/比较 2 输出极性（Capture/Compare 1 output Polarity）。

Bit 4：CC2E 表示捕获/比较 2 输出使能（Capture/Compare 2 output enable）。

Bit 3：CC1NP 表示捕获/比较 1 输出极性（Capture/Compare 1 output Polarity）。

CC1 通道配置为输出：在这种情况下，CC1NP 必须保持清零。

CC1 通道配置为输入：此位与 CC1P 配合使用，用以定义 TI1FP1/TI2FP1 的极性。

Bit 2：保留，必须保持复位值。

Bit 1：CC1P 表示捕获/比较 1 输出极性（Capture/Compare 1 output Polarity）。

CC1 通道配置为输出：

0：OC1 高电平有效

1：OC1 低电平有效

CC1 通道配置为输入：

CC1NP/CC1P 位可针对触发或捕获操作选择 TI1FP1 和 TI2FP1 的极性。

00：非反相/上升沿触发，电路对 TIxFP1 上升沿敏感（在复位模式、外部时钟模式或触发模式下执行捕获或触发操作），TIxFP1 未反相（在门控模式或编码器模式下执行触发操作）

01：反相/下降沿触发，电路对 TIxFP1 下降沿敏感（在复位模式、外部时钟模式或触发模式下执行捕获或触发操作），TIxFP1 反相（在门控模式或编码器模式下执行触发操作）

10：保留，不使用此配置

11：非反相/上升沿和下降沿均触发，电路对 TIxFP1 上升沿和下降沿都敏感（在复位模式、外部时钟模式或触发模式下执行捕获或，触发操作），TIxFP1 未反相（在门控模式下执行触发操作）。编码器模式下不得使用此配置

Bit 0：CC1E 表示捕获/比较 1 输出使能（Capture/Compare 1 output enable）。

CC1 通道配置为输出：

0：关闭——OC1 未激活

1：开启——在相应输出引脚上输出 OC1 信号

CC1 通道配置为输入：

此位决定了是否可以实际将计数器值捕获到输入捕获/比较寄存器 1（TIMx_CCR1）中。

0：禁止捕获

1：使能捕获

寄存器 TIMx_ CNT （TIMx 计数寄存器）

地址偏移：0x24

复位值：0x0000

15	14	13	12	11	10	9	8	7	6	5	4	3	2	1	0
CNT[15:0]															
rw	rw	rw	rw	rw	rw	rw	rw	rw	rw	rw	rw	rw	rw	rw	rw

Bits 15:0：CNT[15:0]用来表示计数器值（Counter value）。

寄存器 TIMx_ PSC （TIMx 预分频寄存器）

地址偏移：0x28

复位值：0x0000

15	14	13	12	11	10	9	8	7	6	5	4	3	2	1	0
PSC[15:0]															
rw	rw	rw	rw	rw	rw	rw	rw	rw	rw	rw	rw	rw	rw	rw	rw

Bits 15:0：PSC[15:0]表示预分频器值（Prescaler value）。计数器时钟频率 CK_CNT 等于 fCK_PSC/(PSC[15:0] + 1)。PSC 包含在每次发生更新事件时要装载到实际预分频器寄存器的值。

寄存器 TIMx_ ARR （TIMx 自动重载寄存器）

地址偏移：0x2C

复位值：0x0000

15	14	13	12	11	10	9	8	7	6	5	4	3	2	1	0
ARR[15:0]															
Rw	rw	rw	rw	rw	rw	rw	Rw	rw	rw	rw	rw	rw	rw	rw	rw

Bits 15:0：ARR[15:0]存放自动重载值（Auto-reload value），ARR 为要装载到实际自动重载寄存器的值。当自动重载值为空时，计数器不工作。

寄存器 TIMx_ CCR1 （TIMx 捕获/比较寄存器 1）

地址偏移：0x34

复位值：0x0000

31	30	29	28	27	26	25	24	23	22	21	20	19	18	17	16
CCR1[31:16](depending on timers)															
rw	rw	rw	rw	rw	rw	rw	rw	rw	rw	rw	rw	rw	rw	rw	rw

15	14	13	12	11	10	9	8	7	6	5	4	3	2	1	0
CCR1[15:0]															
rw	rw	rw	rw	rw	rw	rw	rw	rw	rw	rw	rw	rw	rw	rw	rw

Bits 31:16：CCR1[31:16]表示捕获/比较 1 的高 16 位（对于 TIM2 和 TIM5）。

Bits 15:0：CCR1[15:0]表示捕获/比较 1 的低 16 位（Low Capture/Compare 1 value）。

如果通道 CC1 配置为输出：CCR1 是捕获/比较寄存器 1 的预装载值。如果没有通过 TIMx_CCMR 寄存器中的 OC1PE 位来使能预装载功能，写入的数值会被直接传输至当前寄存器中。否则只在发生更新事件时生效（拷贝到实际起作用的捕获/比较寄存器 1）。实际捕获/比较寄存器中包含要与计数器 TIMx_CNT 进行比较并在 OC1 输出上发出信号的值。

如果通道 CC1 配置为输入：CCR1 为上一个输入捕获 1 事件（IC1）发生时的计数器值。

寄存器 TIMx_CCR2（TIMx 捕获/比较寄存器 2）

地址偏移：0x38

复位值：0x0000

31	30	29	28	27	26	25	24	23	22	21	20	19	18	17	16
CCR2[31：16](depending on timers)															
rw	rw	rw	rw	rw	rw	rw	rw	rw	rw	rw	rw	rw	rw	rw	rw

15	14	13	12	11	10	9	8	7	6	5	4	3	2	1	0
CCR2[15:0]															
rw	rw	rw	rw	rw	rw	rw	rw	rw	rw	rw	rw	rw	rw	rw	rw

Bits 31:16：CCR2[31:16]表示捕获/比较 2 的高 16 位（对于 TIM2 和 TIM5）。

Bits 15:0：CCR2[15:0]表示捕获/比较 2 的低 16 位（Low Capture/Compare 2 value）。

如果通道 CC2 配置为输出：CCR2 为要装载到实际捕获/比较 2 寄存器的值（预装载值）。如果没有通过 TIMx_CCMR 寄存器中的 OC2PE 位来使能预装载功能，写入的数值会被直接传输至当前寄存器中。否则只有发生更新事件时，预装载值才会复制到活动捕获/比较 2 寄存器中。实际捕获/比较寄存器中包含要与计数器 TIMx_CNT 进行比较并在 OC2 输出上发出信号的值。

如果通道 CC2 配置为输入：CCR2 为上一个输入捕获 2 事件（IC2）发生时的计数器值。

寄存器 TIMx_ CCR3 （TIMx 捕获/比较寄存器 3）

地址偏移：0x3C

复位值：0x0000

31	30	29	28	27	26	25	24	23	22	21	20	19	18	17	16
CCR3[31：16](depending on timers)															
rw	rw	rw	rw	rw	rw	rw	rw	rw	rw	rw	rw	rw	rw	rw	rw

15	14	13	12	11	10	9	8	7	6	5	4	3	2	1	0
CCR3[15:0]															
rw	rw	rw	rw	rw	rw	rw	rw	rw	rw	rw	rw	rw	rw	rw	rw

Bits 31:16：CCR3[31:16]表示捕获/比较 3 的高 16 位（对于 TIM2 和 TIM5）。

Bits 15:0 CCR3[15:0]：捕获/比较 3 的低 16 位（Low Capture/Compare value）。

如果通道 CC3 配置为输出：CCR3 为要装载到实际捕获/比较 3 寄存器的值（预装载值）。如果没有通过 TIMx_CCMR 寄存器中的 OC3PE 位来使能预装载功能，写入的数值会被直接传输至当前寄存器中。否则只有发生更新事件时，预装载值才会复制到活动捕获/比较 3 寄存器中。实际捕获/比较寄存器中包含要与计数器 TIMx_CNT 进行比较并在 OC3 输出上发出信号的值。

如果通道 CC3 配置为输入：CCR3 为上一个输入捕获 3 事件（IC3）发生时的计数器值。

寄存器 TIMx_ CCR4 （TIMx 捕获/比较寄存器 4）

地址偏移：0x40

复位值：0x0000

31	30	29	28	27	26	25	24	23	22	21	20	19	18	17	16
CCR4[31：16](depending on timers)															
rw	rw	rw	rw	rw	rw	rw	rw	rw	rw	rw	rw	rw	rw	rw	rw
15	**14**	**13**	**12**	**11**	**10**	**9**	**8**	**7**	**6**	**5**	**4**	**3**	**2**	**1**	**0**
CCR4[15:0]															
rw	rw	rw	rw	rw	rw	rw	rw	rw	rw	rw	rw	rw	rw	rw	rw

Bits 31:16：CCR4[31:16]表示捕获/比较 4 的高 16 位（对于 TIM2 和 TIM5）。

Bits 15:0 CCR4[15:0]：捕获/比较 4 的低 16 位（Low Capture/Compare value）。

（1）如果 CC4 通道配置为输出（CC4S 位）：CCR4 为要装载到实际捕获/比较 4 寄存器的值（预装载值）。如果没有通过 TIMx_CCMR 寄存器中的 OC4PE 位来使能预装载功能，写入的数值会被直接传输至当前寄存器中。否则只有发生更新事件时，预装载值才会复制到活动捕获/比较 4 寄存器中。实际捕获/比较寄存器中包含要与计数器 TIMx_CNT 进行比较并在 OC4 输出上发出信号的值。

（2）如果 CC4 通道配置为输入（TIMx_CCMR4 寄存器中的 CC4S 位）：

CCR4 为上一个输入捕获 4 事件（IC4）发生时的计数器值。

寄存器 TIMx_ DCR （TIMx DMA 控制寄存器）

地址偏移：0x48

复位值：0x0000

15	14	13	12	11	10	9	8	7	6	5	4	3	2	1	0
Reserved			DBL[4:0]					Reserved			DBA[]				
			rw	rw	rw	rw	rw				rw	rw	rw	rw	rw

Bits 15:13 保留，必须保持复位值。

Bits 12:8：DBL[4:0]表示 DMA 连续传送长度（DMA burst length）

该 5 位定义了 DMA 在连续模式下的传送长度（当对 TIMx_DMAR 寄存器进行读或写时，定时器则进行一次连续传送）。

00000：1 次传输
00001：2 次传输
00010：3 次传输
⋮
10001：18 次传输

Bits 7:5 保留，必须保持复位值。

Bits 4:0：DBA[4:0]表示 DMA 基址（DMA base address）该 5 位向量定义 DMA 传输的基址（通过 TIMx_DMAR 地址进行读/写访问时）。DBA 定义为从 TIMx_CR1 寄存器地址开始计算的偏移量。

示例：
00000：TIMx_CR1，
00001：TIMx_CR2，
00010：TIMx_SMCR，
⋮

示例：考虑以下传输：DBL = 7 次传输，DBA = TIMx_CR1。这种情况下将向/从自 TIMx_CR1 地址开始的 7 个寄存器传输数据。

寄存器 TIMx_ DMAR （TIMx 全 DMA 传输地址寄存器）

地址偏移：0x4C

复位值：0x0000

15	14	13	12	11	10	9	8	7	6	5	4	3	2	1	0
DMAB[15:0]															
rw	rw	rw	rw	rw	rw	rw	rw	rw	rw	rw	rw	rw	rw	rw	rw

Bits 15:0：DMAB[15:0]表示 DMA 连续传送寄存器（DMA register for burst accesses），对 DMAR 寄存器执行读或写操作将访问位于如下地址的寄存器（TIMx_CR1 地址）+（DBA+DMA 索引）x4，其中 TIMx_CR1 地址为控制寄存器 1 的地址，DBA 为 TIMx_DCR 寄存器中配置的 DMA 基址，DMA 索引由 DMA 传输自动控制，其范围介于 0 到 DBL（TIMx_DCR 寄存器中配置的 DBL）之间。

7.3 定时器配置实例

本章旨在使用定时器最简单的功能，也就是定时功能，并不需要对 I/O 口进行操作。所以，用户需要对定时器进行初始化。而在初始化之前，用户使能定时器的时钟，之后才可以使用定时器的功能。

代码清单 7.1　使能定时器时钟：

```
RCC_APB1PeriphClockCmd(RCC_APB1Periph_TIM3,ENABLE);
```

在使能定时器时钟之后，就要使用相应的函数对定时器进行初始化。对定时器的初始化，主要是获取时基。为此用户需要设置的是定时器的预分频、自动重装载值、上下计数模式。最后的计时频率=CPU 频率/分频系数，代码清单 7.2 里面，经过设置最后得到的计时频率=84000000/8400=10000Hz，计时器会每隔 100μs 让计数器的值加 1。

代码清单 7.2 定时器初始化：

```
/*8400-1 的分频，则 100us 计数器加 1，上计数模式，从 0 开始计数到 999，当到达 999 的时候会计数器会更新数据，从 0 开始重新计数，同时产生更新中断*/
TIM_TimeBaseInitStructure.TIM_Period = 10000-1;
TIM_TimeBaseInitStructure.TIM_Prescaler=8400-1;
TIM_TimeBaseInitStructure.TIM_CounterMode=TIM_CounterMode_Up;
TIM_TimeBaseInitStructure.TIM_ClockDivision=TIM_CKD_DIV1;
```

定时器可以产生多种事件，也可以产生中断。在使能定时器更新中断之后，计数器的值达到 TIM_ARR 预设值后产生中断，进入中断服务程序，在执行中断服务程序中需要清除更新中断标志位，避免中断服务函数等无限次执行。

代码清单 7.3 允许定时器中断：

```
/*允许定时器的更新中断*/
TIM_ITConfig(TIM3,TIM_IT_Update,ENABLE);
```

在允许定时器中断之后，还需要用户配置中断源。

代码清单 7.4 中断源配置：

```
/*配置中断源，抢占优先级，子优先级，中断使能位*/
NVIC_InitStructure.NVIC_IRQChannel=TIM3_IRQn;
NVIC_InitStructure.NVIC_IRQChannelPreemptionPriority=0x01;
NVIC_InitStructure.NVIC_IRQChannelSubPriority=0x03;
NVIC_InitStructure.NVIC_IRQChannelCmd=ENABLE;
NVIC_Init(&NVIC_InitStructure);
```

配置完一切，定时器只是初始化完毕，其开启还得由用户来控制。

代码清单 7.5 开启定时器：

```
/*开启定时器，执行这句代码之后，定时器的计时器就会自加或自减*/
TIM_Cmd(TIM3,ENABLE);
```

再之后就是中断服务函数，用户需要在中断服务函数里面添加一些代码，这些代码要有一些明确的标志，比如让灯闪烁、比如蜂鸣器振动，通过这些操作告诉用户 CPU 进入中断。

代码清单 7.6 中断服务函数：

```
/*通过将输出电平取反，实现 LED 灯状态翻转*/
void TIM3_IRQHandler(void)
{
        if(TIM_GetITStatus(TIM3,TIM_IT_Update)==SET)
        {
                GPIO_GPIO_ToggleBits(GPIOF,GPIO_Pin_10);
        }
        TIM_ClearITPendingBit(TIM3,TIM_IT_Update);
}
```

代码清单 7.7 完整代码：

```
void LED_Init(void)
{
GPIO_InitTypeDef   GPIO_InitStructure;

RCC_AHB1PeriphClockCmd(RCC_AHB1Periph_GPIOF, ENABLE);
/*F9，F10，s 输出，推挽，上拉，支持最大切换速度 100MHz*/
```

```
GPIO_InitStructure.GPIO_Pin = GPIO_Pin_9 | GPIO_Pin_10;
GPIO_InitStructure.GPIO_Mode = GPIO_Mode_OUT;
GPIO_InitStructure.GPIO_OType = GPIO_OType_PP;
GPIO_InitStructure.GPIO_Speed = GPIO_Speed_100MHz;
GPIO_InitStructure.GPIO_PuPd = GPIO_PuPd_UP;
GPIO_Init(GPIOF, &GPIO_InitStructure);

GPIO_SetBits(GPIOF,GPIO_Pin_9 | GPIO_Pin_10);
}

void TIM3_Int_Init(u16 arr,u16 psc)
{
TIM_TimeBaseInitTypeDef TIM_TimeBaseInitStructure;
NVIC_InitTypeDef NVIC_InitStructure;

/*使能定时器 3 的时钟*/
RCC_APB1PeriphClockCmd(RCC_APB1Periph_TIM3,ENABLE);

/*84000-1 分频，1000-1 自动重装载值，上计数，分频系数 1,1 秒钟进入一次中断*/
TIM_TimeBaseInitStructure.TIM_Period = 84000-1;
TIM_TimeBaseInitStructure.TIM_Prescaler=1000-1;
TIM_TimeBaseInitStructure.TIM_CounterMode=TIM_CounterMode_Up;
TIM_TimeBaseInitStructure.TIM_ClockDivision=TIM_CKD_DIV1;
TIM_TimeBaseInit(TIM3,&TIM_TimeBaseInitStructure);

/*清除中断标志位，允许更新中断*/
TIM_ClearITPendingBit(TIM3,TIM_IT_Update);
TIM_ITConfig(TIM3,TIM_IT_Update,ENABLE);

/*中断通道为 TIM3 中断，抢占优先级 1，子优先级 3，使能中断*/
NVIC_InitStructure.NVIC_IRQChannel=TIM3_IRQn;
NVIC_InitStructure.NVIC_IRQChannelPreemptionPriority=0x01;
NVIC_InitStructure.NVIC_IRQChannelSubPriority=0x03;
NVIC_InitStructure.NVIC_IRQChannelCmd=ENABLE;
NVIC_Init(&NVIC_InitStructure);
/*使能定时器 3，计数器开始计数*/
TIM_Cmd(TIM3,ENABLE);

}
/*定时器 3 的中断服务函数，LED 灯状态翻转*/
void TIM3_IRQHandler(void)
{
	if(TIM_GetITStatus(TIM3,TIM_IT_Update)==SET)
	{
		GPIO_ToggleBits(GPIOF,GPIO_Pin_9);
	}
	TIM_ClearITPendingBit(TIM3,TIM_IT_Update);
}

int main(void)
```

```
{
    NVIC_PriorityGroupConfig(NVIC_PriorityGroup_2);
    delay_init(168);
    LED_Init();
    TIM3_Int_Init();
    while(1)
    {
    /*主程序控制一个 LED 灯两秒钟翻转一次，定时器控制 LED 灯 100ms 翻转一次*/
        GPIO_ToggleBits(GPIOF,GPIO_Pin_10);;
        delay_ms(200);
    };
}
```

第8章

RTC 实时时钟配置

8.1 RTC 功能概述

实时时钟（RTC）是一个独立的 BCD 定时器/计数器。RTC 提供一个日历时钟、两个可编程的闹钟中断以及一个具有中断功能的周期性可编程唤醒标志。RTC 还包含用于管理低功耗模式的自动唤醒单元。2 个 32 位寄存器包含以二进制存储方式的十进制格式（BCD）的秒、分、时（12/24 小时制）、星期、日期、年份和月份。此外还能提供二进制格式得到亚秒值。

RTC 时钟系统还能自动将月份的天数补偿为平闰年，还能进行夏令时补偿。此外还能使用数字校准功能对晶振精度的偏差进行补偿。

RTC 主要特性有：

（1）包含亚秒、秒、分、时（12/24 小时制）、星期、日期、月份、年份的日历。

（2）软件可编程的夏令时补偿。

（3）两个具有中断功能的可编程闹钟。可通过任意日历字段的组合驱动闹钟。

（4）可以使用更加精确的第二时钟源来提高日历的精确度。

（5）可屏蔽中断/事件：

- 闹钟 A
- 闹钟 B
- 唤醒中断
- 时间戳
- 入侵检测

（6）数字校准电路（周期性计数器调整）。

- 精度为 5ppm

- 进度为 0.95ppm，在数秒钟的校准窗口中获得

（7）用于事件保存的时间戳功能。

（8）入侵检测：2 个带可配置过滤器和内部上拉的入侵事件检测。

（9）20 个备份寄存器（80 字节）。发生入侵检测事件时，将复位备份到寄存器中。

（10）复位功能输出 (RTC_OUT)，可以选择一下输出：

- RTC_CALIB：512Hz 或 1Hz 时钟输出（LSE 频率为 32.768kHz）
  可通过将 RTC_CR 寄存器中的 COE[23]位置 1 来使能次输出。该输出可连接到器件 RTC_AF1 功能
- RTC_ALARM（闹钟 A、闹钟 B 或唤醒）
  可通过配置 RTC_CR 寄存器的 OSEL[1:0]位选择此输出。该输出可连接到器件 RTC_AF1 功能

（11）RTC 复用功能输入

- RTC_TS：时间戳事件检测。输入可接到器件 RTC_AF1 和 RTC_AF2 功能
- RTC_TAMP1：TAMPER1 事件检测。该输入可连接到器件 RTC_AF1 和 RTC_AF2 功能
- RTC_TAMP2：TAMPER2 事件检测
- RTC_REFIN：参考时钟输入（50Hz 或者 60Hz）

RTC 实时时钟的树形图如图 8.1 所示。

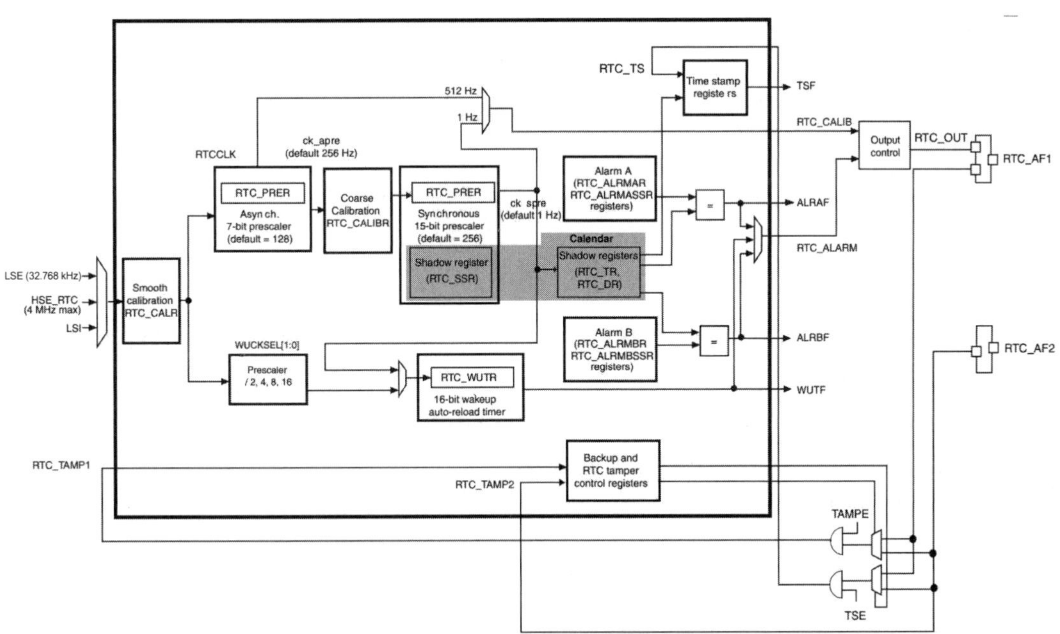

图 8.1　RTC 实时时钟树形图

1. 时钟、预分频、亚秒

STM32F4 的 RTC 的时钟源（RTCCLK）通过时钟控制器，可以从 LSE 时钟、LSI 时钟以及 HSE 时钟三者中选择（通过寄存器 RCC_BDCR 寄存器选择）。一般用户选择 LSE 外部 32.768kHz 晶振作为时钟源，而 RTC 时钟的核心就是提供 1Hz 的时钟，因此用户需要

设置 RTC 的可编程预分频器。STM32F4 的可编程预分频器（RTC_PRER）分为两部分：

（1）一个通过 RTC_PRER 寄存器的 PREDIV_A 位配置 7 位异步预分频器。

（2）一个通过 RTC_PRER 寄存器的 PREDIV_S 位配置的 15 位同步预分频器。

其 RTC 的时钟可以由以下公式进行计算：

$$F_{CK\_SPRE}=\frac{F_{RTCCLK}}{(PREDIV\_S)\times(PREDIV\_A+1)}$$

RTC 时钟源为 32.768kHz，需要 F_{CK_SPRE} 的值为 1Hz。因此需要设定的预分频系数为 32768，只要设定 $PREDIV\_S=0xFF$，$PREDIV\_A=0x7F$， F_{CK_SPRE} 就为 1Hz 了。

F_{CK_APRE} 可以作为 RTC 亚秒递减计数器（RTC_SSR）的时钟，其 F_{CK_APRE} 的计算公式如下：

$$F_{CK\_APRE}=\frac{F_{RTCCLK}}{PREDIV\_A+1}$$

当 RTC_SSR 寄存器递减到 0 的时候，会使用 PREDIV_S 的值重新装载 PREDIV_S。而 PREDIVE_S 一般值为 255，这样用户可以得到亚秒的时间精度是：1/256 秒，有了这个亚秒寄存器 RTC_SSR，就可以得到更加精确的时间数据。

2. RTC_TR（时间寄存器）和 RTC_DR（日期寄存器）

STM32F4 的 RTC 日历时间与日期寄存器用于存储时间与日期，可以通过与 PCLK1（APB1 时钟）同步的影子寄存器来访问。这些时间和日期寄存器也可以直接被访问，这样可以减少因为等待同步所花费的时间。

每隔 2 个 RTCCLK 周期，当前日历值便会复制到影子寄存器中，并置位 RTC_ISR 寄存器的 RSF 位。用户可以读取 RTC_TR（时间寄存器）和 RTC_DR（日期寄存器）来得到当前的时间和日期信息。

注意：该时间和日期都是以 BCD 码的格式存储，读取后需要进行转换才能得出十进数时间。

3. 可编程闹钟

STM32F4 提供了两个可编程闹钟：闹钟 A（ALARM_A）和闹钟 B（ALARM_B）。通过 RTC_CR 寄存器的 ALRAE 和 ALRBE 位置 1 来使能可编程闹钟。当日历的亚秒、秒、分、时、日期分别与闹钟寄存器 RTC_ALRMASSR/RTC_ALRMAR 和 RTC_ALRMBSSR/RTC_ALRMBR 中的值匹配时，可以产生闹钟。

4. 周期性自动唤醒

STM32F4 的 RTC 不带秒钟中断，但是对应了一个周期性自动唤醒功能。由一个 16 位可编程自动重载递减计数器（RTC_WUTR）生成，可用于周期性中断/唤醒。可以置位 RTC_CR 寄存器中的 WUTE 位来唤醒该功能。

唤醒定时器的时钟输入可以是：2、4、8 分频或 16 分频的 RTC 时钟（RTCCLK），也可以是 F_{CK_SPRE} 时钟（普遍设定为 1Hz）。

当 LSE 时钟（外部振荡器 32.768kHz）作为输入时钟时，可配置的唤醒中断周期是介于 122μs 和 32s 之间，其中最低分辨率为 61μs。

当选择 F_{CK_SPRE} 作为输入时钟时，可以唤醒的时间介于 1s 到约 36h 之间，分辨率为 1s。并且 1s 到 36h 的可编程范围分为两部分：

- WUCKSEL[2:1]=10 时，时间范围：1s～18h
- WUCKSEL[2:1]=11 时，时间范围：18h～36h

初始化结束后，将 2^{16} 添加到 16 位计数器中（即使拓展到 17 位，相当于最高位用 WUCKSEL[1]代替）。

初始化完成后，定时器开始递减计数。在低功耗模式下使能唤醒功能时，递减计数保持有效。此外，当计数器计数到 0 时，RTC_ISR 寄存器的 WUTE 标志位置 1，并且唤醒寄存器使其重载值自动重载，之后必须使用软件对 WUTE 标志位进行复位。

通过将 RTC_CR 寄存器中的 WUTE 位置 1 来使能周期性唤醒中断，可以使 STM32F4 进入低功耗模式。系统复位以及低功耗模式对唤醒定时器没有任何影响，它仍然可以正常工作，故唤醒定时器可以用于周期性唤醒。

8.2 RTC 相关寄存器

寄存器 RTC_TR （时间寄存器）
偏移地址：0x00
复位值：0x0000 0000

31	30	29	28	27	26	25	24	23	22	21	20	19	18	17	16
Reserved									PM	HT[1:0]		HU[3:0]			
									rw	rw	rw	rw	rw	rw	rw

15	14	13	12	11	10	9	8	7	6	5	4	3	2	1	0
Res	MNT[2:0]			MNU[3:0]				Res	ST[2:0]			SU[3:0]			
	rw	rw	rw	rw	rw	rw	rw		rw	rw	rw	rw	rw	rw	rw

Bits 31:23：保留，其参数保持复位状态。

Bit 22：PM 表示 AM/PM 符号。

0：AM 或 24 小时制

1：PM

Bits 21:20：HT[1:0]表示小时的十位（BCD 格式）。

Bits 19:16：HU[3:0]表示小时的个位（BCD 格式）。

Bit 15：保留，其参数保持复位状态。

Bits 14:12：MNT[2:0]表示分钟十位（BCD 格式）。

Bits 11:8：MNU[3:0]表示分钟个位（BCD 格式）。

Bit 7：保留，其参数保持复位状态。

Bits 6:4：ST[2:0]表示秒的十位（BCD 格式）。

Bits 3:0：SU[3:0]表示秒的个位（BCD 格式）。

寄存器 RTC_DR （日期寄存器）

偏移地址：0x04

复位值：0x0000 2101

31	30	29	28	27	26	25	24	23	22	21	20	19	18	17	16
Reserved								YT[3:0]				YU[3:0]			
								rw	rw	rw	rw	rw	rw	rw	rw

15	14	13	12	11	10	9	8	7	6	5	4	3	2	1	0
WDU[2:0]			MT	MU[3:0]				Reserved		DT[1:0]		DU[3:0]			
rw	rw	rw	rw	rw	rw	rw	rw			rw	rw	rw	rw	rw	rw

Bits 31:24：保留。

Bits 23:20：YT[3:0]表示年份的十位（BCD 格式）。

Bits 19:16：YU[3:0]表示年份的个位（BCD 格式）。

Bits 15:13：WDU[2:0]表示星期的个位。

000：禁止使用

001：星期一

002：星期二

⋮

111：星期日

Bit 12：MT 表示月份的十位（BCD 格式）。

Bits 11:8：MU 表示月份的个位（BCD 格式）。

Bits 7:6：保留，其参数保持复位状态。

Bits 5:4：DT[1:0]表示日期的十位（BCD 格式）。

Bits 3:0：DU[3:0]表示日期的个位（BCD 格式）。

寄存器 RTC_CR （控制寄存器）

偏移地址：0x08

备份域重置值：0x0000 0000

系统重置：不受影响

31	30	29	28	27	26	25	24	23	22	21	20	19	18	17	16
Reserved								COE	OSEL[1:0]		POL	COSEL	BKP	SUB1H	ADD1H
								rw	rw	rw	rw	rw	rw	rw	rw

15	14	13	12	11	10	9	8	7	6	5	4	3	2	1	0
TSIE	WUTIE	ALRBIE	ALRAIE	TSE	WUTE	ALRBE	ALRAE	DCE	FMT	BYPSHAD	REFCKON	TSEDGE	WUCKSEL[2:0]		
rw	rw	rw	rw	rw	rw	rw	rw	rw	rw	rw	rw	rw	rw	rw	rw

Bits 31:24：保留，其参数保持复位状态。

Bit 23：COE 表示校准输出使能位。

0：关闭校准输出失能

1：校准输出使能

Bits 22:21：OSEL[1:0]配置输出选择。

00：不输出

01：闹钟 A 输出使能

10：闹钟 B 输出使能

11：自动唤醒输出使能

Bit 20：POL 表示输出极性（用于配置 RTC 闹钟输出极性）。

0：当 ALRAF / ALRBF / WUTF 被置位时，该引脚为高电平（取决于 OSEL [1：0]）

1：ALRAF / ALRBF / WUTF 被置位时，该引脚为低电平（取决于 OSEL [1：0]）

Bit 19：COSEL 表示校验输出选择（当 COE=1 时，该位选择早 RTC_CALIB 上输出信号）。

0：校验输出为 512Hz

1：校验输出为 1Hz

这些频率适用于 32.768kHz 的 RTCCLK 和预分频器默认值（PREDIV_A = 127 和 PREDIV_S = 255）。

Bit 18：BKP 作为备用。

该位可以被用户用于写入记录是否已经执行夏令时。

Bit 17：SUB1H 表示减 1 小时（冬季时间变化）。

当该位设置在初始化模式外时，如果当前小时不为 0，则将该时间减去 1 小时，该位总是读为 0；当前小时为 0 时，该位无效。

0：无影响

1：减去 1 小时到当前时间，这可以用于冬季时间的变化

Bit 16：ADD1H 表示增加 1 小时（夏季时间变化）。

当该位设置在初始化模式外时，将在日历时间添加 1 小时。该位始终读为 0。

0：无影响

1：增加 1 小时到当前时间。这个可以用于夏季时间的变化

Bit 15：TSIE 表示时间戳中断使能。

0：时间戳中断失能　　1：时间戳中断使能

Bit 14：WUTIE 表示唤醒定时器中断使能。

0：唤醒定时器中断失能　　1：唤醒定时器中断使能

Bit 13：ALRBIE 表示闹钟 B 中断使能。

0：闹钟 B 中断失能　　1：闹钟 A 中断使能

Bit 12：ALRAIE 表示闹钟 A 中断使能。

0：闹钟 A 中断失能　　1：闹钟 A 中断使能

Bit 11：TSE 表示时间戳使能位。

0：时间戳失能　　1：时间戳使能

Bit 10：WUTE 表示唤醒定时器使能位

0：唤醒定时器使能　　1：唤醒定时器使能

Bit 9：ALRBE 表示闹钟 B 使能位。

0：闹钟 B 使能　　1：闹钟 B 使能

Bit 8：ALRAE 表示闹钟 A 使能位。

0：闹钟 A 使能　　1：闹钟 A 使能

Bit 7：DCE 表示数字校验使能位。

0：数字校验使能　　1：数字校验使能

Bit 6：FMT 表示小时格式。

0：24 小时制　　1：12 小时制

Bit 5：BYPSHAD 表示绕过影子寄存器。

0：日历值（从 RTC_SSR，RTC_TR 和 RTC_DR 读取时）取自影子寄存器，每两个 RTCCLK 周期更新一次

1：日历值（从 RTC_SSR，RTC_TR 和 RTC_DR 读取时）直接从日历计数器中获取

Bit 4：REFCKON 表示参考时钟检测使能位（50Hz 或 60Hz）。

0：参考时钟检测使能

1：参考时钟检测使能

Bit 3：TSEDGE 表示时间戳事件激活（边缘激活）。

0：时间戳上升沿产生一个激活事件

1：时间戳下降沿产生一个激活事件

Bits 2:0：WUCKSEL[2:0]表示唤醒时钟选择。

000：RTC 时钟的 16 分频

001：RTC 时钟的 8 分频

010：RTC 时钟的 4 分频

011：RTC 时钟的 2 分频

10x：选择 F_{CK_SPRE} 时钟

11x：选择 F_{CK_SPRE} 时钟，并且将 WUT 计数值加上 2^{16}

8.3 RTC 配置实例

本实例为编写一个 RTC 时钟，该时钟所具有的功能为：即使断电，时钟保持功能状态，因此 RTC 时钟源需要设定为 LSE 时钟。

在整个过程中，RTC 时钟只需要设定一次。之后无论程序如何重启都不需要修改时钟。

为实现以上功能，用户需要使用后备寄存器，后备寄存器的数据即使断电时也会依样保存下来。

（1）启动 PWR 时钟，并且解锁后备寄存器的保护机制。

代码清单 8.1　时钟使能并解锁：

```
RCC_APB1PeriphClockCmd(RCC_APB1Periph_PWR , ENABLE);     //使能 PWR 时钟
    PWR_BackupAccessCmd(ENABLE);                          //解锁后备寄存器访问保护
```

（2）开启 LSE 时钟，并且配置 RTCCLK 的时钟源为 LSE，最后使能 RTC 时钟。

代码清单 8.2　时钟源设置：

```
RCC_LSEConfig(RCC_LSE_ON);                    //开启 LSE 时钟
```

```
RCC_RTCCLKConfig(RCC_RTCCLKSource_LSE);        //RTCCLK 的时钟源为 LSE
RCC_RTCCLKCmd(ENABLE);                          //使能 RTC 时钟
```

（3）设定 RTC 时间与日期。

代码清单 8.3 RTC 时间与日期设置：

```
RTC_SetTime(RTC_Format_BIN  , &RTC_TimeStruct); //配置时间
RTC_SetDate(RTC_Format_BIN , &RTC_DateStruct);  //配置日期
```

（4）RTC 时钟初始化函数。其中主要是 RTC 时钟的预分配与 *PREDIV_S* 与 *PREDIV_A* 的参数，并且配置一天是 12 小时或者 24 小时制。

代码清单 8.4 RTC 时钟初始化配置：

```
RTC_Init(&RTC_InitStruct);
```

（5）获取当前 RTC 的时钟和时间。

代码清单 8.5 获取当前 RTC 时间与日期：

```
RTC_GetTime(RTC_Format_BIN , &RTC_TimeStruct);
RTC_GetDate(RTC_Format_BIN , &RTC_DateStruct);
```

RTC 时钟整体初始化：设定 RTC 的时钟源为 LSE 时钟，若第一次配置 RTC 时钟，需要额外加入设定 RTC 时间和日期的函数。

代码清单 8.6 RTC 时钟整体初始化配置：

```
uint8_t My_RTC_Init(void)
{
    RTC_InitTypeDef RTC_InitStruct;
    RTC_TimeTypeDef RTC_TimeStruct;
    RTC_DateTypeDef RTC_DateStruct;
    uint16_t retry=0x1FFF;
    RCC_APB1PeriphClockCmd(RCC_APB1Periph_PWR , ENABLE);    //使能 PWR 时钟
    PWR_BackupAccessCmd(ENABLE);          //解锁后备寄存器访问保护
    //判定是否是第一次配置
   if(RTC_ReadBackupRegister(RTC_BKP_DR0) != 0x5A50)
    {
        RCC_LSEConfig(RCC_LSE_ON);      //开启 LSE 时钟
        //等待 LSE 晶振时钟准备就绪
        while(RCC_GetFlagStatus(RCC_FLAG_LSERDY) == RESET)
        {
            retry++;
            delay_ms(10);
        }
        if(retry ==0)
        {
            return 1;
        }
        else
        {
            RCC_RTCCLKConfig(RCC_RTCCLKSource_LSE);             //RTCCLK 的时钟源为 LSE
            RCC_RTCCLKCmd(ENABLE);                  //使能 RTC 时钟
            RTC_InitStruct.RTC_AsynchPrediv = 0x7F;
            RTC_InitStruct.RTC_HourFormat = RTC_HourFormat_24;
            RTC_InitStruct.RTC_SynchPrediv = 0xFF;
            RTC_Init(&RTC_InitStruct);
```

```
                RTC_TimeStruct.RTC_H12 = RTC_H12_PM;
                RTC_TimeStruct.RTC_Hours = 12;
                RTC_TimeStruct.RTC_Minutes= 0;
                RTC_TimeStruct.RTC_Seconds = 0;
                RTC_SetTime(RTC_Format_BIN   , &RTC_TimeStruct); //配置时间
                RTC_DateStruct.RTC_Date = 4;
                RTC_DateStruct.RTC_Month = 1;
                RTC_DateStruct.RTC_WeekDay = 4;
                RTC_DateStruct.RTC_Year = 18;
                RTC_SetDate(RTC_Format_BIN , &RTC_DateStruct);    //配置日期
                //设定备份区间，不需要第二次设置
                RTC_WriteBackupRegister(RTC_BKP_DR0,0x5A50);
            }
        }
        else
        {
            RCC_RTCCLKConfig(RCC_RTCCLKSource_LSE);       //RTCCLK 的时钟源为 LSE
            RCC_RTCCLKCmd(ENABLE);                        //使能 RTC 时钟
            RTC_InitStruct.RTC_AsynchPrediv = 0x7F;
            RTC_InitStruct.RTC_HourFormat = RTC_HourFormat_24;
            RTC_InitStruct.RTC_SynchPrediv = 0xFF;
            RTC_Init(&RTC_InitStruct);
        }
        return 0;
    }
```

编写完 RTC 初始化代码之后，主函数中需要调用到该代码，并且每隔 100ms 读取一次 RTC 中的时钟，通过串口将数据发送到电脑上。

代码清单 8.7　主函数：

```
RTC_TimeTypeDef RTC_TimeStruct;
RTC_DateTypeDef RTC_DateStruct;
int main(void)
{
    delay_init(168);    //启动滴答定时器延时
    My_RTC_Init();
    USART1_Init();
    while(1)
    {
        RTC_GetTime(RTC_Format_BIN , &RTC_TimeStruct);
        RTC_GetDate(RTC_Format_BIN , &RTC_DateStruct);

        printf("%d/%d/%d %d:%d:%d \n",RTC_DateStruct.RTC_Year ,
                                RTC_DateStruct.RTC_Month ,
                                RTC_DateStruct.RTC_Date ,
                                RTC_TimeStruct.RTC_Hours ,
                                RTC_TimeStruct.RTC_Minutes ,
                                RTC_TimeStruct.RTC_Seconds);
            delay_ms(100);
    }
}
```

第 9 章 UART 配置

9.1 UART 功能概述

通用异步收发传输器（Universal Asynchronous Receiver/Transmitter，UART），是一种异步收发传输器。该总线双向通信，可以实现全双工传输和接收功能。

一般串口，指的就是 UART 口，是一种物理接口形式（硬件）。

串口通信也是使用电平信号来传输信号。

根据通信使用的电平标准的不同，串口通信可以分为 TTL 标准、RS-232 标准、RS-485 标准等。

对于 TTL 电平标准，理想状态下，使用 5V 来表示逻辑 1，使用 0V 表示逻辑 0；对于 RS-232，理想状态下，一般使用-15V 来表示逻辑 1，用+15V 来表示逻辑 0。

串口通信，数据包由发送设备通过 Tx 传输，由接收设备的 Rx 接收。在串口通信的协议层中，规定了数据包的内容，其由起始位、数据位、校验位以及停止位组成，通信双方的数据包格式约定一样，才可以正常解读数据与收发数据，数据包格式如图 9.1 所示。

1．波特率

波特率是一个电子信号的术语，用于描述信号的数据传输速度，这个所谓的信道可以是无线的，也可以是有线的，波特率就是两个设备之间传输数据的速度。

波特率的单位一般是 bit/s，相应的波特率表示一秒钟可以传输多少个数据流，比如说 9600 的波特率理论上每秒可以传输 9600/8=1200 个字节。两个通信设备，只有其波特率一致，才可以正常实现通信。

2．空闲位

串口在没有数据传输时，线路上的电平状态，以逻辑 1 表示。

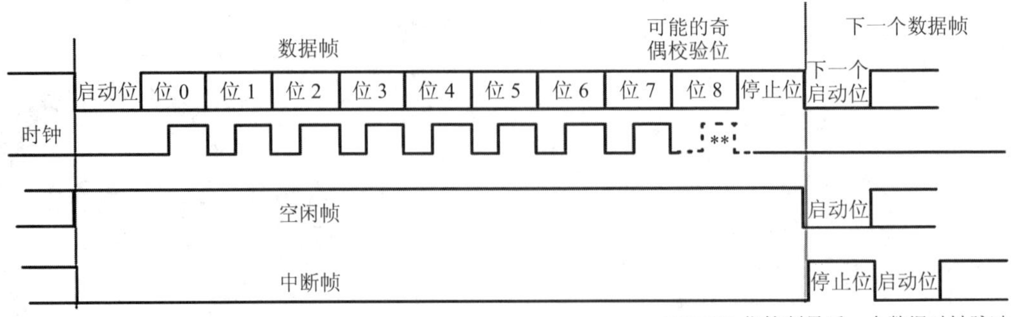

8 位字长（M 位复位），1 个停止位

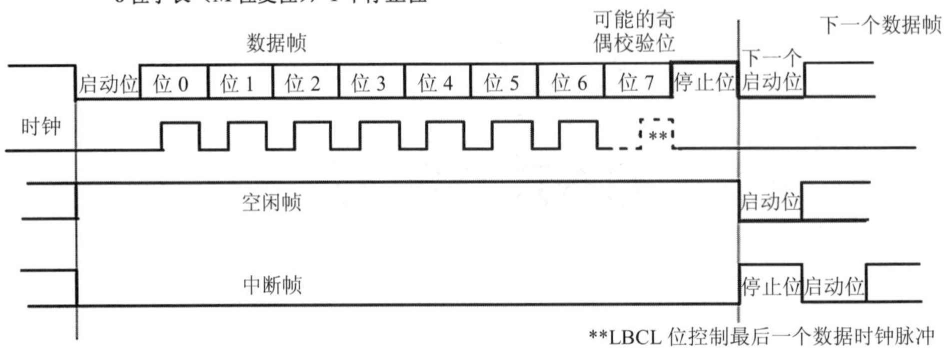

图 9.1　数据包格式

3. 起始与停止位

串口通信的每个数据包都以起始信号开始，以停止信号结束。起始信号由一个逻辑 0 来表示，停止信号则可由 0.5、1、1.5、2 个逻辑 1 来表示。

4. 数据位

可以是 5～8 个逻辑“0”或“1”组成，小端传输，即低地址存放低有效字节。

5. 校验位

有效数据之后，有一个可选的数据校验位。这是为了防止数据通信受到外部干扰导致传输数据偏差，加上校验位之后，用来验证数据的准确性。

校验位一般有 5 种：奇校验位、偶校验位、0 校验位、1 校验位和无校验位。

奇校验位要求有效数据和校验位中逻辑 1 的个数为奇数；偶校验位要求有效数据和校验位中逻辑 1 的个数为偶数；0 校验不管有效数据是什么，校验位为“0”；1 校验不管有效数据是什么，校验位为“0”；无校验情况下，数据包不包含校验位。

6. UART 功能引脚

UART 功能引脚如图 9.2 所示。

TX：发送数据引脚。

RX：接收数据引脚。

SW_RX：接收数据引脚，一般用于智能卡模式，属于芯片内部的信号，没有引到外部引脚。

nRTS：请求发送信号，n 表示低电平有效。若使能 RTS 流控制，当 USART 接收器准备好接收新数据的时候，会将 nRTS 变成低电平。当接收寄存器已满的时候，nRTS 将被设置为高电平。该引脚只适用于硬件流控制。

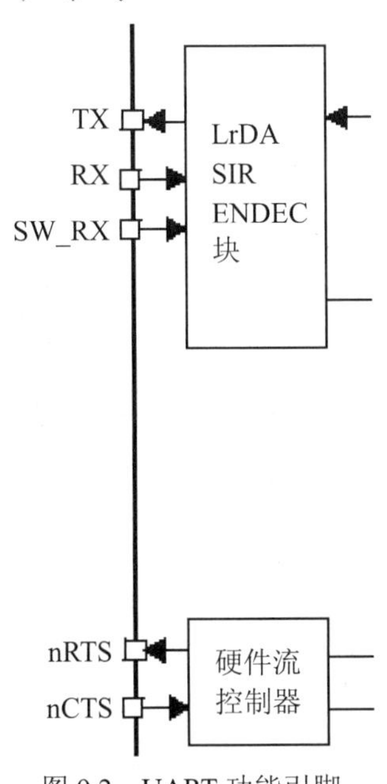

图 9.2　UART 功能引脚

nCTS：清除发送信号，n 表示低电平有效。如果使能了 CTS 流控制，发送器在发送下一帧数据之前，会检测 nCTS 引脚。如果为低电平，表示可以发送数据；如果为高电平，在发送完当前数据帧之后停止发送。该引脚只适用于硬件流控制。

SCLK：发送器时钟输出引脚，适用于同步模式下。

7. 数据寄存器

USART 的数据有效位为[8:0]，并且第 9 位是否有效取决于约定数据的字长。

数据寄存器实际包含了两个寄存器，一个用于发送的可写 TDR，一个用于接收的可读 RDR。

不论是 TDR 还是 RDR，都位于系统总线和移位寄存器之间。串口通信一位一位地传输，发送的时候将 TDR 内容转移到移位寄存器，然后把移位寄存器里的每一位数据发送出去，如图 9.3 所示。

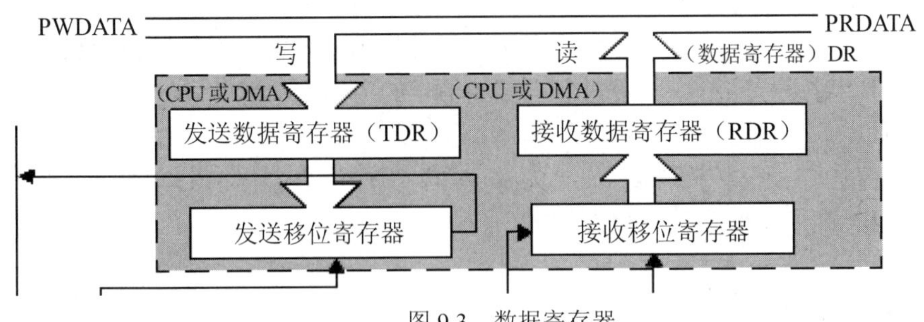

图 9.3　数据寄存器

8. 控制单元

USART 有独立的发送控制器、有独立的接收控制器、唤醒单元以及 USART 中断控制器，如图 9.4 所示。

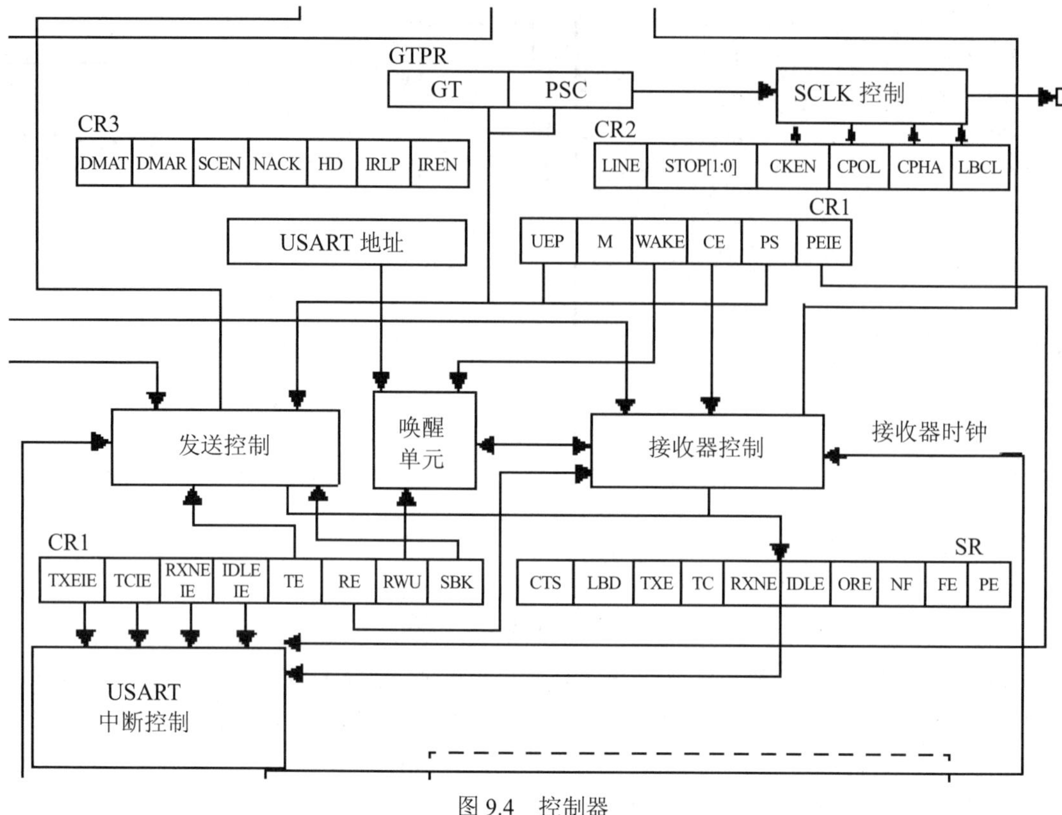

图 9.4　控制器

9. 对于发送器

一个数据帧的组成分为 4 个部分：起始位、数据位、校验位、停止位。数据是从最低位开始传输的，停止位有 4 种选择：1 个停止位为默认、2 个停止位用于正常的 USART 模式、单线模式和调制解调器模式，0.5 和 1.5 个停止位用于智能卡模式。另外，发送器发送数组，最先发送的会是一个数据帧长度的空闲帧（包括结束位），其次才是正常发送数据帧。

10. 对于接收器

在使能了 USART 接收之后，接收器会在 RX 线开始搜索起始位。在接收到起始位后就开始接收数据，数据存放在接收移位寄存器，最后转移到 RDR 中。

为了获取信号的真实情况，需要用一个比该信号频率更高的采样信号去检测，这样的操作称为过采样。过采样的频率决定最后得到的信号的准确度，但是采样信号越高，相应的功耗也会增加，以合适为宜。

在 USART 中，采样识别到特定的序列就会检测起始位，一般这个序列为 1110X0X0X0000，X 表示的是任意状态的电平。

9.2 UART 相关寄存器

寄存器 USART_SR （状态寄存器）

偏移地址：0x00

复位值：0x00C0 0000

31	30	29	28	27	26	25	24	23	22	21	20	19	18	17	16
Reserved															

15	14	13	12	11	10	9	8	7	6	5	4	3	2	1	0
Reserved						CTS	LBD	TXE	TC	RXNE	IDLE	ORE	NF	FE	PE
						rw_w0	rw_w0	r	rw_w0	rw_w0	r	r	r	r	r

Bits 31:10：保留，必须保持复位值。

Bit 9 : CTS 表示 CTS 标志（CTS flag）。

如果 CTSE 位置 1，当 nCTS 输入变换时，此位由硬件置 1。通过软件将该位清零（通过向该位中写入 0）。如果 USART_CR3 寄存器中 CTSIE=1，则会生成中断。

0：nCTS 状态线上未发生变化

1：nCTS 状态线上发生变化

注意：该位不适用于 UART4 和 UART5。

Bit 8：LBD 表示 LIN 断路检测标志（LIN break detection flag）。

检测到 LIN 断路时，该位由硬件置 1。通过软件将该位清零（通过向该位中写入 0）。如果 USART_CR2 寄存器中 LBDIE=1，则会生成中断。

0：未检测到 LIN 断路

1：检测到 LIN 断路

注意：如果 LBDIE=1，则当 LBD=1 时生成中断。

Bit 7：TXE 表示发送数据寄存器为空（Transmit data register empty）。

当 TDR 寄存器的内容已传输到移位寄存器时，该位由硬件置 1。如果 USART_CR1 寄存器中 TXEIE 位=1，则会生成中断。通过对 USART_DR 寄存器执行写入操作将该位清零。

0：数据未传输到移位寄存器

1：数据传输到移位寄存器

注意：单缓冲区发送期间使用该位。

Bit 6：TC 表示发送完成（Transmission complete）。

如果已完成对包含数据的帧的发送并且 TXE 置 1，则该位由硬件置 1。如果 USART_CR1 寄存器中 TCIE = 1，则会生成中断。该位由软件序列清零（读取 USART_SR 寄存器，然后写入 USART_DR 寄存器）。TC 位也可以通过向该位写入‘0’来清零。建议仅在多缓冲区通信时使用此清零序列。

0：传送未完成

1：传送已完成

Bit 5：RXNE 表示读取数据寄存器不为空（Read data register not empty）。

当 RDR 移位寄存器的内容已传输到 USART_DR 寄存器时，该位由硬件置 1。如果 USART_CR1 寄存器中 RXNEIE=1，则会生成中断。通过对 USART_DR 寄存器执行读入操作将该位清零。RXNE 标志也可以通过向该位写入零来清零。建议仅在多缓冲区通信时使用此清零序列。

0：未接收到数据

1：已准备好读取接收到的数据

Bit 4：IDLE 表示检测到空闲线路（IDLE line detected）。

检测到空闲线路时，该位由硬件置 1。如果 USART_CR1 寄存器中 IDLEIE = 1，则会生成中断。该位由软件序列清零（读入 USART_SR 寄存器，然后读入 USART_DR 寄存器）。

0：未检测到空闲线路

1：检测到空闲线路

注意：直到 RXNE 位本身已置 1 时（即，当出现新的空闲线路时）IDLE 位才会被再次置 1。

Bit 3：ORE 表示上溢错误（Overrun error）。

在 RXNE=1 的情况下，当移位寄存器中当前正在接收的字准备好传输到 RDR 寄存器时，该位由硬件置 1。如果 USART_CR1 寄存器中 RXNEIE=1，则会生成中断。该位由软件序列清零（读入 USART_SR 寄存器，然后读入 USART_DR 寄存器）。

0：无上溢错误

1：检测到上溢错误

注意：当该位置 1 时，RDR 寄存器的内容不会丢失，但移位寄存器会被覆盖。如果 EIE 位置 1，则在进行多缓冲区通信时会对 ORE 标志生成一个中断。

Bit 2：NF 表示检测到噪声标志（Noise detected flag）。

当在接收的帧上检测到噪声时，该位由硬件置 1。该位由软件序列清零（读入 USART_SR 寄存器，然后读入 USART_DR 寄存器）。

0：未检测到噪声

1：检测到噪声

注意：如果 EIE 位置 1，则在进行多缓冲区通信时，该位不会生成中断，因为该位出现的时间与本身生成中断的 RXNE 位因 NF 标志而生成的时间相同。

注意：当线路无噪声时，可以通过将 ONEBIT 位编程为 1 提高 USART 对偏差的容差来禁止 NF 标志。

Bit 1：FE 表示帧错误（Framing error）。

当检测到去同步化、过度的噪声或中断字符时，该位由硬件置 1。该位由软件序列清零（读入 USART_SR 寄存器，然后读入 USART_DR 寄存器）。

0：未检测到帧错误

1：检测到帧错误或中断字符

注意：该位不会生成中断，因为该位出现的时间与本身生成中断的 RXNE 位出现的时间相同。如果当前正在传输的字同时导致帧错误和上溢错误，则会传输该字，且仅有 ORE 位被置 1。

如果 EIE 位置 1，则在进行多缓冲区通信时会对 FE 标志生成一个中断。

Bit 0：PE 表示奇偶校验错误（Parity error）。

当在接收器模式下发生奇偶校验错误时，该位由硬件置 1。该位由软件序列清零（读取状态寄存器，然后对 USART_DR 数据寄存器执行读或写访问）。将 PE 位清零前软件必须等待 RXNE 标志被置 1。

如果 USART_CR1 寄存器中 PEIE=1，则会生成中断。

0：无奇偶校验错误

1：奇偶校验错误

寄存器 USART_DR （数据寄存器）

偏移地址：0x04

复位值：0xXXXX XXXX

31	30	29	28	27	26	25	24	23	22	21	20	19	18	17	16
Reserved															

15	14	13	12	11	10	9	8	7	6	5	4	3	2	1	0
Reserved							DR[8:0]								
							rw_w0	r	rw_w0	rw_w0	r	r	r	r	r

Bits 31:9：保留，必须保持复位值。

Bits 8:0：DR[8:0]存放数据值。

包含接收到数据字符或已发送的数据字符，具体取决于所执行的操作是“读取”操作还是“写入”操作。

因为数据寄存器包含两个寄存器，一个用于发送（TDR），一个用于接收（RDR），因此它具有双重功能（读和写）。

TDR 寄存器在内部总线和输出移位寄存器之间提供了并行接口。

RDR 寄存器在输入移位寄存器和内部总线之间提供了并行接口。

在使能奇偶校验位的情况下（USART_CR1 寄存器中的 PCE 位被置 1）进行发送时，由于 MSB 的写入值（位 7 或位 8，具体取决于数据长度）会被奇偶校验位所取代，因此该值不起任何作用。

在使能奇偶校验位的情况下进行接收时，从 MSB 位中读取的值为接收到的奇偶校验位。

寄存器 USART_BRR（波特率寄存器）

偏移地址：0x08

复位值：0x0000 0000

31	30	29	28	27	26	25	24	23	22	21	20	19	18	17	16
Reserved															

15	14	13	12	11	10	9	8	7	6	5	4	3	2	1	0
div_Mantissa[11:0]												DIV_Fraction[3:0]			
rw	rw	rw	rw	rw	rw	rw	rw	rw	rw	rw	rw	r	r	r	r

Bits 31:16：保留，必须保持复位值。

Bits 15:4：DIV_Mantissa[11:0]表示 USARTDIV 的尾数，这 12 个位用于定义 USART

除数（USARTDIV）的尾数。

Bits 3:0：DIV_Fraction[3:0]表示 USARTDIV 的小数，这 4 个位用于定义 USART 除数（USARTDIV）的小数。当 OVER8=1 时，不考虑 DIV_Fraction 3 位，且必须将该位保持清零。

寄存器 USART_CR1（控制寄存器 1）

偏移地址：0x0C

复位值：0x0000 0000

31	30	29	28	27	26	25	24	23	22	21	20	19	18	17	16
Reserved															
15	**14**	**13**	**12**	**11**	**10**	**9**	**8**	**7**	**6**	**5**	**4**	**3**	**2**	**1**	**0**
OVER8	Res.	UE	M	WAKE	PCE	PS	PEIE	TXEIE	TCIE	RXNEIE	IDLEIE	TE	RE	RWU	SBK
rw		rw	rw	rw	rw	rw	rw	rw	rw	rw	rw	r	r	r	r

Bits 31:16：保留，必须保持复位值。

Bit 15：OVER8 表示过采样模式（Oversampling mode）。

0：16 倍过采样

1：8 倍过采样

注意：8 倍过采样在智能卡、IrDA 和 LIN 模式下不可用。当 SCEN=1、IREN=1 或 LINEN=1 时，OVER8 由硬件强制清零。

Bit 14：保留，必须保持复位值。

Bit 13：UE 表示 USART 使能（USART enable）。

该位清零后，USART 预分频器和输出将停止，并会结束当前字节传输以降低功耗。此位由软件置 1 和清零。

0：禁止 USART 预分频器和输出

1：使能 USART

Bit 12：M 表示字长（Word length）。

该位决定了字长，由软件置 1 或清零。

0：1 起始位，8 数据位，n 停止位

1：1 起始位，9 数据位，n 停止位

注意：在数据传输（发送和接收）期间不得更改 M 位。

Bit 11：WAKE 表示唤醒方法（Wakeup method）。

该位决定了 USART 唤醒方法，由软件置 1 或清零。

0：空闲线路

1：地址标记

Bit 10：PCE 表示奇偶校验控制使能（Parity control enable）。

该位选择硬件奇偶校验控制（生成和检测）。使能奇偶校验控制时，计算出的奇偶校验位被插入 MSB 位置（如果 M=1，则为第 9 位；如果 M=0，则为第 8 位），并对接收到的数据检查奇偶校验位。此位由软件置 1 和清零。一旦该位置 1，PCE 在当前字节的后面处于活动状态（在接收和发送时）。

0：禁止奇偶校验控制

1：使能奇偶校验控制

Bit 9：PS 表示奇偶校验选择（Parity selection）。

该位用于在使能奇偶校验生成/检测（PCE 位置 1）时选择奇校验或偶校验。该位由软件置 1 和清零。将在当前字节的后面选择奇偶校验。

0：偶校验

1：奇校验

Bit 8：PEIE 表示 PE 中断使能（PE interrupt enable）。

此位由软件置 1 和清零。

0：禁止中断

1：当 USART_SR 寄存器中 PE=1 时，生成 USART 中断

Bit 7：TXEIE 表示 TXE 中断使能（TXE interrupt enable）。

此位由软件置 1 和清零。

0：禁止中断

1：当 USART_SR 寄存器中 TXE=1 时，生成 USART 中断

Bit 6：TCIE 表示传送完成中断使能（Transmission complete interrupt enable）。

此位由软件置 1 和清零。

0：禁止中断

1：当 USART_SR 寄存器中 TC=1 时，生成 USART 中断

Bit 5：RXNEIE 表示 RXNE 中断使能（RXNE interrupt enable）。

此位由软件置 1 和清零。

0：禁止中断

1：当 USART_SR 寄存器中 ORE=1 或 RXNE=1 时，生成 USART 中断

Bit 4：IDLEIE 表示 IDLE 中断使能（IDLE interrupt enable）。

此位由软件置 1 和清零。

0：禁止中断

1：当 USART_SR 寄存器中 IDLE=1 时，生成 USART 中断

Bit 3：TE 表示发送器使能（Transmitter enable）。

该位使能发送器。该位由软件置 1 和清零。

0：禁止发送器

1：使能发送器

注意：

（1）除了在智能卡模式下，传送期间 TE 位上的“0”脉冲（“0”后紧跟的是“1”）会在当前字的后面发送一个报头（空闲线路）。

（2）当 TE 置 1 时，在发送开始前存在 1 位的时间延迟。

Bit 2：RE 表示接收器使能（Receiver enable）。

该位使能接收器。该位由软件置 1 和清零。

0：禁止接收器

1：使能接收器并开始搜索起始位

Bit 1：RWU 表示接收器唤醒（Receiver wakeup）。

该位决定 USART 是否处于静音模式。

该位由软件置 1 和清零，并可在识别出唤醒序列时由硬件清零。

0：接收器处于活动模式

1：接收器处于静音模式

注意：

（1）选择静音模式前（通过将 RWU 位置 1），USART 必须首先接收一个数据字节，否则当由空闲线路检测到唤醒时，它无法于静音模式下正常工作。

（2）在地址标记检测唤醒配置（WAKE 位=1）中，RXNE 位置 1 时，RWU 位不能由软件进行修改。

Bit 0：SBK 表示发送断路（Send break）。

该位用于发送断路字符。该位可由软件置 1 和清零。该位应由软件置 1，并在断路停止位期间由硬件重置。

0：不发送断路字符

1：将发送断路字符

寄存器 USART_CR2（控制寄存器 2）

偏移地址：0x10

复位值：0x0000 0000

31	30	29	28	27	26	25	24	23	22	21	20	19	18	17	16
Reserved															

15	14	13	12	11	10	9	8	7	6	5	4	3	2	1	0
Res.	LINEN	STOP[1:0]		CLKEN	CPOL	CPHA	LBCL	Res.	LBDIE	LBDL	Res.	ADD[3:0]			
	rw	rw	rw	rw	rw	rw	rw	rw	rw	rw		rw	rw	rw	rw

Bits 31:15：保留，必须保持复位值。

Bit 14：LINEN 表示 LIN 模式使能（LIN mode enable）。

此位由软件置 1 和清零。

0：禁止 LIN 模式

1：使能 LIN 模式

LIN 模式可以使用 USART_CR1 寄存器中的 SBK 位发送 LIN 同步断路（13 个低位），并可检测 LIN 同步断路。

Bits 13:12：STOP 表示停止位（STOP bit）。

这些位用于设定停止位。

00：1 个停止位

01：0.5 个停止位

10：2 个停止位

11：1.5 个停止位

注意：0.5 个停止位和 1.5 个停止位不适用于 UART4 和 UART5。

Bit 11：CLKEN 表示时钟使能（Clock enable）。

该位允许用户使能 SCLK 引脚。

0：禁止 SCLK 引脚

1：使能 SCLK 引脚

该位不适用于 UART4 和 UART5。

Bit 10：CPOL 表示时钟极性（Clock polarity）。

该位允许用户在同步模式下选择 SCLK 引脚上时钟输出的极性。它与 CPHA 位结合使用可获得所需的时钟/数据关系。

0：空闲时 SCLK 引脚为低电平

1：空闲时 SCLK 引脚为高电平

该位不适用于 UART4 和 UART5。

Bit 9：CPHA 表示时钟相位。

该位允许用户在同步模式下选择 SCLK 引脚上时钟输出的相位。它与 CPOL 位结合使用可获得所需的时钟/数据关系。

0：在时钟第一个变化沿捕获数据

1：在时钟第二个变化沿捕获数据

注意：该位不适用于 UART4 和 UART5。

Bit 8：LBCL 表示最后一个位时钟脉冲（Last bit clock pulse）。

该位允许用户在同步模式下选择与发送的最后一个数据位（MSB）关联的时钟脉冲是否必须在 SCLK 引脚上输出。

0：最后一个数据位的时钟脉冲不在 SCLK 引脚上输出

1：最后一个数据位的时钟脉冲在 SCLK 引脚上输出

注意：

（1）最后一位为发送的第 8 或第 9 个数据位，具体取决于 USART_CR1 寄存器中 M 位所选择的 8 位或 9 位格式。

（2）该位不适用于 UART4 和 UART5。

Bit 7：保留，必须保持复位值。

Bit 6：LBDIE 表示 LIN 断路检测中断使能（LIN break detection interrupt enable）。

断路中断屏蔽（使用断路分隔符进行断路检测）。

0：禁止中断

1：当 USART_SR 寄存器中 LBD = 1 时，生成中断

Bit 5：LBDL 表示 lin 断路检测长度（lin break detection length）。

该位用于选择 11 位断路检测或 10 位断路检测。

0：10 位断路检测

1：11 位断路检测

Bit 4：保留，必须保持复位值。

Bits 3:0：ADD[3:0]表示 USART 节点的地址。

该位域用于指定 USART 节点的地址。

将在多处理器通信时于静音模式下使用该位域，以通过地址标记检测进行唤醒。

注意：使能发送器时不应对这 3 个位（CPOL、CPHA、LBCL）进行写操作。

寄存器 USART_CR3（控制寄存器 3）

偏移地址：0x14

复位值：0x0000 0000

31	30	29	28	27	26	25	24	23	22	21	20	19	18	17	16
Reserved															

15	14	13	12	11	10	9	8	7	6	5	4	3	2	1	0
Reserved				ONEBIT	CTSIE	CTSE	RTSE	DMAT	DMAR	SCEN	NACK	HDSEL	IRLP	IREN	EIE
				rw	rw	rw	rw	rw	rw	rw	rw	rw	rw	rw	rw

Bits 31:12：保留，必须保持复位值。

Bit 11：ONEBIT 表示一个采样位方法使能（One sample bit method enable）。

该位允许用户选择采样方法。选择一个采样位方法后，将禁止噪声检测标志（NF）。

0：三个采样位方法

1：一个采样位方法

Bit 10：CTSIE 表示 CTS 中断使能（CTS interrupt enable）。

0：禁止中断

1：当 USART_SR 寄存器中 CTS=1 时，生成中断

注意：该位不适用于 UART4 和 UART5。

Bit 9：CTSE 表示 CTS 使能（CTS enable）。

0：禁止 CTS 硬件流控制

1：使能 CTS 模式，仅当 nCTS 输入有效（连接到 0）时才发送数据。如果在发送数据时使 nCTS 输入无效，会在停止之前完成发送。如果使 nCTS 有效时数据已写入数据寄存器，则将延迟发送，直到 nCTS 有效

注意：该位不适用于 UART4 和 UART5。

Bit 8：RTSE 表示 RTS 使能（RTS enable）。

0：禁止 RTS 硬件流控制

1：使能 RTS 中断，仅当接收缓冲区中有空间时才会请求数据。发送完当前字符后应停止发送数据。可以接收数据时使 nRTS 输出有效（连接到 0）

注意：该位不适用于 UART4 和 UART5。

Bit 7：DMAT 表示 DMA 使能发送器（DMA enable transmitter）。

该位由软件置 1/复位。

1：针对发送使能 DMA 模式

0：针对发送禁止 DMA 模式

Bit 6：DMAR 表示 DMA 使能接收器（DMA enable receiver）。

该位由软件置 1/复位。

1：针对接收使能 DMA 模式

0：针对接收禁止 DMA 模式

Bit 5：SCEN 表示智能卡模式使能（Smartcard mode enable）。

该位用于使能智能卡模式。

0：禁止智能卡模式

1：使能智能卡模式

注意：该位不适用于 UART4 和 UART5。

Bit 4：NACK 表示智能卡 NACK 使能（Smartcard NACK enable）。

0：出现奇偶校验错误时禁止 NACK 发送

1：出现奇偶校验错误时使能 NACK 发送

注意：该位不适用于 UART4 和 UART5。

Bit 3：HDSEL 表示半双工选择（Half-duplex selection）。

选择单线半双工模式。

0：未选择半双工模式

1：选择半双工模式

Bit 2：IRLP 表示 IrDA 低功耗（IrDA low-power）。

该位用于选择正常模式和低功耗 IrDA 模式。

0：正常模式

1：低功耗模式

Bit 1：IREN 表示 IrDA 模式使能（IrDA mode enable）。

此位由软件置 1 和清零。

0：禁止 IrDA

1：使能 IrDA

Bit 0：EIE 表示错误中断使能（Error interrupt enable）。

对于多缓冲区通信（USART_CR3 寄存器中 DMAR = 1），如果发生帧错误、上溢错误或出现噪声标志（USART_SR 寄存器中 FE = 1 或 ORE = 1 或 NF = 1），则需要使用错误中断使能位来使能中断生成。

0：禁止中断

1：当 USART_CR3 寄存器中的 DMAR = 1 并且 USART_SR 寄存器中的 FE = 1 或 ORE = 1 或 NF = 1 时，将生成中断

寄存器 USART_GTPR （守护时间与预分频寄存器）

地址偏移：0x18

复位值：0x0000 0000

31	30	29	28	27	26	25	24	23	22	21	20	19	18	17	16
Reserved															

15	14	13	12	11	10	9	8	7	6	5	4	3	2	1	0
GR[7:0]								PSC[7:0]							
rw	rw	rw	rw	rw	rw	rw	rw	rw	rw	rw	rw	rw	rw	rw	rw

Bits 31:16：保留，必须保持复位值。

Bits 15:8：GT[7:0]表示保护时间值（Guard time value）。

该位域提供保护时间值（以波特时钟数为单位）。

该位用于智能卡模式。经过此保护时间后，发送完成标志置 1。

注意：该位不适用于 UART4 和 UART5。

Bits 7:0：PSC[7:0]表示预分频器值。

IrDA 低功耗模式下：

PSC[7:0] = IrDA 低功耗波特率。

用于编程预分频器，进行系统时钟分频以获得低功耗频率。

使用寄存器中给出的值（8 个有效位）对源时钟进行分频：

00000000：保留 - 不编程此值

00000001：源时钟 1 分频

00000010：源时钟 2 分频

⋮

在正常 IrDA 模式下：

PSC 必须设置为 00000001。

在智能卡模式下：

PSC[4:0]：预分频器值

用于编程预分频器，进行系统时钟分频以提供智能卡时钟。

将寄存器中给出的值（5 个有效位）乘以 2 得出源时钟频率的分频系数：

00000：保留-不编程此值

00001：源时钟 2 分频

00010：源时钟 4 分频

00011：源时钟 6 分频

⋮

注意：

（1）如果使用智能卡模式，则位[7:5]不起作用。

（2）该位不适用于 UART4 和 UART5。

9.3 UART 配置实例

UART 对于硬件的要求低，只需两根信号线就可以完成双向通信。使用 UART，则用户必须要使用到 I/O 口，必须对 I/O 口进行设置。

首先需要使能时钟，只有使能时钟之后，才可以使用相应的外设功能。

通过查阅《STM32F407/405 Data Sheet》，可以知道 USART3 外设与 PB10 和 PB11 连接在一起的，随后就可以进行设置了。

代码清单 9.1　使能时钟：

```
RCC_AHB1PeriphClockCmd(RCC_AHB1Periph_GPIOB,ENABLE);
RCC_APB2PeriphClockCmd(RCC_APB2Periph_USART3,ENABLE);
```

STM32 有很多的内置外设，这些外设的都是与 GPIO 复用的。GPIO 一般只有基础的输入输出功能，若是想要使用其他功能，则必须要复用。也就是说引脚如果复用为内置外设的功能引脚，那么当这个 GPIO 使用内置外设功能的时候，就叫做复用。用户需要复用，才可以使用这些功能。

代码清单 9.2　引脚复用：

```
GPIO_PinAFConfig(GPIOA,GPIO_PinSource10,GPIO_AF_USART3);
GPIO_PinAFConfig(GPIOA,GPIO_PinSource11,GPIO_AF_USART3);
```

UART 使用了两个 I/O 口进行通信，一根信号线作为发送线，一根信号线作为接收线，所以用户还需要对 I/O 口进行初始化，这时候的 I/O 口不再使用基础的输入输出功能，而是被连接到了 UART 内部引脚。

代码清单 9.3　I/O 口初始化：

```
GPIO_InitStructure.GPIO_Pin = GPIO_Pin_10 | GPIO_Pin_11;
GPIO_InitStructure.GPIO_Mode = GPIO_Mode_AF;
GPIO_InitStructure.GPIO_Speed = GPIO_Speed_50MHz;
GPIO_InitStructure.GPIO_OType = GPIO_OType_PP;
GPIO_InitStructure.GPIO_PuPd = GPIO_PuPd_UP;
GPIO_Init(GPIOB,&GPIO_InitStructure);
```

接下来用户要对 UART 参数进行初始化，设置其波特率、字长、校验位、模式以及停止位等。

代码清单 9.4　UART 初始化：

```
USART_InitStructure.USART_BaudRate = bound;
USART_InitStructure.USART_WordLength = USART_WordLength_8b;
USART_InitStructure.USART_StopBits = USART_StopBits_1;
USART_InitStructure.USART_Parity = USART_Parity_No;
USART_InitStructure.USART_HardwareFlowControl=USART_HardwareFlowControl_None;
USART_InitStructure.USART_Mode = USART_Mode_Rx | USART_Mode_Tx;
USART_Init(USART3, &USART_InitStructure);
```

UART 在使用过程中会产生相应的中断，所以用户还需要使能并配置中断。

串口的中断有很多，但是用户常用到的一般只有两种：一种是 RXNE（读数据寄存器非空），此中断表示有数据被接收到了，这个时候用户可以，通过读这个数据寄存器可以将数据取出来，同时寄存器会被清零；另外就是 TC（发送完成）中断，该中断表示发送数据寄存器中的数据已经发送完毕，用户可以通过读 UASRT_SR 寄存器，写 USART_DR 寄存器，或者直接向该位写 0 来将 TC 位清零。

代码清单 9.5　中断配置：

```
USART_ITConfig(USART1, USART_IT_RXNE, ENABLE);
NVIC_InitStructure.NVIC_IRQChannel = USART3_IRQn;
```

```
NVIC_InitStructure.NVIC_IRQChannelPreemptionPriority=1;
NVIC_InitStructure.NVIC_IRQChannelSubPriority =1;
NVIC_InitStructure.NVIC_IRQChannelCmd = ENABLE;
NVIC_Init(&NVIC_InitStructure);
```

配置好这些参数之后，UART 仅仅只是被初始化了，并没有被开启，开启 UART 功能需要用户使能 CR1 寄存器的 UE 位，该操作已经有被封装为相应的库函数，用户直接调用即可。

代码清单 9.6　开启 UART：

```
USART_Cmd(USART3, ENABLE);
```

STM32F4 的发送与接收，是通过数据寄存器 UASRT_DR 来实现的。USART_DR 是一个双寄存器，其包含了 TDR 和 RDR。当向寄存器写数据的时候，数据就被加载到寄存器，等待由串口来发送；当接收到数据时，数据会被存在这个寄存器中，等待开发者读取。

代码清单 9.7　数据发送和接收：

```
/*向某个串口的数据寄存器写入数据*/
USART_SendData(USART_TypeDef* USARTx, uint16_t Data);
/*从某个串口的数据寄存器读取数据*/
uint16_t USART_ReceiveData(USART_TypeDef* USARTx);
```

配置完串口接收中断后，用户还需要编写一个串口中断服务函数用来执行数据接收的语句。

代码清单 9.8　中断服务函数：

```
void USART3_IRQHandler(void)
{
/*如果接收数据寄存器不为空，则读取接收数据寄存器，在自加之后再通过串口发送出去*/
            if(USART_GetITStatus(USART3, USART_IT_RXNE) != RESET)
            {
                  Res =USART_ReceiveData(USART3);
                  Res=Res+1;
                  USART_SendData(USART3, Res);
      }
            USART_ClearITPendingBit(USART3, USART_IT_RXNE);
}
```

代码清单 9.9　完整代码：

```
void UART_Init(u32 bound)
{
      GPIO_InitTypeDef GPIO_InitStructure;
      USART_InitTypeDef USART_InitStructure;
      NVIC_InitTypeDef NVIC_InitStructure;

      /*使能时钟*/
      RCC_AHB1PeriphClockCmd(RCC_AHB1Periph_GPIOA,ENABLE);
      RCC_APB2PeriphClockCmd(RCC_APB2Periph_USART1,ENABLE);

      /*引脚复用*/
      GPIO_PinAFConfig(GPIOA,GPIO_PinSource9,GPIO_AF_USART1);
      GPIO_PinAFConfig(GPIOA,GPIO_PinSource10,GPIO_AF_USART1);

      /*引脚初始化，A9，A10 口，复用模式，50MHz，推挽，上拉*/
```

```
    GPIO_InitStructure.GPIO_Pin = GPIO_Pin_9 | GPIO_Pin_10;
    GPIO_InitStructure.GPIO_Mode = GPIO_Mode_AF;
    GPIO_InitStructure.GPIO_Speed = GPIO_Speed_50MHz;
    GPIO_InitStructure.GPIO_OType = GPIO_OType_PP;
    GPIO_InitStructure.GPIO_PuPd = GPIO_PuPd_UP;
    GPIO_Init(GPIOB,&GPIO_InitStructure);

    GPIO_InitStructure.GPIO_Mode = GPIO_Mode_OUT;
    GPIO_InitStructure.GPIO_Pin =GPIO_Pin_10;
    GPIO_Init(GPIOF,&GPIO_InitStructure);
    GPIO_SetBits(GPIOF,GPIO_Pin10);

    /*串口参数初始化，波特率 115200，8 位字长，停止位，无校验位，无流控，收发模式*/
    USART_InitStructure.USART_BaudRate = 115200;
    USART_InitStructure.USART_WordLength = USART_WordLength_8b;
    USART_InitStructure.USART_StopBits = USART_StopBits_1;
    USART_InitStructure.USART_Parity = USART_Parity_No;
    USART_InitStructure.USART_HardwareFlowControl=USART_HardwareFlowControl_None;
    USART_InitStructure.USART_Mode=USART_Mode_Rx| USART_Mode_Tx;
    USART_Init(USART3, &USART_InitStructure);

    /*清除 TC 中断位，使能 TC 中断*/
    USART_ClearFlag(USART3, USART_IT_RXNE);
    USART_ITConfig(USART3, USART_IT_RXNE, ENABLE);

    /*中断通道为串口 1 中断，主优先级 1，子优先级 1，使能中断通道*/
    NVIC_InitStructure.NVIC_IRQChannel = USART3_IRQn;
    NVIC_InitStructure.NVIC_IRQChannelPreemptionPriority=1;
    NVIC_InitStructure.NVIC_IRQChannelSubPriority =1;
    NVIC_InitStructure.NVIC_IRQChannelCmd = ENABLE;
    NVIC_Init(&NVIC_InitStructure);
    /*开启串口*/
    USART_Cmd(USART3, ENABLE);

}
/*中断服务函数，如果接收到数据，就将数据加 1 然后通过串口发送出去*/
void USART3_IRQHandler(void)
{
    u8 Res;
    if(USART_GetITStatus(USART3, USART_IT_RXNE) != RESET)
    {
        GPIO_ResetBits(GPIOF,GPIO_Pin10);
        Res=USART_ReceiveData(USART3);//(USART3->DR);
        Res=Res+1;
        USART_SendData(USART3, Res);
        GPIO_SetBits(GPIOF,GPIO_Pin10);
    }
}

/*主函数，设置中断分组，初始化延迟函数，初始化相关配置*/
```

```
int main(void)
{
        NVIC_PriorityGroupConfig(NVIC_PriorityGroup_2);
        delay_init(168);
        UART_Init ();
        while(1)
        {

    }
}
```

在将程序下载到开发板上之后，用户打开串口助手，向串口发送数据，如果串口接收到数据就会打印输出。

ADC 配置

10.1 ADC 功能概述

ADC（模数转换器）指将连续变化的模拟信号转换为离散的数字信号的器件。

STM32F4XX 系列一般有 3 个 ADC，每个 ADC 有 12 位、10 位、8 和 6 位精度可选，每个 ADC 有 16 个外部通道、19 个复用通道、两个内部源和 V_{BAT} 通道的信号。这些通道的 A/D 转换可在单次、连续、扫描或不连续采样模式下进行。ADC 的结果存储在一个左对齐或右对齐的 16 位数据寄存器中。ADC 具有独立模式、双重模式和三重模式，对于不同 A/D 转换要求几乎都有合适模式可选。

10.1.1 ADC 时钟

ADC 时钟有两种方案：

（1）用于模拟电路的时钟：ADCCLK，所有 ADC 共用。

此时钟来自于经过可编程预分频器分频的 APB2 时钟，该预分频器允许 ADC 在 $f_{PLCK}/2$、$f_{PLCK}/4$、$f_{PLCK}/6$ 或 $f_{PLCK}/8$ 下工作，最大值为 36MHz，典型值为 30MHz。对于 STM32F407 系列，用户一般设置 PCLK2 = HCLK/2 = 84MHz。

（2）用于数字接口的时钟（用于寄存器读/写访问）。

此时钟等效于 APB2 时钟。可以通过 RCC APB2 外设时钟使能寄存器（RCC_APB2ENR）分别为每个 ADC 使能/禁止数字接口时钟。例如，可按以下顺序对序列进行转换：ADC_IN3、ADC_IN5、ADC_IN2、ADC_IN15、ADC_IN14。

1. ADC 输入通道

ADC 有 16 条通道。将输入通道分成两组：规则转换和注入转换。每个组包含一个转换序列，转换序列的通道可以使用任意顺序。

（1）规则转换组。一个规则转化组最多有 16 个转化通道。必须在 ADC_SQRx 寄存器中选择转换序列的规则通道及其顺序。规则转换组中的转换总数必须写入 ADC_SQR1 寄存器中的 L[3:0]位。

（2）注入转换组。一个注入转换组最多由 4 个转换构成。必须在 ADC_JSQR 寄存器中选择转换序列的注入通道及其顺序。注入转换组中的转化总数必须写入 ADC_JSQR 寄存器中的 L[1:0]位。

2. 温度传感器、VREFINT 和 V_{BAT} 内部通道

对于 STM32F40x 和 STM32F41x 器件，温度传感器内部连接到通道 ADC1_IN16。内部参考电压 VREFINT 连接到 ADC1_IN17。

对于 STM23F42x 和 STM32F43x 器件，温度传感器内部连接到与 VBAT 共用的通道 ADC1_IN18。一次只能选择一个转换（温度传感器或 VBAT）。同时设置了温度传感器和 VBAT 转换时，将只进行 VBAT 转换。内部参考电压 VREFINT 连接到 ADC1_IN17。VBAT 通道连接到通道 ADC1_IN18。该通道也可转换为注入通道或规则通道。

注意：温度传感器、VREFINT 和 VBAT 通道只在主 ADC1 外设上可用。

10.1.2 ADC 的两种触发方式

ADC 控制寄存器 2。通过 ADC_CR2 的 ADON 位来控制 ADC 的开启和关闭，写 1 开启，写 0 关闭。

外部事件触发。例如，通过内部定时器捕获，EXTI 中断线触发转换。具体哪种触发源由 ADC_CR2 的 EXTSEL[3:0]和 JEXTSEL[3:0]位来控制。如果 EXTEN[1:0]控制位（规则转换）或 JEXTEN[1:0]位（注入转换）不等于“0b00”，则外部事件能够以所选极性触发转换。EXTEN[1:0]和 JEXTEN[1:0]值与触发极性之间的对应关系见表 10.1。

表 10.1 配置触发极性

源	EXTEN[1:0]/JEXTEN[1:0]
禁止触发检测	00
在上升沿时检测	01
在下降沿时检测	10
在上升沿和下降沿均检测	11

注：可以实时更改外部触发的极性。

EXTSEL[3:0]用于选择规则通道的触发源，JEXTSEL[3:0]用于选择注入通道的触发源。规则通道外部触发见表 10.2。

表 10.2 规则通道外部触发

源	连接类型	EXTSEL[3:0]
TIM1_CH1 事件	片上定时器的内部信号	0000
TIM1_CH2 事件		0001

续表

源	连接类型	EXTSEL[3:0]
TIM1_CH3 事件	片上定时器的内部信号	0010
TIM2_CH2 事件		0011
TIM2_CH3 事件		0100
TIM2_CH4 事件		0101
TIM2_TRGO 事件		0110
TIM3_CH1 事件		0111
TIM3_TRGO 事件		1000
TIM4_CH4 事件		1001
TIM5_CH1 事件		1010
TIM5_CH2 事件		1011
TIM5_CH3 事件		1100
TIM8_CH1 事件		1101
TIM8_TRGO 事件		1110
EXTI 线 11	外部引脚	1111

注入通道外部触发见表 10.3。

表 10.3　注入通道外部触发

源	连接类型	JEXTSEL[3:0]
TIM1_CH4 事件	片上定时器的内部信号	0000
TIM1_TRGO 事件		0001
TIM2_CH1 事件		0010
TIM2_TRGO 事件		0011
TIM3_CH2 事件		0100
TIM3_CH4 事件		0101
TIM4_CH1 事件		0110
TIM4_CH2 事件		0111
TIM4_CH3 事件		1000
TIM4_TRGO 事件		1001
TIM5_CH4 事件		1010
TIM4_TRGO 事件		1011
TIM8_CH2 事件		1100
TIM8_CH3 事件		1101
TIM8_CH4 事件		1110
EXTI 线 15	外部引脚	1111

可通过将 ADC_CR2 寄存器中的 SWSTART（对于规则转换）或 JSWSTART（对于注入转换）位置 1 来产生软件源触发事件。

采样时间

ADC 在对输入电压进行采样时会花费数个 ADCCLK 周期，可通过配置 ADC_SMPR1 和 ADC_SMPR2 寄存器中的 SMP[2:0]来修改周期数，每个通道均可使用不同的采样时间进行采样。

总转换事件的计算公式如下：

TCONV = 采样时间 + 12 个周期

示例：

ADCCLK = 30MHz 且采样时间 = 3 个周期时：

TCONV = 3 + 12 = 15 个周期 = 0.5μs（APB2 位 60MHz 时）

10.1.3 DMA

由于规则通道组只有一个数据寄存器，在多个规则通道转换下，在下一次写入之前，如果 ADC_DR 寄存器的数据未被读出，那么 ADC_DR 寄存器中数据将会被覆盖。此时，用户就会用到 DMA，避免数据的丢失。

在使能 DMA 模式的情况下，每完成规则通道组中的一个通道转换之后，都会生成一个 DMA 请求。这样便可将数据从 ADC_DR 寄存器传输到软件选择的目标位置。

如果此时数据丢失（溢出），则会将 ADC_SR 寄存器中的 OVR 位置 1，并生成一个中断（如果 OVERIE 使能）。随后会禁止 DMA 传输并且不再接受 DMA 请求。

在这种情况下，如果生成 DMA 请求，则会中止正在进行的规则转换并忽略之后的规则触发。随后需要将所使用的 DMA 流中的 OVR 标志和 DMAEN 位清零，并重新初始化 DMA 和 ADC，以将需要的转换通道数据传输到正确的存储器单元。只有这样，才能恢复转换并再次使能数据传输。注入通道转换不会受到溢出错误的影响。

在 DMA 模式下，当 OVR=1 时，传送完最后一个有效数据后会阻止 DMA 请求，这意味着传输到 RAM 的所有数据均被视为有效。在最后一次 DMA 传输（DMA 控制器的 DMA_SxRTR 寄存器中配置的传输次数）结束时：

- 如果将 ADC_CR2 寄存器中的 DDS 位清零，则不会向 DMA 控制器发出新的 DMA 请求（这可避免产生溢出错误）。不过，硬件不会将 DMA 位清零。必须将该位写入 0，然后写入 1 才能启动新的传输。
- 如果将 DDS 位置 1，则可继续生成请求。从而允许在双缓冲区循环模式下配置 DMA。要在使用 DMA 时将 ADC 从 OVR 状态中恢复，请按以下步骤操作：

  （1）重新初始化 DMA（调整目标地址和 NDTR 计数器）。

  （2）将 ADC_SR 寄存器中的 ADC OVR 位清零。

  （3）触发 ADC 以开始转换。

10.2 ADC 相关寄存器

寄存器 ADC_SR （ADC 状态寄存器）

地址偏移：0x00

复位值：0x0000 0000

31	30	29	28	27	26	25	24	23	22	21	20	19	18	17	16
Reserved															

15	14	13	12	11	10	9	8	7	6	5	4	3	2	1	0
Reserved										OVR	STRT	JSTRT	JEOC	EOC	AWD
										rc_w0	rc_w0	rc_w0	rc_w0	rc_w0	rc_w0

Bits 31:6：保留，其参数保持复位状态。

Bit 5：OVR 表示超限检测。

数据丢失时，该位由硬件置位（单次模式或双/三模式），由软件复位。只有当 DMA=1 或 EOCS=1 时才能使能超限检测。

Bit 4：STRT 表示规则通道转换启动标识位。

规则通道组转换开始时，该位由硬件置 1。该位需要软件清零。

0：没有进行规则组转换

1：规则组转换已经开始

Bit 3：JSTRT 表示注入通道转换启动标识位。

注入通道组转换开始时，该位由硬件置 1。该位需要软件清零。

0：没有注入组组转换

1：注入组转换已经开始

Bit 2：JEOC 表示注入通道结束转换。

注入组通道在转换结束时由硬件置位。该位由软件清零。

0：转换未完成

1：转换完成

Bit 1：EOC 表示规则通道转换结束标志位。

该位在规则通道组转换结束时由硬件置位。它可以由软件或读取 ADC_DR 寄存器进行清零。

0：转换未完成（EOCS=0）或转换序列未完成（EOCS=1）

1：转换完成（EOCS=0）或转换系列完成（EOCS=1）

Bit 0：AWD 表示模拟看门狗标志位。

当转换后的电压超过 ADC_LTR 和 ADC_HTRE 寄存器中设置的值时，该位由硬件置 1，该位可被软件清零。

0：没有模拟看门狗事件触发

1：有模拟看门狗事件触发

寄存器 ADC_CR1 （ADC 控制寄存器 1）

地址偏移：0x04

复位值：0x0000 0000

31	30	29	28	27	26	25	24	23	22	21	20	19	18	17	16
Reserved					OVRIE	RES		AWDEN	JAWDEN	Reserved					
					rw	rw	rw	rw	rw						

15	14	13	12	11	10	9	8	7	6	5	4	3	2	1	0
DISCNUM[2:0]			JDISCEN	DISCEN	JAUTO	AWDSGL	SCAN	JEOCIE	AWDIE	EOCIE	AWDCH[4:0]				
rw	rw	rw	rw	rw	rw	rw	rw	rw	rw	rw	rw	rw	rw	rw	rw

Bits 31:27：保留，其参数保持复位状态。

Bit 26：OVRIE 表示溢出中断使能。

该位由软件置 1 和清零以使能/失能溢出中断。

0：溢出中断失能

1：溢出中断使能；当 OVR 位置 1 时，产生中断

Bits 25:24：RES[1:0]表示转换解析度（有效精度）。

这些位由软件写入来选择转换的分辨率。

00：有效数据位为 12 位（花费 15 个 ADCCLK 时钟周期）

01：有效数据位为 10 位（花费 13 个 ADCCLK 时钟周期）

10：有效数据位为 8 位（花费 11 个 ADCCLK 时钟周期）

11：有效数据位为 6 位（花费 9 个 ADCCLK 时钟周期）

Bit 23：AWDEN 表示模拟看门狗启用规则通道组。

该位由软件置 1 和清零。

0：模拟看门狗规则通道组禁用

1：模拟看门狗规则通道组启用

Bit 22：JAWDEN 表示模拟看门狗启用注入通道组。

该位由软件置 1 和清零。

0：模拟看门狗注入通道组禁用

1：模拟看门狗注入通道组启用

Bits 21:16：保留，其参数保持复位状态。

Bits 15:13：DISSCNUM[2:0]表示不连续模式通道计数。

这些位由软件写入，在接收到外部触发后定义在非连续模式下要转换的规则通道的数量。

000：1 个通道

001：2 个通道

⋮

111：8 个通道

Bit 12：JDISCEN 表示注入通道上的不连续模式。

该位由软件设置和清除，以启用/禁止组内注入通道的不连续模式。

0：禁止注入通道的不连续转换模式

1：启用注入通道的不连续转换模式

Bit 11：DISCEN 表示规则通道的不连续转换模式。

该位由软件设置和清零，在规则通道上启用/禁止不连续模式。

0：禁用规则通道组上的不连续转换模式

1：启用规则通道组上的不连续转换模式

Bit 10：JAUTO 表示自动注入组转换。

该位由软件设置和清零，以便于在规则通道组转换后启用/禁止自动注入组转换。

0：禁止自动注入组转换

1：启动自动注入组转换

Bit 9：AWDSGL 表示扫描模式下的单个通道上启用看门狗。

该位由软件置位和清零，以在由 AWDCH[4:0]位标识的通道上启用/禁止模拟看门狗。

0：在所有通道上使能模拟看门狗

1：在单个通道上使能模拟看门狗

Bit 8：SCAN 表示扫描模式。

该位由软件置 1 和清零以启用/禁用扫描模式。 在扫描模式下，通过 ADC_SQRx 或 ADC_JSQRx 寄存器选择的输入被转换。

0：禁止扫描模式

1：启动扫描模式

Bit 7：JEOCIE 表示注入通道组的中断使能。

该位由软件置 1 和清零，以使能/禁止注入通道的转换中断结束。

0：JEOC 中断禁止

1：JEOC 中断使能；当 JEOC 位被置 1 时，产生中断

Bit 6：AWDIE 表示模拟看门狗中断使能位。

该位由软件置 1 和清零以使能/禁止模拟看门狗中断。

0：模拟看门狗中断禁止

1：模拟看门狗中断启动

Bit 5：EOCIE 表示 EOC 中断使能位。

该位由软件置 1 和清零，使能/禁止转换中断的结束。

0：EOC 中断禁止

1：EOC 中断启动；当 EOC 位置 1 时，产生中断

Bit 4:0：AWDCH[4:0]表示模拟看门狗通道选择位。

这些位由软件设置和清除，它们选择输入通道由模拟看门狗守护。

00000：ADC 模拟输入通道 0

00001：ADC 模拟输入通道 1

⋮

01111：ADC 模拟输入通道 15

10000：ADC 模拟输入通道 16

10001：ADC 模拟输入通道 17

10010：ADC 模拟输入通道 18

其他数值保留

寄存器 ADC_CR2 （ADC 控制寄存器 2）

地址偏移：0x08

复位值：0x0000 0000

31	30	29	28	27	26	25	24	23	22	21	20	19	18	17	16
Reserved	SWSTART	EXTEN		EXTSEL[3:0]				Reserved	JSWSTART	JEXTEN		JEXTSEL[3:0]			
	rw	rw	rw	rw	rw	rw	rw		rw	rw	rw	rw	rw	rw	rw

15	14	13	12	11	10	9	8	7	6	5	4	3	2	1	0
Reserved				ALIGN	EOCS	DDS	DMA	Reserved						CONT	ADON
				rw	rw	rw	rw							rw	rw

Bit 31：保留，其参数保持复位状态。

Bit 30：SWSTART 表示开启规则通道转换。

该位开启转换是由软件置 1 开始，硬件清零结束。

0：复位状态

1：开启规则通道转换

Bits 29:28：EXTEN 表示外部触发器启动规则通道。

这些位由软件设置和清零，以选择外部触发极性并启用规则组的触发。

00：触发检测禁用

01：触发检测状态为上升沿

10：触发检测状态为下降沿

11：触发检测状态为上升沿与下降沿

Bits 27:24 ：EXTSEL[3:0]表示规则组的外部触发事件选择。

这些位用于设置触发规则组转换开始的外部事件类型。

0000：定时器 1 输出通道 1 事件

0001：定时器 1 输出通道 2 事件

0010：定时器 1 输出通道 3 事件

⋮

1111：外部中断线 11

Bit 23：保留，其参数保持复位状态。

Bit 22：JSWSTART 表示开启注入通道组的转换。

该位开启转换是由软件置 1 开始，硬件清零结束。

0：复位状态

1：开启注入通道转换

Bits 21:20：JEXTEN 表示注入通道的外部触发器使能。

这些位由软件设置和清除，以选择外部触发极性并启用注入组的触发。

00：触发检测禁用

01：触发检测状态为上升沿

10：触发检测状态为下降沿

11：触发检测状态为上升沿与下降沿

Bits 19:16：JEXTSEL[3:0]表示注入通道的外部事件选择。

这些位选择用于触发注入组转换开始的外部事件。

0000：定时器 1 输出通道 4 事件

0001：定时器 1 定时器输出事件 TRGO

0010：定时器 2 输出通道 1 事件

⋮

1111：外部中断线 15

Bits 15:12：保留，其参数保持复位状态。

Bit 11：ALIGN 表示数据对齐。

该位由软件置 1 和清零。

0：右对齐模式

1：左对齐模式

Bit 10：EOCS 表示转换选择结束。

该位由软件置 1 和清零。

0：EOC 位设置在每个规则转换序列的末尾。溢出检测只有在 DMA=1 时才能使能

1：EOC 位设置正在每个规则转换结束时，溢出检测启用

Bit 9：DDS 表示 DMA 禁止选择（用于单 ADC 模式）。

该位由软件置 1 和清零。

0：在做最后一次传输之后没有发出新的 DMA 请求（例如在 DMA 控制器中配置）

1：只要数据转换切 DMA=1 时，就会发出 DMA 请求

Bit 8：DMA 表示直接存储器访问模式（用于单 ADC 模式）。

该位由软件置 1 和清零。

0：禁止 DMA 模式

1：启用 DMA 模式

Bits 7:2：保留，其参数保持复位状态。

Bit 1：CNT 表示连续转换。

该位由软件置 1 和清零。若已设置，转换将连续进行，直到该位清零。

0：单次转换模式

1：连续转换模式

Bit 0：ADON 表示 A/D 转换器开/关。

这个位由软件置 1 和清零。

0：禁止 ADC 转换并且进入掉电模式

1：启动 ADC

寄存器 ADC_SMPR1 （ADC 单次时间寄存器 1）

地址偏移：0x0C

复位值：0x0000 0000

31	30	29	28	27	26	25	24	23	22	21	20	19	18	17	16
Reserved					SMP18[2:0]			SMP17[2:0]			SMP16[2:0]			SMP15[2:1]	
					rw	rw	rw	rw	rw	rw	rw	rw	rw	rw	rw

15	14	13	12	11	10	9	8	7	6	5	4	3	2	1	0
SMP15_0	SMP14[2:0]			SMP13[2:0]			SMP12[2:0]			SMP11[2:0]			SMP10[2:0]		
rw	rw	rw	rw	rw	rw	rw	rw	rw	rw	rw	rw	rw	rw	rw	rw

Bits 31:27：保留，其参数保持复位状态。

Bits 26:0：SMPx[2:0]表示选择 x 通道的单次转换时间（x=10…18）。

这些位由软件写入，设定每个通道的采样时间。在采样周期中，通道选择位必须保持不变。

000：3 个周期　　001：15 个周期　　010：28 个周期

011：56 个周期　　100：84 个周期　　101：112 个周期

110：144 个周期　　111：480 个周期

寄存器 ADC_SMPR2 （ADC 单次时间寄存器 2）

地址偏移：0x10

复位值：0x0000 0000

31	30	29	28	27	26	25	24	23	22	21	20	19	18	17	16
Reserved		SMP9[2:0]			SMP8[2:0]			SMP7[2:0]			SMP6[2:0]			SMP5[2:1]	
		rw	rw	rw	rw	rw	rw	rw	rw	rw	rw	rw	rw	rw	rw

15	14	13	12	11	10	9	8	7	6	5	4	3	2	1	0
SMP5_0	SMP4[2:0]			SMP3[2:0]			SMP2[2:0]			SMP1[2:0]			SMP0[2:0]		
rw	rw	rw	rw	rw	rw	rw	rw	rw	rw	rw	rw	rw	rw	rw	rw

Bits 31:27：保留，其参数保持复位状态。

Bits 26:0 ：SMPx[2:0]表示选择 x 通道的单次转换时间（x=0…9）。

这些位由软件写入，设定每个通道的采样时间。在采样周期中，通道选择位必须保持不变。

000：3 个周期　　001：15 个周期　　010：28 个周期

011：56 个周期　　100：84 个周期　　101：112 个周期

110：144 个周期　　111：480 个周期

寄存器 ADC_DR （ADC 数据寄存器）

地址偏移：0x4C

复位值：0x0000 0000

31	30	29	28	27	26	25	24	23	22	21	20	19	18	17	16
Reserved															

15	14	13	12	11	10	9	8	7	6	5	4	3	2	1	0
DATA[15:0]															
r	r	r	r	r	r	r	r	r	r	r	r	r	r	r	r

Bits 31:16：保留，其参数保持复位状态。

Bits 16:0：DATA[15:0]表示 ADC 转换数据。

这些位为只读状态，其中包含了规则通道的转换结果。由数据的转换位数最高为 12 位，所以带有左对齐与右对齐的功能。

10.3 ADC 配置实例

本次实例将 PA5 端口设定为 ADC 模数转换的输入端口，并且将获取到的数据转换成电压值，实现测量电压大小的功能。

1. 启动 GPIOA 端口时钟与 ADC1 的时钟

代码清单 10.1 时钟使能：

```
//GPIO 端口时钟使能
RCC_AHB1PeriphClockCmd(RCC_AHB1Periph_GPIOA,ENABLE);
//ADC1 模数转换模块时钟使能
RCC_APB2PeriphClockCmd(RCC_APB2Periph_ADC1 , ENABLE);
```

端口 GPIO 端口初始化，端口功能设定为模拟。

代码清单 10.2 端口初始化配置：

```
GPIO_InitStruct.GPIO_Mode = GPIO_Mode_AN;          //端口功能设定为模拟
GPIO_InitStruct.GPIO_Pin = GPIO_Pin_5;             //需要设定的端口
GPIO_InitStruct.GPIO_PuPd = GPIO_PuPd_NOPULL;      //端口设定为浮空
GPIO_InitStruct.GPIO_Speed = GPIO_Fast_Speed;
GPIO_Init(GPIOA, &GPIO_InitStruct);
```

2. ADC 初始化

ADC 的初始化设定为：关闭连续转换模式，将转换后的 12 位数据以右对齐的方式存储在寄存器中，由于只使用到一个 ADC 通道，所以转换的通道数为 1。

代码清单 10.3 ADC 初始化部分配置：

```
ADC_InitStruct.ADC_ContinuousConvMode = DISABLE;        //关闭连续转换模式
//数据存储以右对齐的方式进行存储
ADC_InitStruct.ADC_DataAlign = ADC_DataAlign_Right;
ADC_InitStruct.ADC_NbrOfConversion = 1;                 //需要转换的通道数
ADC_InitStruct.ADC_Resolution = ADC_Resolution_12b;     //ADC 转换精度
ADC_InitStruct.ADC_ScanConvMode = DISABLE;              //不使能多通道转换模式
ADC_Init(ADC1, &ADC_InitStruct);
```

3. ADC 常规初始化

针对当前的功能，只需要设定为关闭 DMA 数据传输，转换为独立转换模式，其时钟分频为 4 分频，两次转换之间的时间间隔设定为 5 个心跳周期。

代码清单 10.4 ADC 初始化部分配置：

```
//关闭 DMA 传输
ADC_CommonInitStruct.ADC_DMAAccessMode = ADC_DMAAccessMode_Disabled;
//设定为独立转换模式
ADC_CommonInitStruct.ADC_Mode = ADC_Mode_Independent;
//时钟预分配，时钟频率不能操作 36MHz
ADC_CommonInitStruct.ADC_Prescaler = ADC_Prescaler_Div4;
//转换间隔
ADC_CommonInitStruct.ADC_TwoSamplingDelay = ADC_TwoSamplingDelay_5Cycles;
ADC_CommonInit(&ADC_CommonInitStruct);
```

4. ADC 使能

初始化完 ADC 模块与常规初始化后，需要使能 ADC 模块，否则 ADC 就无法正常工作。

代码清单 10.5　ADC 使能：

```
ADC_Cmd(ADC1,ENABLE);  //使能 ADC 模块
```

5. 获取 ADC 转换的参数

设定通道的规则组并且启动 ADC 进行模数转换，等待转换完成后，就可以获取到 ADC 最终数值了。

代码清单 10.6　ADC 获取数据：

```
uint16_t Get_Ch1_Value(void)
{
        //设定规则转换组采样时间
        ADC_RegularChannelConfig(ADC1 ,
                                        ADC_Channel_5 ,
                                        1,
                                        ADC_SampleTime_480Cycles);
        ADC_SoftwareStartConv(ADC1);                              //软件使能 ADC 转换
        while(!ADC_GetFlagStatus(ADC1 ,ADC_FLAG_EOC));            //判定 ADC 转换是否完成
        return ADC_GetConversionValue(ADC1);                      //返回 ADC 采集数据
}
```

主函数的作用主要是对 ADC 进行初始化，然后每隔 300ms 发送一次 ADC 参数到电脑上。

代码清单 10.7　主函数：

```
uint16_t ad_value;
float vol_value;
int main(void)
{
        delay_init(168);    //启动滴答定时器延时
        Adc1_Ch5_Init();  //PA5  端口设定为模数转换端口
        USART1_Init();
        while(1)
        {
                ad_value = Get_Ch1_Value();
                vol_value = (ad_value)*3.3/4095;
                printf("AD_VAL = %d , VOL_VAL = %f\n",ad_value , vol_value);
                delay_ms(300);
        }
}
```

第 11 章 DAC 配置

11.1 DAC 功能概述

DAC（Digital to Analog Converter）是数字模拟转换模块，其作用是将输入的数字编码转换为对应的模拟电压输出，功能与 ADC 正好相反。

通过 DAC 模块，用户可以将数字编码转换为模拟的电压信号，用以驱动某些器件，比如说音频信号的还原就是这样的一个过程。

DAC 模块是 12 位电压输出数模转换器，可以按 8 位或 12 位模式进行配置，并且可与 DMA 控制器配合使用，在 12 位模式下，数据可以采用左对齐或右对齐方式。

DAC 框图分为以下几个部分来讲解。

1．参考电压

如图 11.1 所示，DAC 使用了 V_{REF+}作为正模拟参考电压输入，使用 V_{DDA} 作为模拟电压输入，V_{SSA} 作为模拟电源接地输入，也就是说 DAC 的输出范围在 0～V_{DDA}，在设计原理图的时候，V_{SSA} 接地，V_{REF+}和 V_{DDA} 接 3.3V，即 DAC 输出电压范围为：0～3.3V。

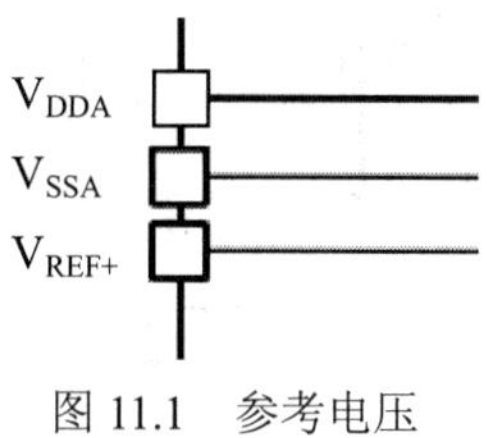

图 11.1　参考电压

2．数模转换器与输出通道

如图 11.2 所示，数模转换器是整个 DAC 外设功能的核心，其以 V_{REF+}作为参考电压，以上方的 DORx 作为输入，将相应的数字编码转换为与 V_{DDA} 对应的电压，然后从右侧的通道输出。

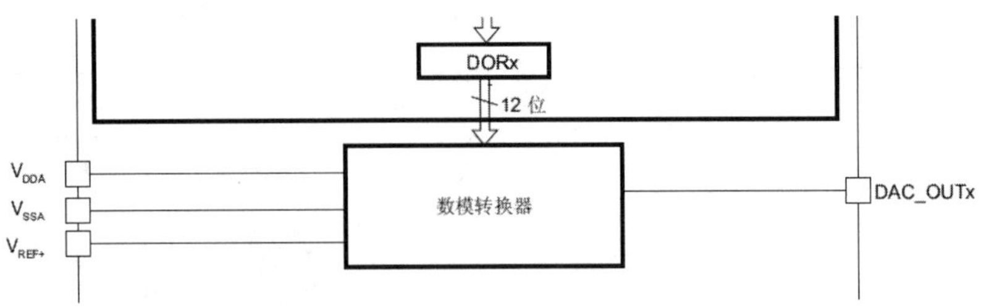

图 11.2　数模转换器与输出通道

3. 触发选择器

如图 11.3 所示，DAC 支持外部事件触发转换，这个触发包括内部的定时器触发，外部事件触发，以及软件触发。

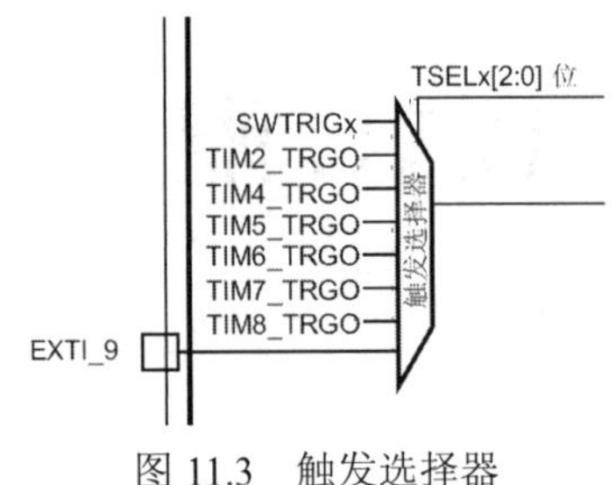

图 11.3　触发选择器

如图 11.4 所示，DAC_DORx 为通道数据输出寄存器，这个寄存器无法直接写入，任何数据都必须通过先写入 DAC_DHRx 寄存器，即通道对齐数据保持寄存器，才可以传输到通道数据输出寄存器，最终传输到 DAC 数模转换器中。

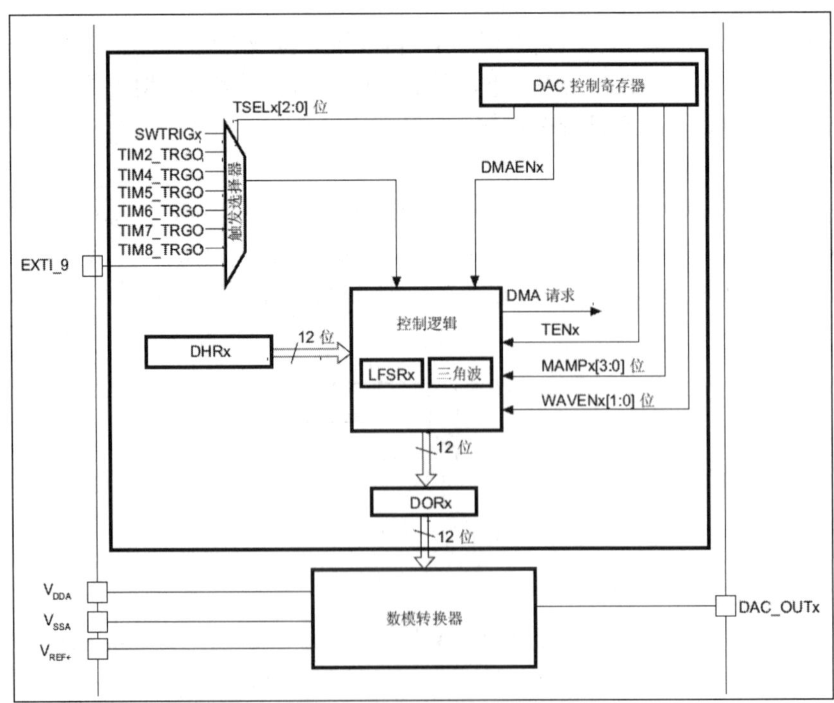

图 11.4　输出寄存器

4. DAC 数据格式

对于 DAC 单通道，数据写入有 3 种可能，如图 11.5 所示。

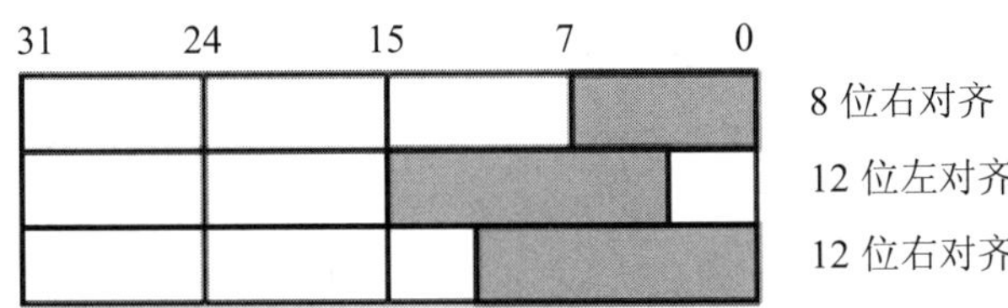

图 11.5　单通道数据寄存器

对于 DAC 双通道，数据写入有 3 种可能，如图 11.6 所示。

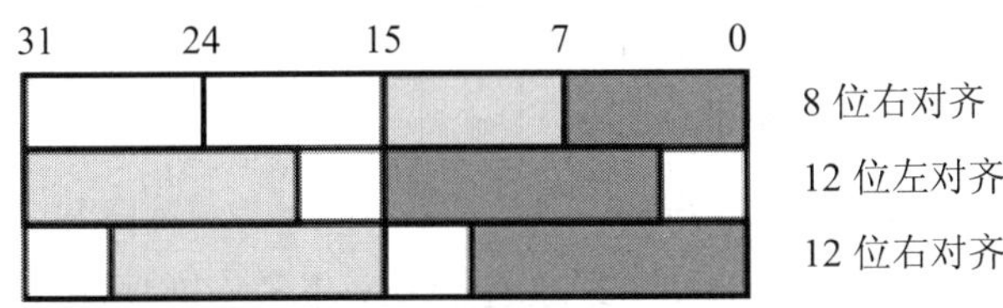

图 11.6　双通道数据寄存器

数据被写入通道对齐数据保持寄存器后，数据对齐保持寄存器将被自动传输，或者通过软件或外部事件触发传输到通道数据输出寄存器。

注意：单通道模式时，数据会写入各自对应的通道数据保持寄存器中；而双通道模式的时候，数据则是写入同双通道数据保持寄存器。

5. DAC 转换

任何数据必须先写入通道对齐数据保持寄存器，才可以传输到通道数据输出寄存器。若不选择硬件触发，即将 CR 寄存器的 TENx 位复位（禁止通道触发），则一个 APB 时钟后，通道对齐数据保持寄存器的数据会自动转移到通道数据输出寄存器；若选择硬件触发，并且触发条件到来，则会在 3 个 APB1 时钟周期后才进行转移。

即便通道数据输出寄存器已经加载了值，模拟电压也不会立刻可用，而是需要在一定的时间之后，这个时间取决于电源电压和模拟输出负载。

6. DAC 触发选择

在使能 DAC 通道触发后，可以通过外部事件触发转换。当 DAC 配置为定时器 TRGO 输出或者外部中断线时，一旦检测到上升沿，通道对齐数据保持寄存器中存储的最后一个数据会转移到通道输出数据寄存器，发生触发后，再过三个 APB1 时钟周期，通道数据输出寄存器则会更新。

若配置为软件触发，一旦将相应的软件触发寄存器置 1，转换就会马上开始，数据传输到通道数据输出寄存器后，软件触发寄存器就会由硬件置 0，软件触发，数据加载到通道数据输出寄存器只需要一个 APB1 时钟周期。

在使能 DAC 之后，就无法再修改通道触发源。

11.2 DAC 相关寄存器

寄存器 DAC_CR （控制寄存器）

地址偏移：0x00

复位值：0x0000 0000

31	30	29	28	27	26	25	24	23	22	21	20	19	18	17	16
Reserved		DMAUDRIE2	DMAEN2	MAMP2[3:0]				WAVE2[1:0]		TSEL2[2:0]			TEN2	BOFF2	EN2
		rw	rw	rw	rw	rw	rw	rw	rw	rw	rw	rw	rw	rw	rw

15	14	13	12	11	10	9	8	7	6	5	4	3	2	1	0
Reserved		DMAUDRIE1	DMAEN1	MAMP1[3:0]				WAVE1[1:0]		TSEL1[2:0]			TEN1	BOFF1	EN1
		rw	rw	rw	rw	rw	rw	rw	rw	rw	rw	rw	rw	rw	rw

Bits 31:30：保留，必须保持复位值。

Bit 29：DMAUDRIE2 表示 DAC 2 通道 DMA 下溢中断使能（DAC channel2 DMA underrun interrupt enable），此位由软件置 1 和清零。

0：禁止 DAC 2 通道 DMA 下溢中断

1：使能 DAC 2 通道 DMA 下溢中断

Bit 28：DMAEN2 表示 DAC2 通道 DMA 使能（DAC channel2 DMA enable），此位由软件置 1 和清零。

0：禁止 DAC2 通道 DMA 模式

1：使能 DAC2 通道 DMA 模式

Bits 27:24：MAMP2[3:0]表示 DAC2 通道掩码/振幅选择器（DAC channel2 mask/amplitude selector），这些位由软件写入，用于在生成噪声波模式下选择掩码，或者在生成三角波模式下选择振幅。

0000：不屏蔽 LFSR 的位 0/三角波振幅等于 1

0001：不屏蔽 LFSR 的位[1:0]/三角波振幅等于 3

0010：不屏蔽 LFSR 的位[2:0]/三角波振幅等于 7

0011：不屏蔽 LFSR 的位[3:0]/三角波振幅等于 15

0100：不屏蔽 LFSR 的位[4:0]/三角波振幅等于 31

0101：不屏蔽 LFSR 的位[5:0]/三角波振幅等于 63

0110：不屏蔽 LFSR 的位[6:0]/三角波振幅等于 127

0111：不屏蔽 LFSR 的位[7:0]/三角波振幅等于 255

1000：不屏蔽 LFSR 的位[8:0]/三角波振幅等于 511

1001：不屏蔽 LFSR 的位[9:0]/三角波振幅等于 1023

1010：不屏蔽 LFSR 的位[10:0]/三角波振幅等于 2047

≥1011：不屏蔽 LFSR 的位[11:0]/三角波振幅等于 4095

Bits 23:22：WAVE2[1:0]表示 DAC2 通道噪声/三角波生成使能（DAC channel2 noise/triangle wave generation enable），这些位由软件置 1 或清零。

00：禁止生成波

01：使能生成噪声波

1x：使能生成三角波

注意：只在位 TEN2 = 1，使能 DAC 2 通道触发时使用。

Bits 21:19：TSEL2[2:0]表示 DAC2 通道触发器选择（DAC channel2 trigger selection），这些位用于选择 DAC 2 通道的外部触发事件。

000：定时器 6 TRGO 事件

001：定时器 8 TRGO 事件

010：定时器 7 TRGO 事件

011：定时器 5 TRGO 事件

100：定时器 2 TRGO 事件

101：定时器 4 TRGO 事件

110：外部中断线 9

111：软件触发

注意：只在位 TEN2 = 1，使能 DAC2 通道触发时使用。

Bit 18：TEN2 表示 DAC2 通道触发使能（DAC channel2 trigger enable），此位由软件置 1 和清零，以使能/禁止 DAC 2 通道触发。

0：禁止 DAC2 通道触发，写入 DAC_DHRx 寄存器的数据在一个 APB1 时钟周期之后转移到 DAC_DOR2 寄存器

1：使能 DAC2 通道触发，DAC_DHRx 寄存器的数据在三个 APB1 时钟周期之后转移 DAC_DOR2 寄存器

注意：如果选择软件触发，DAC_DHRx 寄存器的内容只需一个 APB1 时钟周期即可转移到 DAC_DOR2 寄存器。

Bit 17：BOFF2 表示 DAC2 通道输出缓冲器禁止（DAC channel2 output buffer disable），此位由软件置 1 和清零，以使能/禁止 DAC2 通道输出缓冲器。

0：使能 DAC2 通道输出缓冲器

1：禁止 DAC2 通道输出缓冲器

Bit 16：EN2 表示 DAC2 通道使能（DAC channel2 enable），此位由软件置 1 和清零，以使能/禁止 DAC2 通道。

0：禁止 DAC2 通道

1：使能 DAC2 通道

Bits 15:14：保留，必须保持复位值。

Bit 13：DMAUDRIE1 表示 DAC 1 通道 DMA 下溢中断使能（DAC channel1 DMA Underrun Interrupt enable），此位由软件置 1 和清零。

0：禁止 DAC1 通道 DMA 下溢中断

1：使能 DAC1 通道 DMA 下溢中断

Bit 12：DMAEN1 表示 DAC1 通道 DMA 使能（DAC channel1 DMA enable），此位由

软件置 1 和清零。

0：禁止 DAC1 通道 DMA 模式

1：使能 DAC1 通道 DMA 模式

Bits 11:8：MAMP1[3:0]表示 DAC1 通道掩码/振幅选择器（DAC channel1 mask/amplitude selector），这些位由软件写入，用于在生成噪声波模式下选择掩码，或者在生成三角波模式下选择振幅。

0000：不屏蔽 LFSR 的位 0/三角波振幅等于 1

0001：不屏蔽 LFSR 的位[1:0]/三角波振幅等于 3

0010：不屏蔽 LFSR 的位[2:0]/三角波振幅等于 7

0011：不屏蔽 LFSR 的位[3:0]/三角波振幅等于 15

0100：不屏蔽 LFSR 的位[4:0]/三角波振幅等于 31

0101：不屏蔽 LFSR 的位[5:0]/三角波振幅等于 63

0110：不屏蔽 LFSR 的位[6:0]/三角波振幅等于 127

0111：不屏蔽 LFSR 的位[7:0]/三角波振幅等于 255

1000：不屏蔽 LFSR 的位[8:0]/三角波振幅等于 511

1001：不屏蔽 LFSR 的位[9:0]/三角波振幅等于 1023

1010：不屏蔽 LFSR 的位[10:0]/三角波振幅等于 2047

≥1011：不屏蔽 LFSR 的位[11:0]/三角波振幅等于 4095

Bits 7:6：WAVE1[1:0]表示 DAC1 通道噪声/三角波生成使能（DAC channel1 noise/triangle wave generation enable）。

这些位将由软件置 1 和清零。

00：禁止生成波

01：使能生成噪声波

1x：使能生成三角波

注意：只在位 TEN1 = 1（使能 DAC1 通道触发）时使用。

Bits 5:3：TSEL1[2:0]表示 DAC1 通道触发器选择（DAC channel1 trigger selection）。

这些位用于选择 DAC1 通道的外部触发事件。

000：定时器 6TRGO 事件

001：定时器 8TRGO 事件

010：定时器 7TRGO 事件

011：定时器 5TRGO 事件

100：定时器 2TRGO 事件

101：定时器 4TRGO 事件

110：外部中断线 9

111：软件触发

注意：只在位 TEN1 = 1，使能 DAC1 通道触发时使用。

Bit 2：TEN1 表示 DAC1 通道触发使能（DAC channel1 trigger enable），此位由软件置 1 和清零，以使能/禁止 DAC1 通道触发。

0：禁止 DAC1 通道触发，写入 DAC_DHRx 寄存器的数据在一个 APB1 时钟周期之后转移到 DAC_DOR1 寄存器

1：使能 DAC1 通道触发，DAC_DHRx 寄存器的数据在三个 APB1 时钟周期之后转移到 DAC_DOR1 寄存器

注意：如果选择软件触发，DAC_DHRx 寄存器的内容只需一个 APB1 时钟周期即可转移到 DAC_DOR1 寄存器。

Bit 1：BOFF1 表示 DAC1 通道输出缓冲器禁止（DAC channel1 output buffer disable），此位由软件置 1 和清零，以使能/禁止 DAC1 通道输出缓冲器。

0：使能 DAC1 通道输出缓冲器

1：禁止 DAC1 通道输出缓冲器

Bit 0：EN1 表示 DAC1 通道使能（DAC channel1 enable）。

此位由软件置 1 和清零，以使能/禁止 DAC1 通道。

0：禁止 DAC1 通道

1：使能 DAC1 通道

寄存器 DAC_SWTRIGR （软件触发寄存器）

地址偏移：0x04

复位值：0x0000 0000

31	30	29	28	27	26	25	24	23	22	21	20	19	18	17	16
Reserved															
15	**14**	**13**	**12**	**11**	**10**	**9**	**8**	**7**	**6**	**5**	**4**	**3**	**2**	**1**	**0**
Reserved														SWTRIG2	SWTRIG1
														w	w

Bits 31:2：保留。

Bit 1：SWTRIG2 表示 DAC2 通道软件触发（DAC channel2 software trigger），此位由软件置 1 和清零，以使能/禁止软件触发。

0：禁止软件触发

1：使能软件触发

注意：一旦 DAC_DHR2 寄存器值加载到 DAC_DOR2 寄存器中，一个 APB1 时钟周期之后，该位即会由硬件清零。

Bit 0：SWTRIG1 表示 DAC1 通道软件触发（DAC channel1 software trigger），此位由软件置 1 和清零，以使能/禁止软件触发。

0：禁止软件触发

1：使能软件触发

注意：一旦 DAC_DHR1 寄存器值加载到 DAC_DOR1 寄存器中，一个 APB1 时钟周期之后，该位即会由硬件清零。

寄存器 DAC_DHR12R1 （1 通道 12 位右对齐数据保持寄存器）

地址偏移：0x08

复位值：0x0000 0000

31	30	29	28	27	26	25	24	23	22	21	20	19	18	17	16
Reserved															
15	**14**	**13**	**12**	**11**	**10**	**9**	**8**	**7**	**6**	**5**	**4**	**3**	**2**	**1**	**0**
Reserved				DACC1DHR[11:0]											
				rw	rw	rw	rw	rw	rw	rw	rw	rw	rw	rw	rw

Bits 31:16：保留，必须保持复位值。

Bits 15:4：DACC1DHR[11:0]表示 DAC1 通道 12 位左对齐数据（DAC channel1 12-bit left-aligned data），这些位由软件写入，用于为 DAC1 通道指定 12 位数据。

Bits 3:0：保留，必须保持复位值。

寄存器 DAC_DHR12L1 （1 通道 12 位左对齐数据保持寄存器）

地址偏移：0x08

复位值：0x0000 0000

31	30	29	28	27	26	25	24	23	22	21	20	19	18	17	16
Reserved															
15	**14**	**13**	**12**	**11**	**10**	**9**	**8**	**7**	**6**	**5**	**4**	**3**	**2**	**1**	**0**
DACC1DHR[11:0]												Reserved			
rw	rw	rw	rw	rw	rw	rw	rw	rw	rw	rw	rw				

Bits 31:16：保留，必须保持复位值。

Bits 15:4：DACC1DHR[11:0]表示 DAC1 通道 12 位左对齐数据（DAC channel1 12-bit left-aligned data），这些位由软件写入，用于为 DAC 1 通道指定 12 位数据。

Bits 3:0：保留，必须保持复位值。

寄存器 DAC_DHR8R1 （1 通道 8 位右对齐数据保持寄存器）

地址偏移：0x10

复位值：0x0000 0000

31	30	29	28	27	26	25	24	23	22	21	20	19	18	17	16
Reserved															
15	**14**	**13**	**12**	**11**	**10**	**9**	**8**	**7**	**6**	**5**	**4**	**3**	**2**	**1**	**0**
Reserved								DACC1DHR[7:0]							
								rw	rw	rw	rw	rw	rw	rw	rw

Bits 31:8：保留，必须保持复位值。

Bits 7:0：DACC1DHR[7:0]表示 DAC1 通道 8 位右对齐数据（DAC channel1 8-bit right-aligned data），这些位由软件写入，用于为 DAC1 通道指定 8 位数据。

寄存器 DAC_DHR12R2 （2 通道 12 位右对齐数据保持寄存器）

地址偏移：0x14

复位值：0x0000 0000

31	30	29	28	27	26	25	24	23	22	21	20	19	18	17	16
Reserved															

15	14	13	12	11	10	9	8	7	6	5	4	3	2	1	0
Reserved				DACC2DHR[11:0]											
				rw	rw	rw	rw	rw	rw	rw	rw	rw	rw	rw	rw

Bits 31:12：保留，必须保持复位值。

Bits 11:0：DACC2DHR[11:0]表示 DAC2 通道 12 位右对齐数据（DAC channel2 12-bit right-aligned data），这些位由软件写入，用于为 DAC2 通道指定 12 位数据。

寄存器 DAC_DHR12L2 （2 通道 12 位左对齐数据保持寄存器）

地址偏移：0x18

复位值：0x0000 0000

31	30	29	28	27	26	25	24	23	22	21	20	19	18	17	16
Reserved															

15	14	13	12	11	10	9	8	7	6	5	4	3	2	1	0
DACC2DHR[11:0]												Reserved			
rw	rw	rw	rw	rw	rw	rw	rw	rw	rw	rw	rw				

Bits 31:16：保留，必须保持复位值。

Bits 15:4：DACC2DHR[11:0]表示 DAC2 通道 12 位左对齐数据（DAC channel2 12-bit left-aligned data），这些位由软件写入，用于为 DAC2 通道指定 12 位数据。

Bits 3:0 保留，必须保持复位值。

寄存器 DAC_DHR8R2 （2 通道 8 位右对齐数据保持寄存器）

地址偏移：0x1C

复位值：0x0000 0000

31	30	29	28	27	26	25	24	23	22	21	20	19	18	17	16
Reserved															

15	14	13	12	11	10	9	8	7	6	5	4	3	2	1	0
Reserved								DACC2DHR[7:0]							
								rw	rw	rw	rw	rw	rw	rw	rw
								rw	rw	rw	rw	rw	rw	rw	rw

Bits 31:8：保留，必须保持复位值。

Bits 7:0：DACC2DHR[7:0]表示 DAC2 通道 8 位右对齐数据（DAC channel2 8-bit right-aligned data），这些位由软件写入，用于为 DAC2 通道指定 8 位数据。

寄存器 DAC_DHR12RD （2 通道右对齐数据保持寄存器）

地址偏移：0x20

复位值：0x0000 0000

31	30	29	28	27	26	25	24	23	22	21	20	19	18	17	16
Reserved				DACC2DHR[11:0]											
				rw	rw	rw	rw	rw	rw	rw	rw	rw	rw	rw	rw
15	**14**	**13**	**12**	**11**	**10**	**9**	**8**	**7**	**6**	**5**	**4**	**3**	**2**	**1**	**0**
Reserved				DACC1DHR[11:0]											
				rw	rw	rw	rw	rw	rw	rw	rw	rw	rw	rw	rw

Bits 31:28：保留，必须保持复位值。

Bits 27:16：DACC2DHR[11:0]表示 DAC2 通道 12 位右对齐数据（DAC channel2 12-bit right-aligned data），这些位由软件写入，用于为 DAC2 通道指定 12 位数据。

Bits 15:12：保留，必须保持复位值。

Bits 11:0：DACC1DHR[11:0]表示 DAC1 通道 12 位右对齐数据（DAC channel1 12-bit right-aligned data），这些位由软件写入，用于为 DAC1 通道指定 12 位数据。

寄存器 DAC_DHR12LD （2 通道左对齐数据保持寄存器）

地址偏移：0x24

复位值：0x0000 0000

31	30	29	28	27	26	25	24	23	22	21	20	19	18	17	16
DACC2DHR[11:0]												Reserved			
rw	rw	rw	rw	rw	rw	rw	rw	rw	rw	rw	rw				
15	**14**	**13**	**12**	**11**	**10**	**9**	**8**	**7**	**6**	**5**	**4**	**3**	**2**	**1**	**0**
DACC1DHR[11:0]												Reserved			
rw	rw	rw	rw	rw	rw	rw	rw	rw	rw	rw	rw				

Bits 31:20：DACC2DHR[11:0]表示 DAC2 通道 12 位左对齐数据（DAC channel2 12-bit left-aligned data），这些位由软件写入，用于为 DAC 2 通道指定 12 位数据。

Bits 19:16：保留，必须保持复位值。

Bits 15:4 DACC1DHR[11:0]：DAC1 通道 12 位左对齐数据（DAC channel1 12-bit left-aligned data），这些位由软件写入，用于为 DAC1 通道指定 12 位数据。

Bits 3:0：保留，必须保持复位值。

寄存器 DAC_DHR8RD （双 DAC8 位右对齐数据保持寄存器）

地址偏移：0x28

复位值：0x0000 0000

31	30	29	28	27	26	25	24	23	22	21	20	19	18	17	16
Reserved															
15	**14**	**13**	**12**	**11**	**10**	**9**	**8**	**7**	**6**	**5**	**4**	**3**	**2**	**1**	**0**
DACC2DHR[7:0]								DACC1DHR[7:0]							
rw	rw	rw	rw	rw	rw	rw	rw	rw	rw	rw	rw	rw	rw	rw	rw

Bits 31:16：保留，必须保持复位值。

Bits 15:8：DACC2DHR[7:0]表示 DAC2 通道 8 位右对齐数据（DAC channel2 8-bit right-aligned data），这些位由软件写入，用于为 DAC2 通道指定 8 位数据。

Bits 7:0：DACC1DHR[7:0]表示 DAC1 通道 8 位右对齐数据（DAC channel1 8-bit right-aligned data），这些位由软件写入，用于为 DAC1 通道指定 8 位数据。

寄存器 DAC_DOR1 （DAC1 通道数据输出寄存器）

地址偏移：0x2C

复位值：0x0000 0000

31	30	29	28	27	26	25	24	23	22	21	20	19	18	17	16
Reserved															
15	**14**	**13**	**12**	**11**	**10**	**9**	**8**	**7**	**6**	**5**	**4**	**3**	**2**	**1**	**0**
Reserved				DACC1DOR[11:0]											
				rw	rw	rw	rw	rw	rw	rw	rw	rw	rw	rw	rw

Bits 31:12：保留，必须保持复位值。

Bits 11:0：DACC1DOR[11:0]表示 DAC1 通道数据输出（DAC channel1 data output），这些位为只读，其中包含 DAC 1 通道的数据输出。

寄存器 DAC_DOR2 （DAC2 通道数据输出寄存器）

地址偏移：0x30

复位值：0x0000 0000

31	30	29	28	27	26	25	24	23	22	21	20	19	18	17	16
Reserved															
15	**14**	**13**	**12**	**11**	**10**	**9**	**8**	**7**	**6**	**5**	**4**	**3**	**2**	**1**	**0**
Reserved				DACC12DOR[11:0]											
				rw	rw	rw	rw	rw	rw	rw	rw	rw	rw	rw	rw

Bits 31:12：保留，必须保持复位值。

Bits 11:0：DACC2DOR[11:0]表示 DAC2 通道数据输出（DAC channel2 data output），这些位为只读，其中包含 DAC2 通道的数据输出。

寄存器 DAC_SR （DAC 状态寄存器）

地址偏移：0x34

复位值：0x0000 0000

31	30	29	28	27	26	25	24	23	22	21	20	19	18	17	16
Reserved		DMAUDR2	Reserved												
		rc_w1													

15	14	13	12	11	10	9	8	7	6	5	4	3	2	1	0
Reserved		DMAUDR1	Reserved												
		rc_w1													

Bits 31:30：保留，必须保持复位值。

Bit 29：DMAUDR2 表示 DAC2 通道 DMA 下溢标志（DAC channel2 DMA underrun flag），此位由硬件置 1，由软件清零（写入 1）。

0：DAC2 通道未发生 DMA 下溢错误状况

1：DAC2 通道发生 DMA 下溢错误状况（当前所选触发源以高于 DMA 服务能力的频率驱动 DAC2 通道转换）

Bits 28:14：保留，必须保持复位值。

Bit 13：DMAUDR1 表示 DAC1 通道 DMA 下溢标志（DAC channel1 DMA underrun flag），此位由硬件置 1，由软件清零（写入 1）。

0：DAC1 通道未发生 DMA 下溢错误状况

1：DAC1 通道发生 DMA 下溢错误状况（当前所选触发源以高于 DMA 服务能力的频率驱动 DAC1 通道转换）

Bits 12:0：保留，必须保持复位值。

11.3 DAC 配置实例

使用 DAC，用户至少要用到一个 I/O 口，用来输出转换后的电压。

所以，首先用户要使能相关的时钟。

代码清单 11.1　使能时钟：

```
RCC_AHB1PeriphClockCmd(RCC_AHB1Periph_GPIOA, ENABLE);
RCC_APB1PeriphClockCmd(RCC_APB1Periph_DAC, ENABLE);
```

对于 STM32，选择使用什么功能，就需要使能相应的时钟；使能时钟后需要用户对 I/O 口进行配置，DAC 是将一个具体的数字编码转换为模拟量，所以 GPIO 一定得是模拟状态。

代码清单 11.2　I/O 口初始化：

```
GPIO_InitStruct.GPIO_Mode = GPIO_Mode_AN;
GPIO_InitStruct.GPIO_Pin = GPIO_Pin_4;
GPIO_InitStruct.GPIO_PuPd = GPIO_PuPd_DOWN;
GPIO_InitStruct.GPIO_Speed = GPIO_Fast_Speed;
GPIO_Init(GPIOA, &GPIO_InitStruct);
```

接下来是对 DAC 的参数进行初始化。

代码清单 11.3　DAC 初始化：

```
DAC_InitStruct.DAC_LFSRUnmask_TriangleAmplitude=DAC_LFSRUnmask_Bit0;
DAC_InitStruct.DAC_OutputBuffer = DAC_OutputBuffer_Disable;
DAC_InitStruct.DAC_Trigger = DAC_Trigger_None;
```

```
DAC_InitStruct.DAC_WaveGeneration = DAC_WaveGeneration_None;
DAC_Init( DAC_Channel_1, &DAC_InitStruct);
```

初始化完毕之后，DAC 不会自动启动，需要用户手动开启 DAC 功能，同时还得设置输出通道。

代码清单 11.4　使能 DAC：

```
DAC_Cmd(DAC_Channel_1, ENABLE);
```

DAC 不会自动转换数据，需要用户来设置转换的具体数字编码，可以在主函数的死循环里面，或者是定时器，亦或者是通过其他的方式来控制转换，转换最终的输出电压有一个公式，V=Data*3.3/4096。

代码清单 11.5　控制转换：

```
DAC_SetChannel1Data(DAC_Align_12b_R , 2500);
```

代码清单 11.6　完整代码：

```
void DAC_CH1_Init(void)
{
	GPIO_InitTypeDef    GPIO_InitStruct;
	DAC_InitTypeDef DAC_InitStruct;

	/*使能 DAC 时钟和 GPIO 时钟*/
	RCC_APB1PeriphClockCmd(RCC_APB1Periph_DAC , ENABLE);
	RCC_AHB1PeriphClockCmd(RCC_AHB1Periph_GPIOA,ENABLE);

	/*A4 端口，模拟模式，下拉，快速*/
	GPIO_InitStruct.GPIO_Mode = GPIO_Mode_AN;
	GPIO_InitStruct.GPIO_Pin = GPIO_Pin_4;
	GPIO_InitStruct.GPIO_PuPd = GPIO_PuPd_DOWN;
	GPIO_InitStruct.GPIO_Speed = GPIO_Fast_Speed;
	GPIO_Init(GPIOA, &GPIO_InitStruct);

	/*无噪声波，禁止输出缓冲，不使用外部触发 DAC，不产生三角波与噪声波*/
	DAC_InitStruct.DAC_LFSRUnmask_TriangleAmplitude=DAC_LFSRUnmask_Bit0;
	DAC_InitStruct.DAC_OutputBuffer = DAC_OutputBuffer_Disable;
	DAC_InitStruct.DAC_Trigger = DAC_Trigger_None;
	DAC_InitStruct.DAC_WaveGeneration = DAC_WaveGeneration_None;
	DAC_Init( DAC_Channel_1, &DAC_InitStruct);

	/*使能 DAC 通道 1*/
	DAC_Cmd(DAC_Channel_1, ENABLE);
}

void Adc1_Ch5_Init(void)
{
	GPIO_InitTypeDef    GPIO_InitStruct;
	ADC_InitTypeDef ADC_InitStruct;
	ADC_CommonInitTypeDef ADC_CommonInitStruct;
	/*使能 ADC 时钟与 I/O 口时钟*/
	RCC_AHB1PeriphClockCmd(RCC_AHB1Periph_GPIOA,ENABLE);
	RCC_APB2PeriphClockCmd(RCC_APB2Periph_ADC1 , ENABLE);

	/*A5 口，模拟模式，悬空，快速*/
	GPIO_InitStruct.GPIO_Mode = GPIO_Mode_AN;
```

```
        GPIO_InitStruct.GPIO_Pin = GPIO_Pin_5;
        GPIO_InitStruct.GPIO_PuPd = GPIO_PuPd_NOPULL;
        GPIO_InitStruct.GPIO_Speed = GPIO_Fast_Speed;
        GPIO_Init(GPIOA, &GPIO_InitStruct);

        /*关闭连续转换，右对齐，单通道转换，12 字长，非多通道转换*/
        ADC_InitStruct.ADC_ContinuousConvMode = DISABLE;
        ADC_InitStruct.ADC_DataAlign = ADC_DataAlign_Right;
        ADC_InitStruct.ADC_NbrOfConversion = 1;
        ADC_InitStruct.ADC_Resolution = ADC_Resolution_12b;
        ADC_InitStruct.ADC_ScanConvMode = DISABLE;
        ADC_Init(ADC1, &ADC_InitStruct);

        /*关闭 DMA，独立转换，4 预分频，转换间隔 5 周期*/
        ADC_CommonInitStruct.ADC_DMAAccessMode=ADC_DMAAccessMode_Disabled;
        ADC_CommonInitStruct.ADC_Mode = ADC_Mode_Independent;
        ADC_CommonInitStruct.ADC_Prescaler = ADC_Prescaler_Div4;
        ADC_CommonInitStruct.ADC_TwoSamplingDelay=ADC_TwoSamplingDelay_5Cycles;
        ADC_CommonInit(&ADC_CommonInitStruct);

        /*使能 ADC1*/
        ADC_Cmd(ADC1,ENABLE);
    }

    uint16_t Get_Ch1_Value(void)
    {
        /*设置转换通道 1,12 位右对齐模式*/
        DAC_SetChannel1Data(DAC_Align_12b_R,0);
        /*设置 ADC 转换通道配置*/
        ADC_RegularChannelConfig(ADC1,ADC_Channel_5,1,ADC_SampleTime_480Cycles);
        /*软件启动 ADC1 转换*/
        ADC_SoftwareStartConv(ADC1);
        /*转换未完成则等待，否则返回 ADC 转换得到的*/
        while(!ADC_GetFlagStatus(ADC1 ,ADC_FLAG_EOC));
        return ADC_GetConversionValue(ADC1);
    }

    /*配置中断分组，初始化延迟函数，DAC 初始化，设置 DAC 初始输出为 2500,将 DAC 转换输出的电压用 ADC 转换为一个数*/
    uint16_t      AdcData=0;
    int main()
    {
        NVIC_PriorityGroupConfig(NVIC_PriorityGroup_2);
        delay_init(168);
        Adc1_Ch5_Init ();
        DAC_CH1_Init ();
        while(1)
        {
            DAC_SetChannel1Data(DAC_Align_12b_R,AdcData);
            AdcData= Get_Ch1_Value();
            delay_ms(10);
        }
    }
```

进阶篇

第 12 章

PWM 输出配置

12.1 PWM 功能概述

脉冲宽度调制（Pulse Width Modulation，PWM），简称脉宽调制，是利用微处理器的数字输出来对模拟电路进行控制的一种非常有效的技术。简单地说，就是对脉冲宽度的控制，PWM 原理如图 12.1 所示。

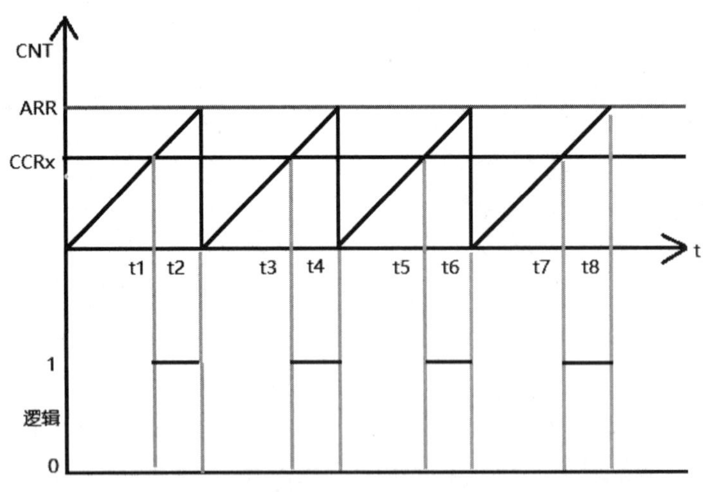

图 12.1　PWM 原理图

用户假定定时器工作在向上计数 PWM 模式，且当 CNT<CCRx 时，输出 0，当 CNT ≥CCRx 时，I/O 输出高电平 1。那么就可以得到如图 12.1 所示的 PWM 示意图：当 CNT 值小于 CCRx 的时候，I/O 输出低电平 0；当 CNT 值大于等于 CCRx 的时候，I/O 输出高电

平 1；当 CNT 达到 ARR 值的时候，重新归零，然后重新向上计数，依次循环。改变 CCRx 的值，就可以改变 PWM 输出的占空比，改变 ARR 的值，就可以改变 PWM 输出的频率，这就是 PWM 输出的原理。

STM32F4 的定时器除了基本定时器 TIM6 和 TIM7 不具备 PWM 模式之外，其他的定时器自带 PWM 输出模式。其中高级定时器 TIM1 和 TIM8 可以同时产生多达 7 路 PWM 输出，而通用定时器也能同时产生多达 4 路 PWM 输出。

PWM 模式分为两种：PWM1 和 PWM2。

PWM1 模式：当计数值 CNT 大于比较值 CCRx 时，输出有效电平，否则输出无效电平。

PWM2 模式：当计数值 CNT 小于比较值 CCRx 时，输出有效电平，否则输出无效电平。

1. PWM 边沿对齐模式

在递增计数模式下，计数器从 0 计数到自动重载值（TIMx_ARR 寄存器的内容），然后重新从 0 开始计数并生成计数器上溢事件。

在边沿对齐模式下，如图 12.2 所示，计数器 CNT 只工作在一种模式，递增或者递减模式。这里用户以 CNT 工作在递增模式为例：其中，ARR = 8，CCR = 4，CNT 从 0 开始计数。当 CNT < CCR 的值时，OCxREF 为有效的高电平，与此同时，比较中断寄存器 CCxIF 置位；当 CCR≤CNT≤ARR 时，OCxREF 为无效的低电平，然后 CNT 又从 0 开始计数并生成计数器上溢事件；以此循环往复。

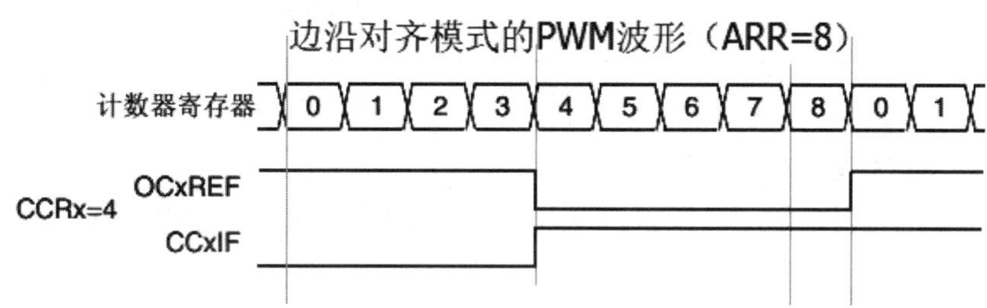

图 12.2 计数寄存器

2. PWM 中心对齐模式

在中心对齐模式下，如图 12.3 所示，计数器 CNT 是工作在递增/递减模式下。开始的时候，计数器 CNT 从 0 开始计数到自动重载值减 1（ARR-1），生成计数器上溢事件；然后从自动重载值开始向下计数到 1 并生成计数器下溢事件；之后从 0 开始重新计数。

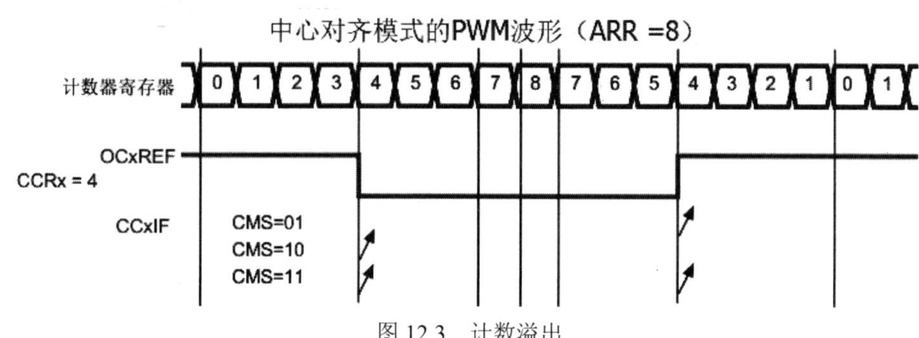

图 12.3 计数溢出

PWM1 模式的中心对齐波形，ARR=8，CCR=4。第一阶段计数器 CNT 工作在递增模式下，从 0 开始计数，当 CNT<CCR 的值时，OCxREF 为有效的高电平；当 CCR≤CNT≤ARR 时，OCxREF 为无效的低电平。第二阶段计数器 CNT 工作在递减模式，从 ARR 的值开始递减，当 CNT>CCR 时，OCxREF 为无效的低电平；当 CCR≥CNT≥1 时，OCxREF 为有效的高电平。

中心对齐模式又可分为中心对齐模式 1、2、3 三种，具体由寄存器 CR1 位 CMS[1:0] 配置。具体的区别就是比较中断标志位 CCxIF 在何时置 1：中心模式 1 在 CNT 递减计数的时候置 1；中心对齐模式 2 在 CNT 递增计数时置 1；中心模式 3 在 CNT 递增和递减计数时都置 1。

12.2 PWM 相关寄存器

寄存器 TIMx_CR1 （TIMx 控制寄存器，x 为 14）
地址偏移：0x00
复位值：0x0000

15	14	13	12	11	10	9	8	7	6	5	4	3	2	1	0
Reserved						CKD[1:0]		ARPE	Reserved				URS	UDIS	CEN
						rw	rw	rw					rw	rw	rw

Bits 15:10 ：保留，其参数保持复位状态。

Bits 9:8 ：CKD 表示时钟分割。

这些位表示定时器时钟（CK_INT）频率和数字滤波器（Tlx）使用的采样时钟之间的分频比。

00：$t_{DTS} = t_{CK\_INT}$　　01：$t_{DTS} = 2 \times t_{CK\_INT}$

10：$t_{DTS} = 4 \times t_{CK\_INT}$　　11：保留

Bit 7：ARPE 表示启动自动装载值装载。

0：TIMx_ARR 寄存器不被缓冲

1：TIMx_ARR 寄存器被缓冲

Bits 6:3：保留，其参数保持复位状态。

Bit 2：URS 表示请求更新源。

该位由软件置位和清除，以选择更新中断（UEV）源。

0：如果使能以下任意一个时间，则生成 UEV

- 计数器溢出
- 设置 UG 位

1：如果启用，只有计数器溢出产生一个 UEV

Bit 1：UDIS 表示更新禁用。

该位由软件置位和清除，以启动/禁止更新中断（UEV）事件生成。

0：启用 UEV；UEV 由以下时间之一产生

- 计数器溢出
- 设置 UG 位
- 缓冲寄存器之后加载预装载值

1：UEV 被禁止；没有生成 UEV，影子寄存器保持它们的值（ARR,PSC,CCRx）。若 UG 位被置位，计数器和预分频器将被重新初始化

Bit 0：CEN 表示计数器使能位。

0：禁止计数器

1：启动计数器

寄存器 TIMx_SR （TIMx 状态寄存器，x 为 14）

地址偏移：0x10

复位值：0x0000

15	14	13	12	11	10	9	8	7	6	5	4	3	2	1	0
Reserved						CC1OF	Reserved							CC1IF	UIF
						rc_w0								rc_w0	rc_w0

Bits 15:10：保留，其参数保持复位状态。

Bit 9 ：CC1OF 表示捕获/比较 1 过度捕获标志位。

只有在输入捕获模式下配置相应的通道时，该标志才由硬件置位。该位可以被软件清零。

0：没有检测到过度捕获

1：当 CC1IF 标志被设置时，计数器值已被捕获到 TIMx_CCR1 寄存器中

Bits 8:2：保留，其参数保持复位状态。

Bit 1：CC1IF 表示捕获/比较 1 中断标志。

如果通道 CC1 被配置为输出：

当计数器与比较值匹配时，该标志由硬件置 1，它可被软件清除。

0：没有匹配

1：计数器 TIMx_CNT 的内容与 TIMx_CCR1 寄存器的内容相匹配；当 TIMx_CCR1 的内容大于 TIMx_ARR 的内容时，计数器溢出时 CC1IF 位变为高电平。

如果通道 CC1 被配置为输入：

该位由硬件在捕获时设置。需要通过软件清除或读该位进行清除。

0：未发生输入捕获

1：TIMx_CCR1 寄存器中的计数值被捕获（IC1 上检测到一个与所选极性相匹配的边沿）

Bit 0：UIF 表示更新中断标志位。

该位由更新事件上的硬件设置，它被软件清除。

0：没有更新产生

1：更新中断挂起；更新寄存器时，该位由硬件置 1

在溢出中断，同时如果 UDIS='0'，当 TIMx_CR1 寄存器中 URS='0'且 UDIS='0'，则 CNT 通过软件使用 TIMx_EGR 寄存器中的 UG 位重新初始化。

寄存器 TIMx_EGR （TIMx 事件生成寄存器，x 为 14）

地址偏移：0x14

复位值：0x0000

15	14	13	12	11	10	9	8	7	6	5	4	3	2	1	0
Reserved														CC1G	UG
														w	w

Bits 15:2：保留，其参数保持复位状态。

Bit 1：CC1G 表示捕获/比较 1 事件生成。

该位由软件设置以生成事件，由软件自动清零

0：没有产生

1：通道 1 上产生捕获/比较事件

如果通道 1 被设定为输出：

CC1IF 标志置位，相应的中断或被使能时发生。

如果通道 1 被设定为输入：

计数器的当前值被捕捉到 TIMx_CCR1 寄存器中。CC1IF 标志置位，如果使能，则发生相应的中断。如果 CC1IF 标志已经被设定为高的话，CC1OF 标志位置位。

寄存器 TIMx_CCMR1 （TIMx 输入输出模式寄存器，x 为 14）

地址偏移：0x18

复位值：0x0000

通道可用于输入（输入捕获）或输出（输出比较）。通道的方向由配置相应的 CCxS 位来定义。该寄存器的所有其他位在输入和输出模式下都有着不同的功能。对于给定位，OCxx 在通道配置为输出时描述其功能，ICxx 描述当通道在输入状态下的配置功能。

注意：在不同的模式下每个位具有不同的功能。

15	14	13	12	11	10	9	8	7	6	5	4	3	2	1	0
Reserved									OC1M[2:0]			OC1PE	OC1FE	CC1S[1:0]	
Reserved								IC1F[3:0]				IC1PSC[1:0]			
								rw	rw	rw	rw	rw	rw	rw	rw

输出比较模式

Bits 15:7：保留，其参数保持复位状态。

Bits 6:4：OC1M 表示输出比较 1 模式。

这些位定义了输出 OC1 和 CO1N 的输出参考信息 OC1REF。OC1REF 为高电平有效，而 OC1 和 OC1N 有效电平取决于 CC1P 和 CC1NP 位。

000：冻结。输出比较寄存器 TIMx_CCR1 和计数器 TIM_xCNT 之间的比较对输出没有影响。

001：匹配时，将通道 1 设置为有效电平。当计数器 TIMx_CNT 与捕获/比较寄存器 1（TIMx_CCR1）匹配时，OC1REF 信号被强制为高电平

010：匹配时，将通道 1 设置为无效电平。当计数器 TIMx_CNT 与捕获/比较寄存器 1（TIMx_CCR1）匹配时，OC1REF 信号被强制为低电平

011：当 TIMx_CNT = TIMx_CCR1 时，OC1REF 切换

100：强制无效电平 - OC1REF 被强制为低电平

101：强制有效电平 - OC1REF 被强制为高电平

110：PWM 模式 1 - 只要 TIMx_CNT<TIMx_CCR1 无效，否则处于活动状态

111：PWM 模式 2 – 只要 TIMx_CNT<TIMx_CCR1 处于有效状态，否则处于无效状态

Bit 3：OC1PE 表示输出比较 1 预加载使能。

0：禁止 TIMx_CCR1 上的预装载寄存器。TIMx_CCR1 可以随时写入，新的值能够立即被记录下来

1：启用 TIMx_CCR1 上的预加载寄存器。读/写操作访问预加载寄存器。在每个更新事件中，TIMx_CCR1 预加载值被加载到活动寄存器中

Bit 2：OC1FE 表示输出比较 1 快速使能。

该位用于加速 CC 输出上的输入触发事件。

0：CC1 依赖计数器和 CCR1 值正常工作，即使触发器处于 ON 状态。当触发输出发生边沿时激活 CC1 输出的最小延迟时间为 5 个时钟周期。

1：触发输入上的一个有效边沿，同在 CC1 输出上进行比较匹配一样。然后设置 OC 的比较级别，与比较结果无关。延迟采样触发输入并激活 CC1 输出减少到 3 个时钟周期。仅当通道配置为 PWM1 或 PWM2 模式时，OC1FE 才起作用。

Bits 1:0：CC1S 表示捕获/比较 1 选择。

这些位定义了通道的方向（输入/输出），默认输入。

00：CC1 通道配置为输出

01：CC1 通道被配置为输入，IC1 映射到 TI1

输入比较模式

Bits 15:8：保留，其参数保持复位状态。

Bits 7:4：IC1F 表示输入捕获 1 滤波器。

这些位用于定义采样 TI1 输入的频率以及运用于 TI1 的数字滤波器的长度。数字滤波器由时间计数器组成，其中需要 N 个事件来验证输出上的转换：

0000：无滤波器，在 f_{DTS}1000 处进行采样（SAMPLEING）：采样频率 $f_{SAMPLING} = f_{DTS}/8, N = 6$

0001：$f_{SAMPLING} = f_{CK\_INT}, N = 21001$：$f_{SAMPLING} = f_{DTS}/8, N = 8$

0010：$f_{SAMPLING} = f_{CK\_INT}, N = 41010$：$f_{SAMPLING} = f_{DTS}/16, N = 5$

0011：$f_{SAMPLING} = f_{CK\_INT}, N = 81011$：$f_{SAMPLING} = f_{DTS}/16, N = 6$

0100：$f_{SAMPLING} = f_{CK\_INT}/2, N = 61100$：$f_{SAMPLING} = f_{DTS}/16, N = 8$

0101：$f_{SAMPLING} = f_{CK\_INT}/2, N = 81101$：$f_{SAMPLING} = f_{DTS}/32, N = 5$

0110：$f_{SAMPLING} = f_{CK\_INT}/4, N = 61110$：$f_{SAMPLING} = f_{DTS}/32, N = 6$

0111：$f_{SAMPLING} = f_{CK\_INT}/4, N = 81111$：$f_{SAMPLING} = f_{DTS}/32, N = 8$

Bits 3:2：IC1PSC 表示输入捕获 1 预分频器。

这些位定义了作用于 CC1 输入的预分频比；一旦 CCIE='0'（TIMx_CCER 寄存器），预分频器立即复位。

00：无预分频，每次在捕获输入上检测到边缘时，都执行捕获
01：每 2 个事件捕获一次
10：每 4 个事件捕获一次
11：每 8 个事件捕获一次
Bits 1:0：CC1S 表示捕获/比较 1 选择。
这些位定义了通道的方向（输入/输出），默认输入。
00：CC1 通道配置为输出
01：CC1 通道被配置为输入，IC1 映射到 TI1
寄存器 TIMx_CCR1 （TIMx 捕获/比较寄存器 1，x 为 14）
地址偏移：0x34
复位值：0x0000

15	14	13	12	11	10	9	8	7	6	5	4	3	2	1	0
CCR1[15:0]															
rw	rw	rw	rw	rw	rw	rw	rw	rw	rw	rw	rw	rw	rw	rw	rw

Bits 15:0：CCR1[15:0]表示捕获/比较 1 参数。
若 CC1 通道被设定为输出：
CCR1 是实际捕获/比较 1 寄存器（预载值）中要加载的值。
如果在 TIMx_CCMR1 寄存器（位 OC1PE）中没有选择预载功能，则永久加载。否则当更新事件发生时，预加载值被复制到活动的捕获/比较 1 寄存器。
主动捕获/比较寄存器包含要与计数器 TIMx_CNT 进行比较的值，并在 OC1 输出上发送信号。
若 CC1 通道被设定为输入：
CCR1 是最后输入捕获事件（IC1）传送的计数器值。

12.3 PWM 输出配置实例

本实例主要是针对 PF9 端口进行 PWM 波形输出。
已知 PF9 端口连接在 LED 灯上，通过控制 PWM 输出的占空比就可以控制 LED 灯的亮度，根据图 12.4 所示，PF9 端口的 PWM 输出端口为定时器 14 的 CH1 通道。

27	PF9	I/O	FT	(4)	TIM14_CH1 / FSMC_CD/ EVENTOUT	ADC3_IN7

图 12.4 PF9 端口定义

（1）PWM 输出端口初始化，需要针对 PWM 输出端口进行初始化，其中主要是将端口设定为复用模式，并且将端口映射到定时器 14 上。
代码清单 12.1 PWM 输出端口初始化配置函数：
```
void PWM_Channel1(void)
{
```

```
    GPIO_InitTypeDef GPIO_InitStruct;

    //开启设定呼吸灯的引脚时钟
    RCC_AHB1PeriphClockCmd(RCC_AHB1Periph_GPIOF , ENABLE);
    GPIO_InitStruct.GPIO_Mode = GPIO_Mode_AF;                //端口设定为复用功能
    GPIO_InitStruct.GPIO_OType = GPIO_OType_PP;              //推挽输出
    GPIO_InitStruct.GPIO_Pin = GPIO_Pin_9;                   //引脚
    GPIO_InitStruct.GPIO_PuPd = GPIO_PuPd_NOPULL;            //悬空
    GPIO_InitStruct.GPIO_Speed = GPIO_Fast_Speed;            //速率
    GPIO_Init(GPIOF , &GPIO_InitStruct);                     //初始化
    //端口映射，映射到定时器 14 上
    GPIO_PinAFConfig(GPIOF , GPIO_PinSource9 , GPIO_AF_TIM14);
}
```

（2）接下来针对定时器 14 进行初始化，由于定时器 14 挂载在时钟线 APB1 上，因此主频率为 84MHz，进行 8400 分频，自动重载值为 100，得出其 PWM 波形的频率为 100Hz，占空比取值范围为 0～100。接着需要设定定时器 14CH 通道为输出状态，并且设定输出极性以及 PWM 的输出模式。

代码清单 12.2 定时器 14 初始化配置：

```
void Tim14_PWM1(void)
{
    TIM_TimeBaseInitTypeDef   TIM_TimeBaseInitStruct;
    TIM_OCInitTypeDef   TIM_OCInitStruct;
    //开启定时器 14 的时钟
    RCC_APB1PeriphClockCmd(RCC_APB1Periph_TIM14, ENABLE);
    TIM_TimeBaseInitStruct.TIM_ClockDivision = TIM_CKD_DIV1;
    TIM_TimeBaseInitStruct.TIM_CounterMode = TIM_CounterMode_Up;  //向上计数
    TIM_TimeBaseInitStruct.TIM_Period = 100-1;                    //设定自动装载值
    TIM_TimeBaseInitStruct.TIM_Prescaler = 8400-1;                //预分频
    //定时器只有向上计数模式
    TIM_TimeBaseInit(TIM14, &TIM_TimeBaseInitStruct);
    TIM_OCInitStruct.TIM_OCMode = TIM_OCMode_PWM1;                //设定 PWM 输出模式
    TIM_OCInitStruct.TIM_OCPolarity = TIM_OCPolarity_Low;         //设定输出极性
    TIM_OCInitStruct.TIM_OutputState = TIM_OutputState_Enable;    //使能 pwm 输出
    TIM_OCInitStruct.TIM_Pulse = 0;                               //初始占空比
    TIM_OC1Init(TIM14, &TIM_OCInitStruct);
    TIM_OC1PreloadConfig(TIM14, TIM_OCPreload_Enable);            //开启自动装载值
    TIM_ARRPreloadConfig(TIM14, ENABLE);                          //使能预装载值功能
    TIM_Cmd(TIM14, ENABLE);                                       //启动定时器
    TIM_SetCompare1(TIM14, 0);                                    //设定 CCR1 的值（相当于设定占空比）
}
```

（3）通过改变 PWM 占空比来修改 LED 灯的亮度，当占空比大于 60%的时候，LED 灯的亮度无法用肉眼看出，因此主函数可以按照以下编写。

代码清单 12.3 主函数：

```
int main(void)
{
    uint8_t i=0;
    uint8_t flag=0;
    delay_init(168);          //启动滴答定时器演示,其中 168 表示单片机的主频为 168MHz
```

```
        PWM_Channel1();          //定时器 TIM14 的 CH1 通道初始化
        Tim14_PWM1();            //定时器初始化
        for(;;)
        {
            delay_ms(20);        //延时 20ms
            if(i == 60)          //如果计数达到上限的时候，进行减运算
                flag = 1;
            if(i==0)             //如果计数达到下限的时候，进行加运算
                flag = 0;
            if(flag == 0)
                i++;
            else
                i--;
            TIM_SetCompare1(TIM14 , i);  //改变定时器 14 CH1 的占空比
        }
    }
```

第 13 章

输入捕获配置

13.1 输入捕获

前面在讲到定时器的时候就提到过，定时器可以进行基本的定时，输入捕获，或输出比较。

其中输入捕获一般应用在两个方面，一个是测量电平跳变的时间，以此来获取频率、占空比之类的数据；另一个则是直接对 PWM 进行测量，此方面也是为了获取频率、占空比等数据。

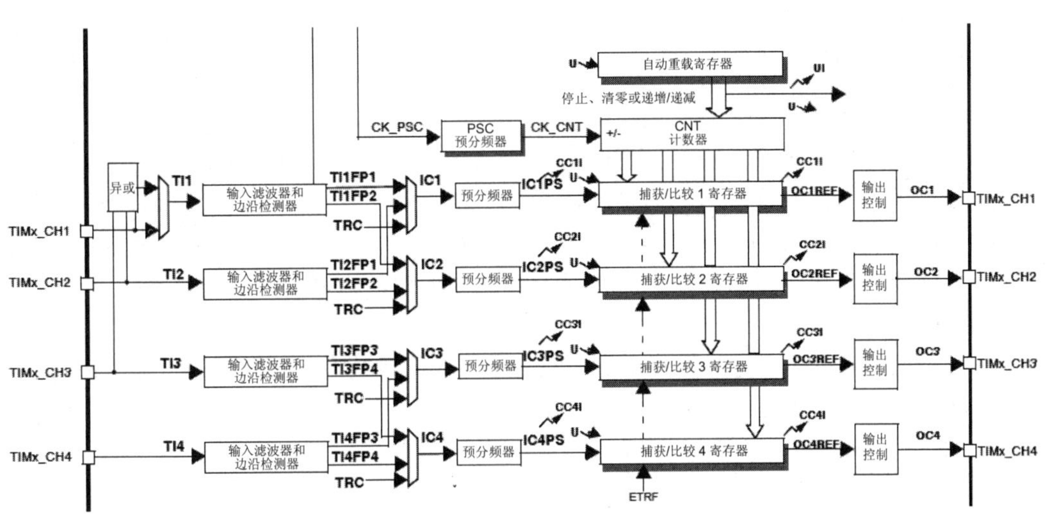

图 13.1 定时器的输入捕获框图

通过输入通道，定时器可以对信号进行测量。

在使用 PWM 输入模式的时候，一个输入通道（TIx）通向两个捕获通道（ICx），配置时用户就需要注意对应的捕获通道标志位。

信号经由输入通道 TIMx_CHx 输入，边沿检测器确定上升、下降沿触发事件，而输入滤波器则是确定连续的几个事件为一个有效的边沿。若不设置分频，则会根据输入频率来进行采样。之后的信号通过输入通道流向不同的捕获通道，根据其流向的通道，最后发生输入捕获触发的标志位也会不一样。

进入捕获通道的信号会先经过一个预分频器，其作用是确定几个有效的边沿触发 1 次捕获， 若配置为 00，则一个有效边沿触发一个捕获。

当发生捕获事件的时候，计数器的值会锁存到相应的捕获寄存器中，同时影响的标志位 CCxIF 会置 1，若发生第二次捕获之前，没有将相应的标志位清零，则会使得重复捕获标志位 CCxOF 置 1。

13.2 输入捕获配置实例

使用定时器的输入捕获功能，首先用户需要使能时钟，定时器需要一个通道作为输入通道，才可以捕捉到来自外界输入的信号，所以用户还需要使能 I/O 口的时钟。

代码清单 13.1 使能时钟：

```
RCC_AHB1PeriphClockCmd(RCC_AHB1Periph_GPIOB,ENABLE);
RCC_APB1PeriphClockCmd(RCC_APB1Periph_TIM3,ENABLE);
```

使能时钟之后，就可以设置其他的参数了，对于顺序并没有特殊的要求，接下来可以设置 I/O 口，也可以设置定时器的时基，但是需要注意的是定时器的输入捕获参数必须要在设置时基之后再设置。

用户先设置时钟，通过查阅数据手册，才可以知道哪些 I/O 口有定时器的外设，有定时器的输入输出通道。

代码清单 13.2 I/O 口设置：

```
GPIO_InitStruct.GPIO_Pin = GPIO_Pin_1;
GPIO_InitStruct.GPIO_Mode = GPIO_Mode_AF;
GPIO_InitStruct.GPIO_Speed = GPIO_Fast_Speed;
GPIO_InitStruct.GPIO_OType = GPIO_OType_PP;
GPIO_InitStruct.GPIO_PuPd = GPIO_PuPd_UP;
GPIO_Init(GPIOB,&GPIO_InitStruct);
GPIO_PinAFConfig(GPIOB,GPIO_PinSource1,GPIO_AF_TIM3);
```

这里选择的是 B1 口，B1 口上有定时器 3 的 4 通道，所以用户需要将 B1 口与定时器外设连接在一起。

接下来就是对定时器进行设置，需要设置定时器的时基，定时器的输入通道参数。

代码清单 13.3 定时器参数设置：

```
/*获取时基，84 分频，自动重装载值 1000，上计数，不重复计数*/
TIM_TimeBaseInitStruct.TIM_Period = 1000-1;
TIM_TimeBaseInitStruct.TIM_Prescaler=84-1;
TIM_TimeBaseInitStruct.TIM_CounterMode=TIM_CounterMode_Up;
TIM_TimeBaseInitStruct.TIM_ClockDivision=TIM_CKD_DIV1;
```

```
TIM_TimeBaseInitStruct.TIM_RepetitionCounter=0;
TIM_TimeBaseInit(TIM3,&TIM_TimeBaseInitStruct);

/*输入通道 4，通道 4 映射到 TI4，下降沿检测，不过滤*/
TIM_ICInitStruct.TIM_Channel = TIM_Channel_4;
TIM_ICInitStruct.TIM_ICPrescaler= TIM_ICPSC_DIV1;
TIM_ICInitStruct.TIM_ICSelection= TIM_ICSelection_DirectTI;
TIM_ICInitStruct.TIM_ICPolarity= TIM_ICPolarity_Falling;
TIM_ICInitStruct.TIM_ICFilter= 0;
TIM_ICInit(TIM3, &TIM_ICInitStruct);

/*清除定时器 3 的更新中断，并且使能定时器 3 的更新中断*/
TIM_ClearITPendingBit(TIM3,TIM_IT_Update);
TIM_ITConfig(TIM3,TIM_IT_Update,ENABLE);

/*清除定时器 3 通道 4 的捕获中断，并且使能定时器 3 通道 4 的捕获中断*/
TIM_ClearITPendingBit(TIM3,TIM_IT_CC4);
TIM_ITConfig(TIM3,TIM_IT_CC4,ENABLE);
```

定时器也有许多的中断，对于计时的更新中断，几个输入捕获通道的捕获中断，还有一些其他的中断，都需要配置相应的中断以及中断函数。

代码清单 13.4　中断参数设置：

```
NVIC_InitStruct.NVIC_IRQChannel = TIM3_IRQn;
NVIC_InitStruct.NVIC_IRQChannelPreemptionPriority = 1;
NVIC_InitStruct.NVIC_IRQChannelSubPriority = 2;
NVIC_InitStruct.NVIC_IRQChannelCmd = ENABLE;
NVIC_Init(&NVIC_InitStruct);
```

配置中断参数之后，还需要有一个中断入口，也就是中断服务函数。

代码清单 13.5　中断服务函数：

```
/*通过进入捕获中断的次数切换触发中断的极性*/
void TIM3_IRQHandler(void)
{
    if(TIM_GetITStatus(TIM3,TIM_IT_Update)==SET)
    {
        ms++;
        //1ms 进入一次中断，用时间加上捕获值就不会错过上下边沿
    }
    if(TIM_GetITStatus(TIM3,TIM_IT_CC4)==SET)
    {
        if((i%2)==0)
        {
            TIM_OC4PolarityConfig(TIM3,TIM_OCPolarity_High);
            //输入捕获极性为高，则下一次进入中断就是捕获到上升沿
            //此次抓到的是下降沿
            TIM3_CAP_Value=TIM_GetCapture4(TIM3);
            TIM3_CAP_Value=ms*1000+TIM3_CAP_Value;
            if(FallingSum<=99)
            {
                TIM_Falling_Arry[FallingSum]=TIM3_CAP_Value;
                FallingSum++;
```

```
                }
            }
            if((i%2)!=0)
            {
                TIM_OC4PolarityConfig(TIM3,TIM_OCPolarity_Low);
                //输入捕获极性为低，则下一次进入中断就是捕获到下降沿
                //此次抓到的是上升沿
                TIM3_CAP_Value=TIM_GetCapture4(TIM3);
                //实际捕获时间为 ms*1000+捕获值（us）
                TIM3_CAP_Value=ms*1000+TIM3_CAP_Value;
                if(RisingSum<=99)
                {
                    TIM_Rising_Arry[RisingSum]=TIM3_CAP_Value;
                    RisingSum++;
                }
            }
            i++;
        }
        TIM_ClearITPendingBit(TIM3,TIM_IT_Update|TIM_IT_CC4);
}
```

在中断服务函数里面，仅仅只进行了简单的计时。另外将捕获的值放进了捕获数组里面，用户并没有对数据进行处理，数据不会自己进行处理，需要由用户自己来进行操作。

代码清单 13.6　数据处理：

```
void CountDuty(void)
{
        if(i > 99)
        {
            if(j <= 45)
            {
                //周期=两次下降沿时间间隔
                Frequent[j]=(TIM_Falling_Arry[j+1]-TIM_Falling_Arry[j]);
                Frequent[j]=1000/Frequent[j];
                //占空比=上升沿时间/周期
                duty[j]=(TIM_Falling_Arry[j+1]-TIM_Rising_Arry[j])/(TIM_Falling_Arry[j+1]-TIM_Falling_Arry[j]);
                j++;
            }
        }
}
```

在将数据进行处理之后，数据都放进了数组里面，用户可以通过串口直接将数据打印到串口助手，或者在调试的时候直接查看数组。

代码清单 13.7　完整代码：

```
uint32_t ms=0;
uint16_t i=0,j=0;
uint16_t TIM3_CAP_Value=0;
uint16_t TIM_Rising_Arry[100];
uint16_t TIM_Falling_Arry[100];
uint16_t Frequent[50];
uint16_t duty[50];
```

```
uint8_t FallingSum=0,RisingSum=0;

void TIM_CAP_Init()
{
    TIM_TimeBaseInitTypeDef TIM_TimeBaseInitStruct;
    TIM_ICInitTypeDef TIM_ICInitStruct;
    GPIO_InitTypeDef GPIO_InitStruct;
    NVIC_InitTypeDef NVIC_InitStruct;

    RCC_AHB1PeriphClockCmd(RCC_AHB1Periph_GPIOB,ENABLE);
    RCC_APB1PeriphClockCmd(RCC_APB1Periph_TIM3,ENABLE);

    GPIO_InitStruct.GPIO_Pin = GPIO_Pin_1;
    GPIO_InitStruct.GPIO_Mode = GPIO_Mode_AF;
    GPIO_InitStruct.GPIO_Speed = GPIO_Fast_Speed;
    GPIO_InitStruct.GPIO_OType = GPIO_OType_PP;
    GPIO_InitStruct.GPIO_PuPd = GPIO_PuPd_UP;
    GPIO_Init(GPIOB,&GPIO_InitStruct);
    GPIO_PinAFConfig(GPIOB,GPIO_PinSource1,GPIO_AF_TIM5);

    TIM_TimeBaseInitStruct.TIM_Period = 1000-1;
    TIM_TimeBaseInitStruct.TIM_Prescaler=84-1;
    TIM_TimeBaseInitStruct.TIM_CounterMode=TIM_CounterMode_Up;
    TIM_TimeBaseInitStruct.TIM_ClockDivision=TIM_CKD_DIV1;
    TIM_TimeBaseInitStruct.TIM_RepetitionCounter=0;
    TIM_TimeBaseInit(TIM3,&TIM_TimeBaseInitStruct);

    TIM_ICInitStruct.TIM_Channel = TIM_Channel_4;
    TIM_ICInitStruct.TIM_ICPrescaler= TIM_ICPSC_DIV1;
    TIM_ICInitStruct.TIM_ICSelection= TIM_ICSelection_DirectTI;
    TIM_ICInitStruct.TIM_ICPolarity= TIM_ICPolarity_Falling;
    TIM_ICInitStruct.TIM_ICFilter= 0;
    TIM_ICInit(TIM3, &TIM_ICInitStruct);

    TIM_ClearITPendingBit(TIM3,TIM_IT_Update);
    TIM_ITConfig(TIM3,TIM_IT_Update,ENABLE);

    TIM_ClearITPendingBit(TIM3,TIM_IT_CC4);
    TIM_ITConfig(TIM3,TIM_IT_CC4,ENABLE);

    NVIC_InitStruct.NVIC_IRQChannel = TIM3_IRQn;
    NVIC_InitStruct.NVIC_IRQChannelPreemptionPriority = 1;
    NVIC_InitStruct.NVIC_IRQChannelSubPriority = 2;
    NVIC_InitStruct.NVIC_IRQChannelCmd = ENABLE;
    NVIC_Init(&NVIC_InitStruct);

    TIM_Cmd(TIM3,ENABLE);
    TIM_Cmd(TIM5,ENABLE);
}
```

```
/*第一次捕获下降沿，第二次上升沿，第三次下降沿，第四次上升沿*/
void TIM3_IRQHandler(void)
{
        if(TIM_GetITStatus(TIM3,TIM_IT_Update)==SET)
        {
                ms++;
        }
        if(TIM_GetITStatus(TIM3,TIM_IT_CC4)==SET)
        {
                if((i%2)==0)
                {
                        TIM_OC4PolarityConfig(TIM3,TIM_OCPolarity_High);
                        //输入捕获极性为高，则下一次进入中断就是捕获到上升沿
                        TIM3_CAP_Value=TIM_GetCapture4(TIM3);
                        //此次抓到的是下降沿
                        TIM3_CAP_Value=ms*1000+TIM3_CAP_Value;
                        if(FallingSum<=99)
                        {
                                TIM_Falling_Arry[FallingSum]=TIM3_CAP_Value;
                                FallingSum++;
                        }
                }
                if((i%2)!=0)
                {
                        TIM_OC4PolarityConfig(TIM3,TIM_OCPolarity_Low);
                        //输入捕获极性为低，则下一次进入中断就是捕获到下降沿
                        TIM3_CAP_Value=TIM_GetCapture4(TIM3);
                        //此次抓到的是上升沿
                        TIM3_CAP_Value=ms*1000+TIM3_CAP_Value;
                        if(RisingSum<=99)
                        {
                                TIM_Rising_Arry[RisingSum]=TIM3_CAP_Value;
                                RisingSum++;
                        }
                }
                i++;
        }
        TIM_ClearITPendingBit(TIM3,TIM_IT_Update|TIM_IT_CC4);
}

void CountDuty(void)
{
        if(i>99)
        {
                if(j<=45)
                {
                        Frequent[j]=(TIM_Falling_Arry[j+1]-TIM_Falling_Arry[j]);
                        Frequent[j]=1000/Frequent[j];
                        duty[j]=(TIM_Falling_Arry[j+1]-TIM_Rising_Arry[j])/(TIM_Falling_Arry[j+1]-TIM_Falling_Arry[j]);
                                j++;
```

```
            }
        }
}

int main(void)
{
        delay_init(168);
        TIM_PWM_Init();
        TIM_CAP_Init();
        while(1)
        {
                CountDuty();
        }
}
```

第14章 TFT LCD 配置

14.1 TFT LCD 简介

液晶显示器（Liquid Crystal Display，LCD），相对于上一代阴极射线管（CRT）显示器，LCD 显示器具有功耗低、体积小、承载的信息量大及不伤眼的优点，因而成为了现在的主流电子显示设备，其中包括电视、电脑显示器、手机屏幕及各种嵌入式设备的显示器。

液晶是一种介于固体和液体之间的特殊物质，它是一种有机化合物，常态下呈液态，但是它的分子排列却和固体晶体一样非常规则，因此取名液晶。如果给液晶施加电场，会改变它的分子排列，从而改变光线的传播方向，配合偏振光片，它就具有控制光线透过率的作用，再配合彩色滤光片，改变加给液晶的电压大小，就能改变某一颜色透光量的多少。利用这种原理，做出可控红、绿、蓝光输出强度的显示结构，把三种显示结构组成一个显示单位，通过控制红绿蓝的强度，可以使该单位混合输出不同的色彩，这样的一个显示单位被称为像素。

14.1.1 液晶控制原理

完整的显示屏由液晶显示面板、电容触摸面板以及 PCB 底板构成。触摸面板带有触摸控制芯片，该芯片处理触摸信号并通过引出的信号线与外部器件通信，触摸面板中间是透明的，它贴在液晶面板上面，一起构成屏幕的主体，触摸面板与液晶面板引出的排线连接到 PCB 底板上，根据实际需要，PCB 底板上可能会带有“液晶控制器芯片”，液晶屏 PCB 上带有液晶控制器。因为控制液晶面板需要比较多的资源，所以大部分低级微控制器都不能直接控制液晶面板，需要额外配套一个专用液晶控制器来处理显示过程，外部微控制器只要把它希望显示的数据直接交给液晶控制器即可。而不带液晶控制器的 PCB 底板，只有小部分的电源管理电路，液晶面板的信号线与外部微控制器相连，直接控制。

液晶面板的控制信号线，液晶面板通过这些信号线与液晶控制器通信，使用这种通信信号的被称为 RGB 接口（RGB Interface）。

信号名称	说明
R[7:0]	红色数据
G[7:0]	绿色数据
B[7:0]	蓝色数据
CLK	像素同步时钟信号
HSYNC	水平同步信号
VSYNC	垂直同步信号
DE	数据使能信号

（1）RGB 信号线。RGB 信号线各有 8 根，分别用于表示液晶屏一个像素点的红、绿、蓝颜色分量。使用红绿蓝颜色分量来表示颜色是一种通用的做法。常见的颜色表示会在“RGB”后面附带各个颜色分量值的数据位数，如 RGB565 表示红绿蓝的数据线数分别为 5、6、5 根，一共为 16 个数据位，可表示 2^{16} 种颜色。

（2）同步时钟信号 CLK。液晶屏与外部使用同步通信方式，以 CLK 信号作为同步时钟，在同步时钟的驱动下，每个时钟周期传输一个像素点的数据。

（3）水平同步信号 HSYNC。水平同步信号 HSYNC（Horizontal Sync）用于表示液晶屏一行像素数据的传输结束，每传输完成液晶屏的一行像素数据时，HSYNC 会发生电平跳变，如分辨率为 800×480 的显示屏（800 列，480 行），传输一帧的图像 HSYNC 的电平会跳变 480 次。

（4）垂直同步信号 VSYNC。垂直同步信号 VSYNC（Vertical Sync）用于表示液晶屏一帧像素数据的传输结束，每传输完成一帧像素数据时，VSYNC 会发生电平跳变。其中“帧”是图像的单位，一幅图像称为一帧，在液晶屏中，一帧指一个完整屏液晶像素点。人们常常用“帧/秒”来表示液晶屏的刷新特性，即液晶屏每秒可以显示多少帧图像，如液晶屏以 60 帧/秒的速率运行时，VSYNC 每秒钟电平会跳变 60 次。

（5）数据使能信号 DE。数据使能信号 DE（Data Enable）用于表示数据的有效性，当 DE 信号线为高电平时，RGB 信号线表示的数据有效。

14.1.2 液晶数据传输时序

1. 行数据传输过程

（1）VSYNC 信号有效时，表示一帧数据的开始。

（2）VSPW 表示 VSYNC 信号的脉冲宽度为 VSPW+1 个 HSYNC 信号周期，即 VSPW+1 行，这 VSPW+1 行的数据无效。

（3）VSYNC 信号脉冲之后，还要经过 VBPD+1 个 HSYNC 信号周期，有效的行数据才出现。所以，在 VSYNC 信号有效之后，总共还要经过 VSPW+1+VBPD+1 个无效的行，第一个有效的行才出现。

（4）随后连续发出 LINEVAL+1 行的有效数据。

（5）最后是 VFPD+1 个无效的行，完整的一帧数据结束，紧接着就是下一帧的数据了，即下一个 VSYNC 信号。

数据时序如图 14.1 所示。

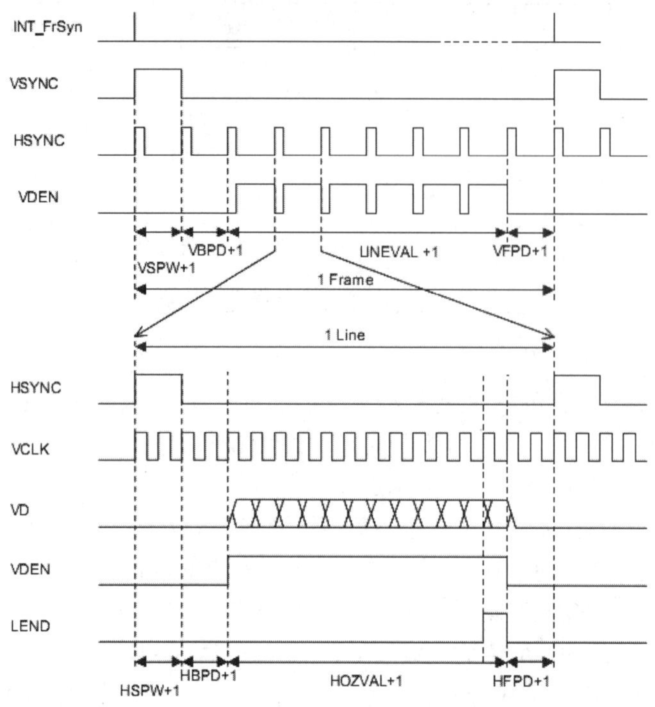

图 14.1　数据时序

2. 像素数据传输过程

现在深入到一行中像素数据的传输过程，它与行数据传输过程相似。

（1）HSYNC 信号有效时，表示一行数据的开始。

（2）HSPW 表示 HSYNC 信号的脉冲宽度为 HSPW+1 个 VCLK 信号周期，即 HSPW+1 个像素周期，这 HSPW+1 个像素的数据无效。

（3）HSYNC 信号脉冲之后，还要经过 HBPD+1 个 VCLK 信号周期，有效的像素数据才出现。所以，在 HSYNC 信号有效之后，总共还要经过 HSPW+1+HBPD+1 个无效的像素，第一个有效的像素才出现。

（4）随后连续发出 HOZVAL+1 个像素的有效数据。

（5）最后是 HFPD+1 个无效的像素，完整的一行数据结束，紧接着就是下一行的数据了，即下一个 HSYNC 信号。

3. 显存

液晶屏中的每个像素点都是数据，在实际应用中需要把每个像素点的数据缓存起来，再传输给液晶屏，一般会使用 SRAM 或 SDRAM 性质的存储器，而这些专门用于存储显示数据的存储器，则被称为显存。显存一般至少要能存储液晶屏的一帧显示数据，如分辨率为 800×480 的液晶屏，使用 RGB888 格式显示，它的一帧显示数据大小为：3×800×480=1152000 字节；若使用 RGB565 格式显示，一帧显示数据大小为：2×800×480=768000 字节。

14.1.3 液晶控制器简介

本液晶屏内部包含有一个液晶控制芯片 ILI9341，它的内部结构非常复杂，如图 14.2 所示。该芯片最主核心部分是位于中间的 GRAM（Graphics RAM），它就是显存。GRAM 中每个存储单元都对应着液晶面板的一个像素点。它右侧的各种模块共同作用把 GRAM 存储单元的数据转化成液晶面板的控制信号，使像素点呈现特定的颜色，而像素点组合起来则成为一幅完整的图像。框图的左上角为 ILI9806G 的主要控制信号线和配置引脚，根据其不同状态设置可以使芯片工作在不同的模式，如每个像素点的位数是 8、16 还是 24 位；可配置使用串行外设接口（Serial Deripheral Interface，SPI）、8080 接口还是 RGB 接口与 MCU 进行通信。MCU 通过 SPI、8080 接口或 RGB 接口与 ILI9806G 进行通信，从而访问它的控制寄存器（CR）、地址计数器（AC）及 GRAM。在 GRAM 的上侧还有一个 LED 控制器（LED Controller）。LCD 为非发光性的显示装置，它需要借助背光源才能达到显示功能，LED 控制器就是用来控制液晶屏中的 LED 背光源。

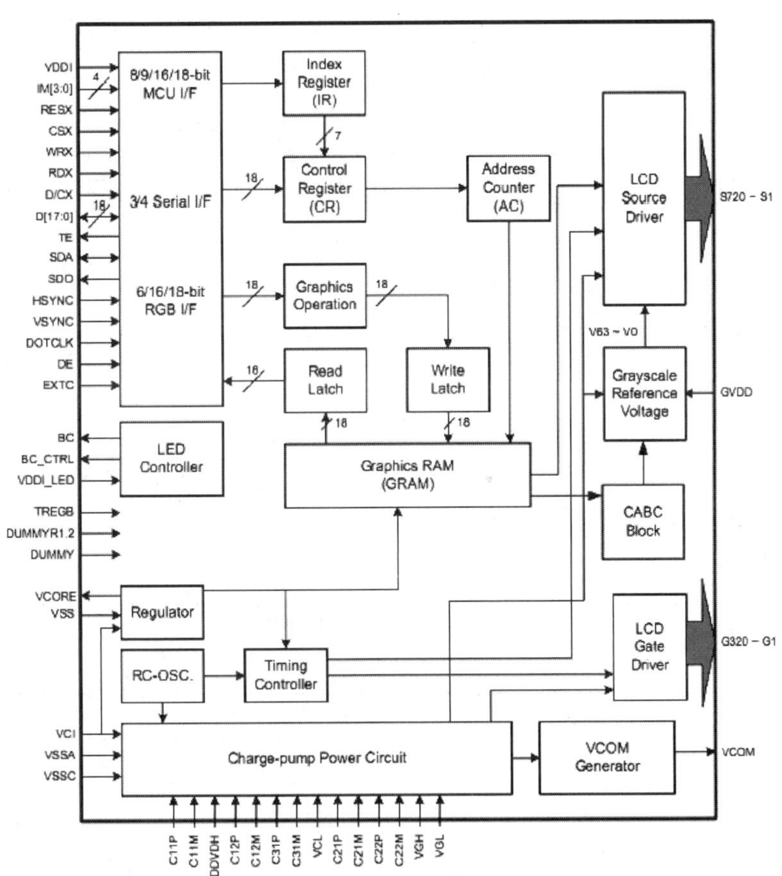

图 14.2 显示屏内部结构图

模块采用 16 位的并行接口与外部芯片相连接，之所以不采用 8 位并行接口是因为彩屏的数据量较大，尤其是显示图片的时候，若采用 8 位数据线就会比 16 位数据线慢一倍以上，希望速度越快越好，所以选择 16 位的并行接口。

信号线	ILI9341 对应的信号线	说明
LCD_DB[15:0]	D[15:0]	数据信号
LCD_RD	RDX	读数据信号，低电平有效
LCD)RS	D/CX	数据、命令信号，高电平时，D[15:0]表示的是数据，低电平时，为控制命令
LCD_RESE	RESX	复位信号，低电平有效
LCD_WR	WRX	写数据信号，低电平有效
LCD_CS	LCD_CS CSX	片选信号，低电平有效
LCD_BK	BL	背光信号，低电平点亮

8080 时序

写的过程为：先根据要写入/读取的数据的类型，设置 DC 为高（数据）/低（命令），然后拉低片选，选中 SSD1306，接着用户根据是读数据还是要写数据置 RD/WR 为低，然后在 RD 的上升沿，使数据锁存到数据线 D[15:0]上；在 WR 的上升沿，使数据写入到 SSD1306 里面。8080 并口写时序如图 14.3 所示。

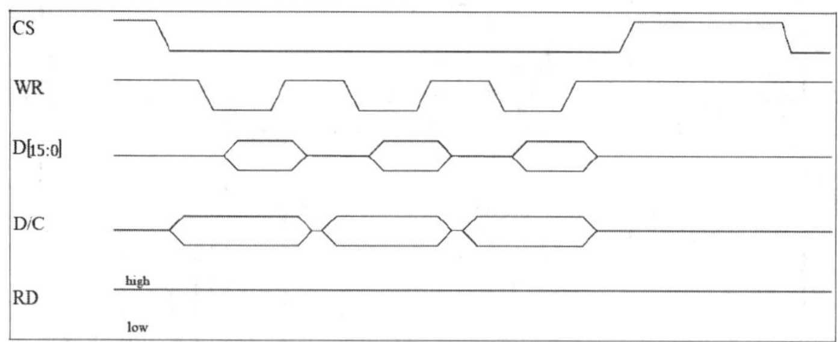

图 14.3　8080 并口写时序

由于 ILI9341 的控制命令比较多，篇幅所限，在这里只介绍几个重要命令：0XD3，0X36，0X2A，0X2B，0X2C，0X2E 等 6 条指令。

读 ID（D3H）

顺序	控制			各位描述									HEX
	RS	RD	WR	D15～D8	D7	D6	D5	D4	D3	D2	D1	D0	
指令	0	1	↑	XX	1	1	0	1	0	0	1	1	D3H
参数 1	1	↑	1	XX	X	X	X	X	X	X	X	X	X
参数 2	1	↑	1	XX	0	0	0	0	0	0	0	0	00H
参数 3	1	↑	1	XX	1	0	0	1	0	0	1	1	93H
参数 4	1	↑	1	XX	0	1	0	0	0	0	0	1	41H

0XD3 指令后面跟了 4 个参数，其中最后 2 个参数，读出来为 IC 模块名称，刚好是用户控制器 ILI9341 的数字部分，通过该指令，即可判别所用的 LCD 驱动器是什么型号，就可以根据控制器的型号去执行对应驱动 IC 的初始化代码，从而兼容不同驱动 IC 的屏，使

得一个代码支持多款 LCD。

存储器访问控制（36H）

顺序	控制			各位描述									HEX
	RS	RD	WR	D15～D8	D7	D6	D5	D4	D3	D2	D1	D0	
指令	0	1	↑	XX	0	0	1	1	0	1	1	0	36H
参数 1	1	1	↑	XX	MY	MX	MV	ML	BGR	MH	0	0	0

0X36，这是存储访问控制指令，可以控制 ILI9341 存储器的读写方向，简单地说，就是在连续写 GRAM 的时候，可以控制 GRAM 指针的增长方向，从而控制显示方式（读 GRAM 也是一样）。

0X36 指令后面，紧跟一个参数，这里用户主要关注：MY、MX、MV 这三个位，通过这三个位的设置，用户可以控制整个 ILI9341 的全部扫描方向，如下表所示。

控制位			效果
MY	MX	MV	LCD 扫描方向（GRAM 自增方式）
0	0	0	从左到右，从上到下
1	0	0	从左到右，从下到上
0	1	0	从右到左，从上到下
1	1	0	从右到左，从下到上
0	0	1	从上到下，从左到右
0	1	1	从上到下，从右到左
1	0	1	从下到上，从左到右
1	1	1	从下到上，从右到左

在默认扫描方式时（从左到右，从上到下的扫描方式），该指令用于设置 x 坐标，该指令带有 4 个参数，实际上是 2 个坐标值：SC 和 EC，即列地址的起始值和结束值，SC 必须小于等于 EC，且 0≤SC/EC≤239。一般在设置 x 坐标的时候，只需要带 2 个参数即可，也就是设置 SC 即可，因为如果 EC 没有变化，只需要设置一次即可（在初始化 ILI9341 的时候设置），从而提高速度。

页地址设置指令（2BH）

顺序	控制			各位描述									HEX
	RS	RD	WR	D15～D8	D7	D6	D5	D4	D3	D2	D1	D0	
指令	0	1	↑	XX	0	0	1	0	1	0	1	0	2BH
参数 1	1	1	↑	XX	SP15	SP14	SP13	SP12	SP11	SP10	SP9	SP8	SP
参数 2	1	1	↑	XX	SP7	SP6	SP5	SP4	SP3	SP2	SP1	SP0	
参数 3	1	1	↑	XX	EP15	EP14	EP13	EP12	EP11	EP10	EP9	EP8	EP
参数 4	1	1	↑	XX	EP7	EP6	EP5	EP4	EP3	EP2	EP1	EP0	

在默认扫描方式时（从左到右，从上到下的扫描方式），该指令用于设置 y 坐标，该指令带有 4 个参数，实际上是 2 个坐标值：SP 和 EP，即页地址的起始值和结束值，SP 必须小于等于 EP，且 0≤SP/EP≤319。一般在设置 y 坐标的时候，用户只需要带 2 个参数即可，也就是设置 SP 即可，因为如果 EP 没有变化，用户只需要设置一次即可（在初始化 ILI9341 的时候设置），从而提高速度。

写 GRAM 指令（2CH）

2CH	RAMWR（存储器写）											
	D/CX	RDX	WRX	D17～8	D7	D6	D5	D4	D3	D2	D1	D0	Hex
指令	0	1	↑	XX	0	0	1	0	1	1	0	0	2CH
第 1 个参数	1	1	↑	D1[17:0]									XX
…	1	1	↑	Dx[17:0]									XX
第 n 个参数	1	1	↑	Dn[17:0]									

在收到指令 0X2C 之后，数据有效位宽变为 16 位，用户可以连续写入 LCD GRAM 值，而 GRAM 的地址将根据 MY/MX/MV 设置的扫描方向进行自增。例如：假设设置的是从左到右，从上到下的扫描方式，那么设置好起始坐标（通过 SC、SP 设置）后，每写入一个颜色值，GRAM 地址将会自动自增 1（SC++），如果碰到 EC，则回到 SC，同时 SP 自增 1（SP++），一直到坐标：EC，EP 结束，其间无需再次设置坐标，从而大大提高写入速度。

读 GRAM 指令（2EH）

2EH	RAMWR（存储器写）												
	D/CX	RDX	WRX	D17～8	D7	D6	D5	D4	D3	D2	D1	D0	Hex
指令	0	1	↑	XX	0	0	1	0	1	1	1	0	2EH
第 1 个参数	1	1	↑	XX	0	0	R0[5:0]						XX
第 2 个参数	1	1	↑	XX	R1[7:0]								XX
…	1	1	↑	XX	Rx[7:0]								XX
第(n+1)参数	1	1	↑	XX	Rn[7:0]								XX

该指令用于读取 GRAM，如上表所示，ILI9341 在收到该指令后，第一次输出的是 dummy 数据，也就是无效的数据，从第二次开始，读取到的才是有效的 GRAM 数据（从坐标：SC，SP 开始），输出规律为：每个颜色分量占 8 个位，一次输出 2 个颜色分量。比如：第一次输出是 R1G1，随后的规律为：B1R2 G2B2 R3G3 B3R4 G4B4 R5G5…以此类推。如果只需要读取一个点的颜色值，那么只需要接收到参数 3 即可；如果要连续读取（利用 GRAM 地址自增，方法同上），那么就按照上述规律去接收颜色数据。

以上，就是操作 ILI9341 常用的几个指令，通过这几个指令，用户便可以很好地控制 ILI9341 显示所需的内容了。

FSMC

STM32 的 FSMC 外设可以用于控制扩展的外部存储器，而 MCU 对液晶屏的操作实际上就是把显示数据写入到显存中，与控制存储器非常类似，且 8080 接口的通信时序完全可以使用 FSMC 外设产生，因而非常适合使用 FSMC 控制液晶屏。

如图 14.4 所示，STM32F4 的 FSMC 将外部设备分为 NOR/PSRAM 设备和 NAND/PC 卡设备。它们共用地址数据总线等信号，它们具有不同的 CS 以区分不同的设备，比如 TFTLCD 就是用的 FSMC_NE4 做片选，其实就是将 TFTLCD 当成 SRAM 来控制。

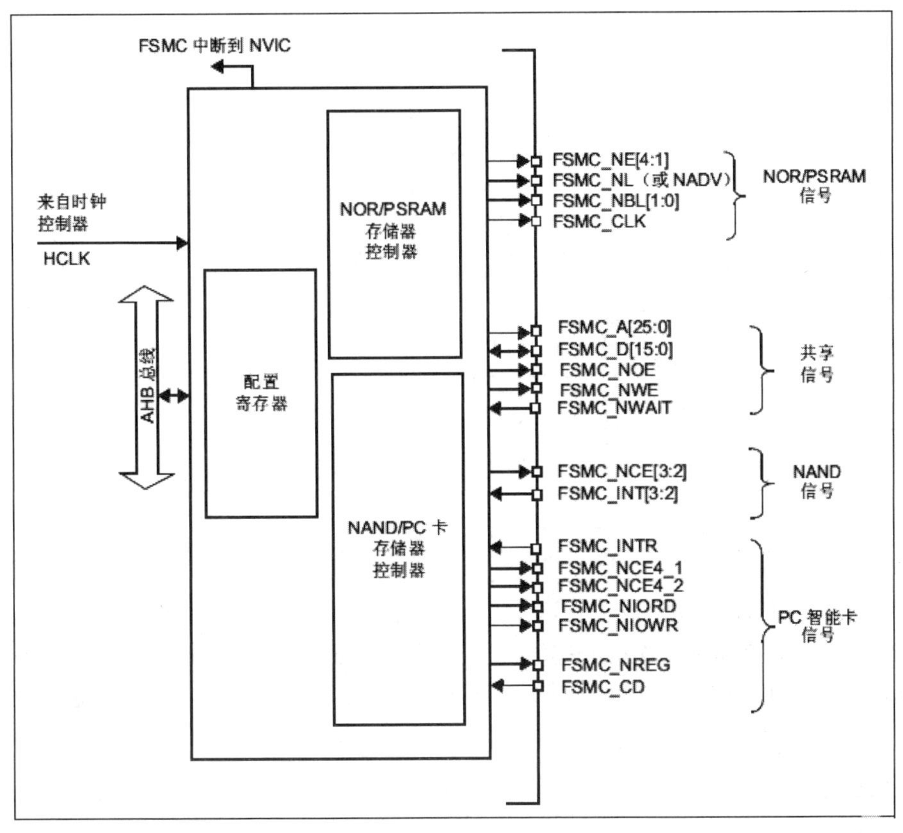

图 14.4　FSMC 控制器

为什么可以把 TFTLCD 当成 SRAM 设备呢？首先了解外部 SRAM 连接，外部 SRAM 的控制一般有：地址线（如 A0～A18）、数据线（如 D0～D15）、写信号线（WE）、读信号线（OE）、片选信号线（CS），如果 SRAM 支持字节控制，那么还有 UB/LB 线。其次了解 TFTLCD 的连接，其控制一般有：RS、D0～D15、WR、RD、CS、RST 和 BL。其操作时序和 SRAM 的控制时序完全类似，唯一不同的就是 TFTLCD 有 RS 信号线，没有地址控制线。

TFTLCD 通过 RS 信号来决定传送的数据是数据还是命令，本质上可以理解为一个地址信号，比如把 RS 接在 A0 上面，那么当 FSMC 控制器写地址 0 的时候，会使 A0 变为 0，对 TFTLCD 来说，就是写命令。而 FSMC 写地址 1 的时候，A0 将会变为 1，对 TFTLCD 来说，就是写数据了。这样，就把数据和命令区分开了，他们其实就是对应 SRAM 操作的两个连续地址。当然 RS 也可以接在其他地址线上，STM32F4 开发板是把 RS 连接在 PA6 上面的。

STM32F4 的 FSMC 支持 8/16/32 位数据宽度，这里用到的 LCD 是 16 位宽度的，所以在设置的时候，选择 16 位宽就可以了。再来看看 FSMC 的外部设备地址映像，STM32F4

的 FSMC 将外部存储器划分为固定大小为 256M 字节的四个存储块，如图 14.5 所示，FSMC 总共管理 1GB 空间，拥有 4 个存储块（Bank）。本章，用户用到的是块 1，所以在本章仅讨论块 1 的相关配置。

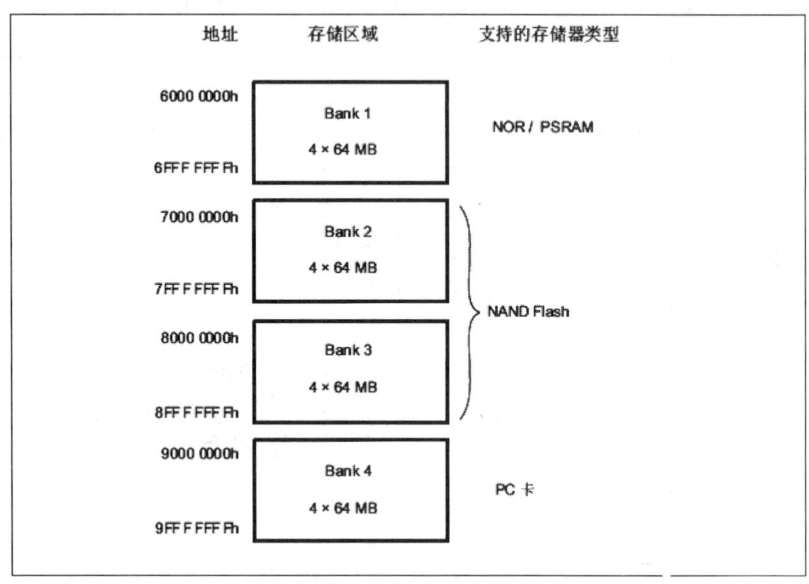

图 14.5 FSMC 外部存储器存储区域划分

STM32F4 的 FSMC 存储块 1（Bank1）被分为 4 个区，每个区管理 64M 字节空间，每个区都有独立的寄存器对所连接的存储器进行配置。Bank1 的 256M 字节空间由 28 根地址线（HADDR[27:0]）寻址。这里 HADDR 是内部 AHB 地址总线，其中 HADDR[25:0]来自外部存储器地址 FSMC_A[25:0]，而 HADDR[26:27]对 4 个区进行寻址，如下表所示。

Bank1 所选区	片选信号	地址范围	HADDR	
			[27:26]	[25:0]
第 1 区	FSMC_NE1	0x6000 0000～0x63FF FFFF	00	FSMC_A[25:0]
第 2 区	FSMC_NE2	0x6400 0000～0x67FF FFFF	01	
第 3 区	FSMC_NE3	0x6800 0000～0x6BFF FFFF	10	
第 4 区	FSMC_NE4	0x6C00 0000～0x6FFF FFFF	11	

用户要特别注意 HADDR[25:0]的对应关系：

（1）当 Bank1 接的是 16 位宽度存储器的时候：HADDR[25:1]　FSMC_A[24:0]。

（2）当 Bank1 接的是 8 位宽度存储器的时候：HADDR[25:0]　FSMC_A[25:0]。

不论外部接 8 位还是 16 位宽设备，FSMC_A[0]永远接在外部设备地址 A[0]。这里，TFTLCD 使用的是 16 位数据宽度，所以 HADDR[0]并没有用到，只有 HADDR[25:1]是有效的，对应关系变为：HADDR[25:1]　FSMC_A[24:0]，相当于右移了一位，这里请大家特别留意。另外，HADDR[27:26]的设置，是不需要用户干预的，比如：当你选择使用 Bank1 的第三个区，即使用 FSMC_NE3 来连接外部设备的时候，即对应了 HADDR[27:26]=10，用户要做的就是配置对应第 3 区的寄存器组，来适应外部设备即可。STM32F4 的 FSMC 各 Bank 配置寄存器如下表所示。

<table>
<tr><th>内部控制器</th><th>存储块</th><th>管理的地址范围</th><th>支持的设备类型</th><th>配置寄存器</th></tr>
<tr><td>NOR FLASH 控制器</td><td>Bank1</td><td>0x6000 000F～
0x6FFF FFFF</td><td>SRAM/ROM
NOR FLASH
PSRAM</td><td>FSMC_BCR1/2/3/4
FSMC_BTR1/2/3/4
FSMC_BWTR1/2/3/4</td></tr>
<tr><td rowspan="3">NAND FLASH
/PC CARD
控制器</td><td>Bank2</td><td>0x7000 000F～
0x7FFF FFFF</td><td rowspan="2">NAND FLASH</td><td rowspan="3">FSMC_PCR2/3/4
FSMC_SR2/3/4
FSMC_PMEM2/3/4
FSMC_PATT2/3/4
FSMC_PIO4
FSMC_ECCR2/3</td></tr>
<tr><td>Bank3</td><td>0x8000 000F～
0x8FFF FFFF</td></tr>
<tr><td>Bank4</td><td>0x9000 000F～
0x9FFF FFFF</td><td>PC Card</td></tr>
</table>

对于 NOR FLASH 控制器，主要是通过 FSMC_BCRx、FSMC_BTRx 和 FSMC_BWTRx 寄存器设置（其中 x=1～4，对应 4 个区）。通过这 3 个寄存器，可以设置 FSMC 访问外部存储器的时序参数，拓宽了可选用的外部存储器的速度范围。FSMC 的 NOR FLASH 控制器支持同步和异步突发两种访问方式。选用同步突发访问方式时，FSMC 将 HCLK（系统时钟）分频后，发送给外部存储器作为同步时钟信号 FSMC_CLK。此时需要的设置的时间参数有两个：

（1）HCLK 与 FSMC_CLK 的分频系数（CLKDIV），可以为 2～16 分频。

（2）同步突发访问中获得第 1 个数据所需要的等待延迟（DATLAT）。

对于异步突发访问方式，FSMC 主要设置 3 个时间参数：地址建立时间（ADDSET）、数据建立时间（DATAST）和地址保持时间（ADDHLD）。FSMC 综合了 SRAM / ROM、PSRAM 和 NOR Flash 产品的信号特点，定义了 4 种不同的异步时序模型。选用不同的时序模型时，需要设置不同的时序参数，如下表所示。

<table>
<tr><th colspan="2">时序模型</th><th>简单描述</th><th>时间参数</th></tr>
<tr><td rowspan="5">异步</td><td>Mode1</td><td>SRAM/CRAM 时序</td><td>DATAST、ADDSET</td></tr>
<tr><td>ModeA</td><td>SRAM/CRAM OE 选通型时序</td><td>DATAST、ADDSET</td></tr>
<tr><td>Mode2/B</td><td>NOR FLASH 时序</td><td>DATAST、ADDSET</td></tr>
<tr><td>ModeC</td><td>NOR FLASH OE 选通型时序</td><td>DATAST、ADDSET</td></tr>
<tr><td>ModeD</td><td>延长地址保持时间的异步时序</td><td>DATAST、ADDSET、ADDHLK</td></tr>
<tr><td colspan="2">同步触发</td><td>根据同步时钟 FSMC_CK 读取多个顺序单元的数据</td><td>CLKDIV、DATLAT</td></tr>
</table>

在实际扩展时，根据选用存储器的特征确定时序模型，从而确定各时间参数与存储器读写周期参数指标之间的计算关系；利用该计算关系和存储芯片数据手册中给定的参数指标，可计算出 FSMC 所需要的各时间参数，从而对时间参数寄存器进行合理的配置。

本章使用异步模式 A（ModeA）方式来控制 TFTLCD，模式 A 的读操作时序如图 14.6 所示。

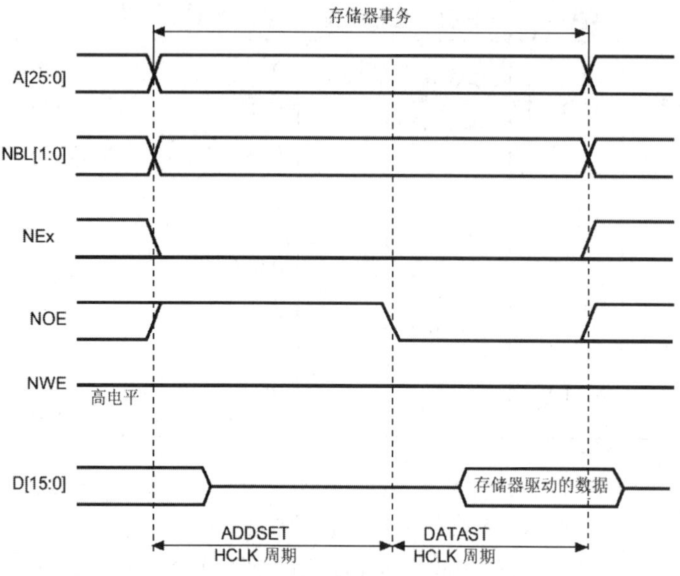

图 14.6　FSMC 模式 A 的读操作时序

模式 A 支持独立的读写时序控制，这个对用户驱动 TFTLCD 来说非常有用，因为 TFTLCD 在读的时候一般比较慢，而在写的时候可以比较快。如果读写用一样的时序，那么只能以读的时序为基准，从而导致写的速度变慢，或者在读数据的时候，重新配置 FSMC 的延时，在读操作完成的时候，再配置回写的时序，这样虽然也不会降低写的速度，但是频繁配置，比较麻烦。而如果有独立的读写时序控制，那么用户只要初始化的时候配置好，之后就不用再配置，既可以满足速度要求，又不需要频繁改配置。

模式 A 的写操作时序如图 14.7 所示。

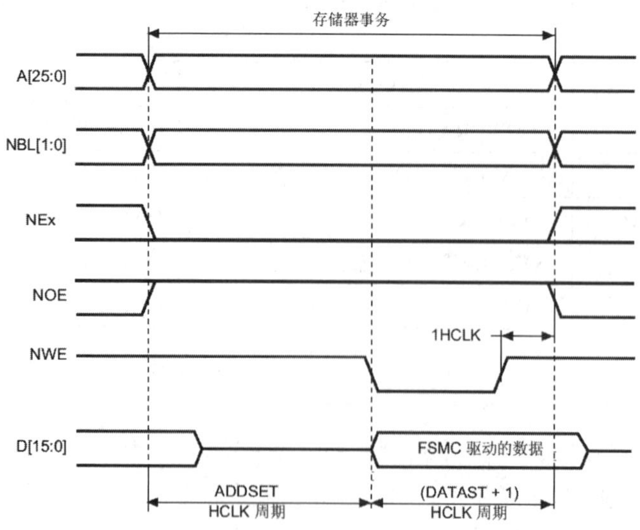

图 14.7　FSMC 模式 A 的写操作时序

图 14.7 中的 ADDSET 与 DATAST，是通过闪存片选控制寄存器 FSMC_BCRx、闪存片选时序寄存器 FSMC_BTRx、SRAM/NOR 闪写时序 FSMC_BWTRx 寄存器设置的。

14.2　TFT LCD 配置实例

本次实训使用 FSMC 驱动 LCD 显示屏。由于本次实训中编写 LCD 显示屏底层的代码偏多，因此不会全部粘贴，具体可参考源代码例程。

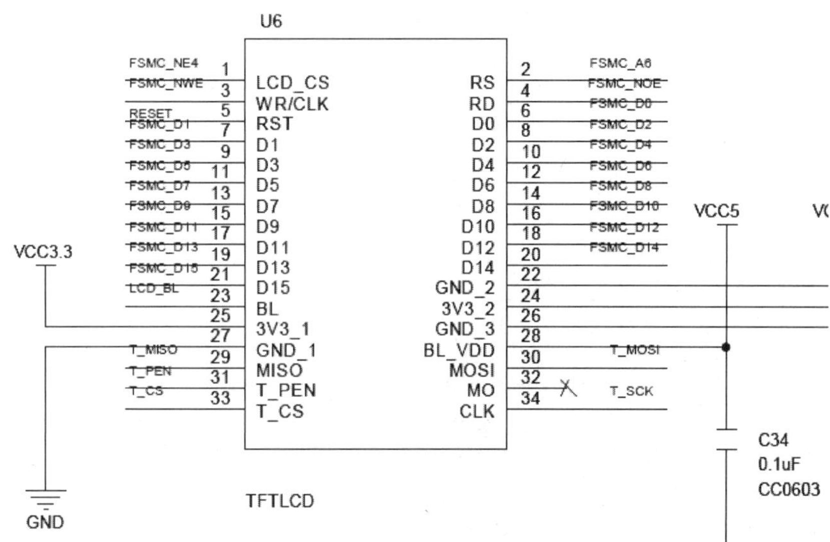

图 14.8　TFT LCD 显示屏端口

如图 14.8 所示，液晶屏模块连接 STM32F4 的端口对应为：

- LCD_BL（背光控制）对应 PB0
- LCD_CS 对应 PG12 (FSMC_NE4)
- LCD_RS 对应 PF12 (FSMC_A6)
- LCD_WR 对应 PD5 (FSMC_NWE)
- LCD_RD 对应 PD4 (FSMC_NOE)
- LCD_D[15:0]直接连接在 FSMC_D15～FSMC_D0

TFT LCD 的 RS 接在 FSMC 的 A6 上，CS 连接在 FSMC_NE4 上，并且是 16 位数据线。通过连线图中看出使用的是 FSMC 存储器 1 的第 4 区，因此设定其数据地址与寄存器地址如下所示：

代码清单 14.1　地址定义：

```
#define TFTLCD_REG          *(( volatile   uint16_t *)(0x6C000000))
#define TFTLCD_DATA         *(( volatile   uint16_t *)(0x6C000080))
```

因此需要往 LCD 写命令/数据的时候，使用数据写入函数。

代码清单 14.2　数据写入函数：

```
__STATIC_INLINE void Write_Data(uint16_t reg_addr , uint16_t data)
{
    TFTLCD_REG = reg_addr;
```

```
    TFTLCD_DATA = data;
}
```

读数据的时候，可以反过来操作。

代码清单 14.3　数据读取函数：

```
__STATIC_INLINE uint16_t Read_Data(uint16_t reg_addr)
{
    TFTLCD_REG = reg_addr;
    return TFTLCD_DATA;
}
```

其中 CS、WR、RD 和 IO 口方向都是有 FSMC 控制，不需要手动控制，现在介绍下 TFT LCD 显示底层中一个重要的结构体。

代码清单 14.4　LCD 参数结构体定义：

```
typedef struct
{
    uint8_t Dir;              //0 竖屏显示   1 横屏显示
    uint8_t Status;           //0 正立显示   1 倒立显示
    uint16_t x_pix;           //X 轴像素数量
    uint16_t y_pix;           //Y 轴像素数量
    uint16_t wrram;           //启动写数据指令
    uint16_t rdram;           //启动读数据指令
    uint16_t x_cmd;           //修改 X 轴坐标命令
    uint16_t y_cmd;           //修改 Y 轴坐标命令
    uint32_t TFTLCD_Id;
}_TFTLCD_;
```

结构体用于保存一些 LCD 重要参数信息，比如 LCD 的长宽，横竖屏状态，以及 X、Y 轴的坐标命令等。虽然占用了一点点内存，但是可以让用户驱动支持不同尺寸的 LCD，同时可以实现 LCD 横竖屏切换等重要功能。

接着需要编写一些 TFT LCD 显示屏的常规操作的函数，这些函数是支持实现复杂功能的底层程序。

代码清单 14.5　LCD 操作函数：

```
//写寄存器函数
void TFTLCD_SetPixelIndex(uint16_t X_pos , uint16_t Y_pos , uint16_t PixelIndex)
{
    Write_Data(TFT_Lcd.x_cmd , X_pos>>8);
    Write_Data(TFT_Lcd.x_cmd+1 , X_pos&0xFF);
    Write_Data(TFT_Lcd.y_cmd , Y_pos>>8);
    Write_Data(TFT_Lcd.y_cmd+1 , Y_pos&0xFF);

    TFTLCD_REG = TFT_Lcd.wrram ;    //准备写入 RAM
    TFTLCD_DATA = PixelIndex;
}

uint16_t TFTLCD_GetPixelIndex(uint16_t X_pos , uint16_t Y_pos)
{
    uint16_t r=0,b=0;;
    Write_Data(TFT_Lcd.x_cmd , X_pos>>8);
    Write_Data(TFT_Lcd.x_cmd+1 , X_pos&0xFF);
```

```
        Write_Data(TFT_Lcd.y_cmd , Y_pos>>8);
        Write_Data(TFT_Lcd.y_cmd+1 , Y_pos&0xFF);

        TFTLCD_REG = TFT_Lcd.rdram;
        r = TFTLCD_DATA;        //dummy 空读
        r = TFTLCD_DATA;
        b = TFTLCD_DATA;
        return ((r & 0xF800) | ((r & 0x00FC)<<3) | (b >> 11));
}
```

通过这些函数，就能够实现一些最基本的功能，通过组合这几个简单的函数，就能够对 LCD 进行各种复杂的操作。

代码清单 14.6　LCD 库函数声明：

```
uint32_t TFTLCD_GetId(void); //获取显示屏的 ID 编号
void TFTLCD_Clear(void);        //清屏
void TFTLCD_SetCoordinate(uint16_t X_pos , uint16_t Y_pos); //设定 LCD 的坐标
void TFTLCD_SetDir(uint8_t Dir , uint8_t scan_Dir);                //设定 LCD 的显示方向
void TFTLCD_DrawPoint(uint16_t X_pos , uint16_t Y_pos);
void TFTLCD_SetPixelIndex(uint16_t X_pos , uint16_t Y_pos , uint16_t PixelIndex);        //指定坐标写入指定颜色
uint16_t TFTLCD_GetPixelIndex(uint16_t X_pos , uint16_t Y_pos);                            //获取指定坐标颜色
void TFTLCD_Init(void); //初始化
```

通过组合几个简单的函数，就能够编写出功能较为复杂的函数；通过组合功能较为复杂的函数，就能够编写出功能更为复杂的函数。由于代码较长较多，因此每个函数具体的实现功能请查看工程源代码。

当封装好 TFT LCD 程序底层之后，就可以在主函数中调用这些函数。

代码清单 14.7　主函数：

```
int main(void)
{
        uint8_t i=0;
        delay_init(168);            //启动滴答定时器演示,其中 168 表示单片机的主频为 168MHz
        TFTLCD_Init ();             //TFTLCD 显示屏初始化
        for(;;)
        {
        }
}
```

通过显示屏初始化程序，将 TFTLCD 显示屏显示为白色。

第 15 章 IIC 配置

15.1 IIC 功能概述

集成电路总线（Inter-Integrated Circuit BUS，IIC，又称 I2C），由 NXP（原 PHILIPS）公司设计，多用于主控制器和从器件间的主从通信，在小数据量场合使用，传输距离短，任意时刻只能有一个主机等特性。

IIC 为两线式串行总线，其是由数据线 SDA 和时钟线 SCL 构成，可发送和接收数据，为半双工通信，可在 CPU 与被控 IC，IC 与 IC 之间进行双向通信，高速 IIC 总线一般可达 400kbps 以上。

IIC 接口并非是一种硬件设备，而是有人们所定义的软件与硬件的结合体， IIC 可分为物理层和协议层。

15.1.1 IIC 软件协议

在一个 IIC 通信总线上，可连接多个 IIC 通信设备，也就是一个通信主机支持多个通信从机。

一个 IIC 总线只使用两条线，一条是双向的串行数据线 SDA，用来传输数据；一条是串行时钟线 SCL，用于数据的收发同步。如图 15.1 所示。

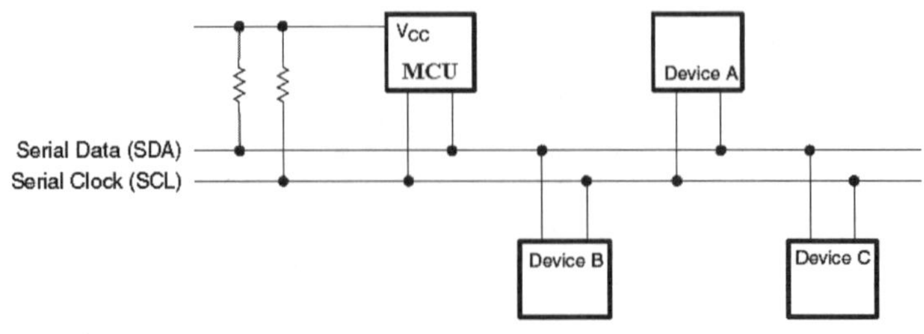

图 15.1 IIC 总线经典连接

每一个连接到总线的设备都有一个独立的地址，主机可以利用这个地址进行不同设备之间的访问。

一般情况下，IIC 接口采用的漏极开路机制，器件本身只能输出低电平，无法主动输出高电平，只能通过外部上拉电阻将信号拉至高电平。另外 IIC 规定空闲时候必须拉高，因为只有高电平才可以拉低。在设备空闲的时候，IIC 会输出高阻态，而当所有的设备都空闲，都输出高阻态的时候，上拉电阻将总线拉成高电平。

当多个主机同时使用总线的时候，为了防止数据冲突，会利用仲裁的方式决定哪个主机设备占用总线。

IIC 的协议层定义了通信的起始与停止信号、数据的有效性、响应、仲裁、时间同步和地址广播等环节。

图 15.2 表示的是主从设备通信时，SDA 线的数据包组成。

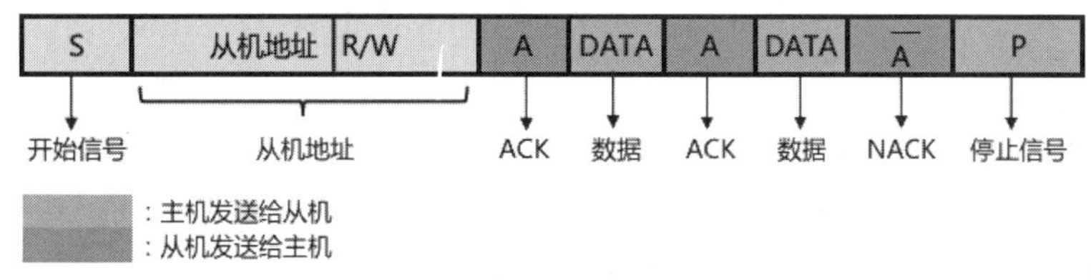

图 15.2　主机写数据到从机

其中 S 表示由主机的 IIC 接口产生的传输起始信号，连接在 IIC 总线上的所有从机都会接受到这个信号。

接收到主机发过来的起始信号后，从机会等待接下来主机发送的主机地址（7/10 位地址+读写位），在 IIC 总线中，从机的地址是唯一的。

当主机发送的地址与从机的地址一致的时候，从机会返回一个应答信号 ACK，或者非应答信号 NACK，只有接收到应答信号后，主机才能继续发送或接收数据。

图 15.2 中，主机给从机发送起始信号，然后发送一个 8/11 位（1/2 字节）的从机地址，每发送一个字节后，从机都要返回一个 ACK 信号，主机接收到 ACK 就会知道可以继续写信号，会向从机写一个数据，数据包为 8 位，然后重复这样的行为，直到从机发送一个非应答信号 NACK 之后主机就会发送一个停止信号，IIC 通信停止。

图 15.3 中主机给从机发送起始信号，然后发送一个 8/11 位（1/2 字节）的从机地址，每发送一个字节后，从机都要返回一个 ACK 信号，之后从机还会返回一个数据，数据包的大小为 8 位，从机发送完数据之后，都会等待主机的应答信号。重复这个行为，理论上可以传输无限个数据，直到主机希望停止，返回一个 NACK，从机就会自动结束传输数据，IIC 通信才会结束。

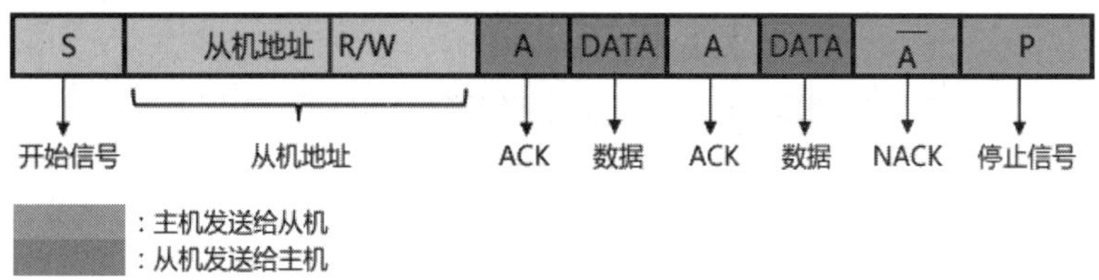

图 15.3　数据通信

1. 起始和停止信号

主机让 SCL 时钟线保持高电平，同时让数据线 SDA 由高电平变为低电平，此为一个开始信号，相当于告诉总线上的从机：“马上就要发送数据了”。

主机让 SCL 时钟线保持高电平，同时让数据线 SDA 由低电平变为高电平，此为一个停止信号，就相当于告诉总线上的从机：“已经结束数据传输”。

IIC 起始和停止信号如图 15.4 所示。

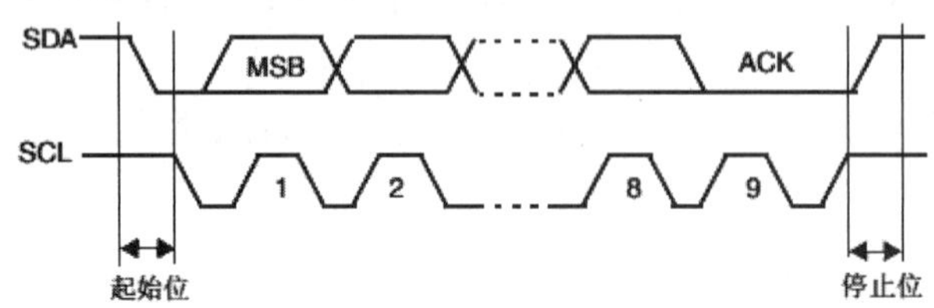

图 15.4 IIC 起始和停止信号

2. 数据的有效性

IIC 总线进行数据传输时，时钟信号为高电平期间，数据线上的电平不允许切换，只有在时钟线上的信号为低电平期间，数据线上的电平状态才允许变化；数据在 SCL 上升沿到来之前必须准备好，一直保持到 SCL 的下降沿结束，如图 15.5 所示。

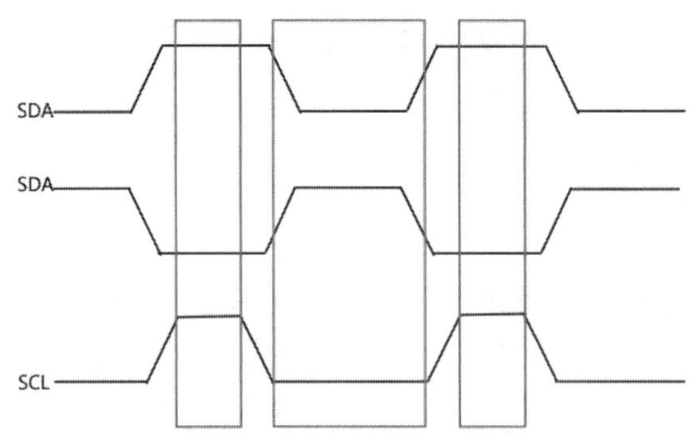

图 15.5 数据有效性

注：SCL 为高电平时数据有效；SCL 为低电平时 SDA 执行电平切换。

3. 地址和读写位

IIC 总线上的每个设备都有各自的地址，主机发起通信的时候，会通过 SDA 数据线发送设备地址来查找从机。从机的地址可以是 7 位或 10 位，一般 7 位的地址用的比较广泛。紧跟设备地址后面，还有一个数据位用来表示读或者写，“1”表示主机读从机发来的数据，“0”表示主机向从机写数据，如图 15.6 所示。

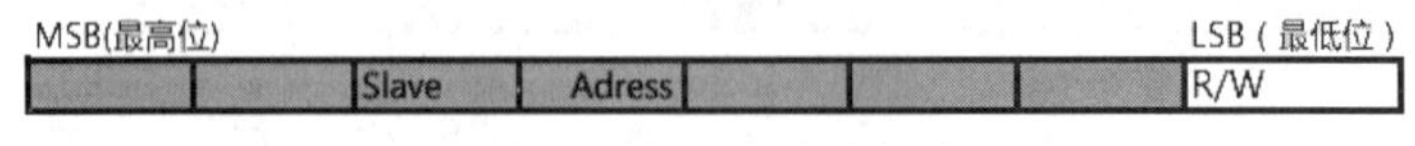

图 15.6 7 位设备地址与读写位

4. 应答信号

IIC 的数据和地址传输都会有相应的响应，响应有 ACK 和 NACK 两种，如图 15.7 所示。当数据接收端（无论主从）接收到 IIC 传输的一个字节的数据或地址后，若发送端发送数据，则需要对方发送 ACK，发送端才会发送下一个数据；若接收端希望结束数据传输，则需要发送 NACK，发送方接收到 NACK 会产生一个结束信号，结束信号传输。

传输时由主机产生时钟，在读写位后面紧跟的时钟，发送端会释放 SDA 控制权，由接收端来控制 SDA，在 SCL 为高电平期间，SDA 为高电平则表示 NACK，低电平则表示 ACK。

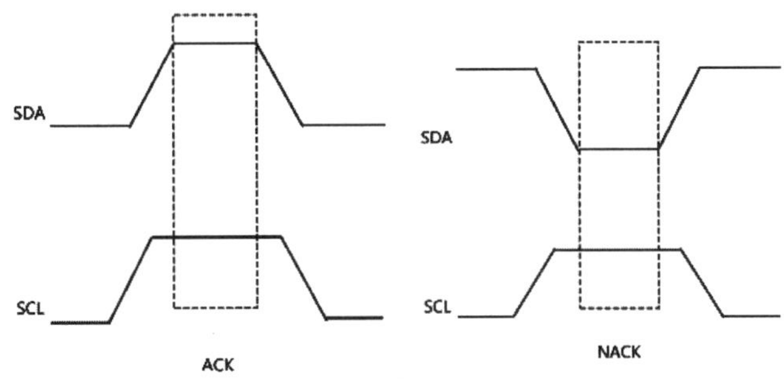

图 15.7　应答信号 ACK 与 NACK

上文为大家介绍了 IIC 的软件协议，通过软件协议，用户可以使用两个引脚来进行 IIC 通信，接下来将要为大家介绍硬件 IIC，即 IIC 外设。

15.1.2　硬件 IIC

1. 通信引脚

STM32 上有多个 IIC 外设，其通信信号引出到不同的引脚上，其中 SMBA 用于 SMBUS 的警告信号，在 IIC 中是没有使用到的。

2. 时钟控制逻辑

IIC 的时钟信号由时钟控制寄存器（CCR）控制，可选择标准/快速模式，两个模式对应着不同的通信速度。用户可以根据需要，选择不同的通信模式。硬件 IIC 时钟控制逻辑如图 15.8 所示。

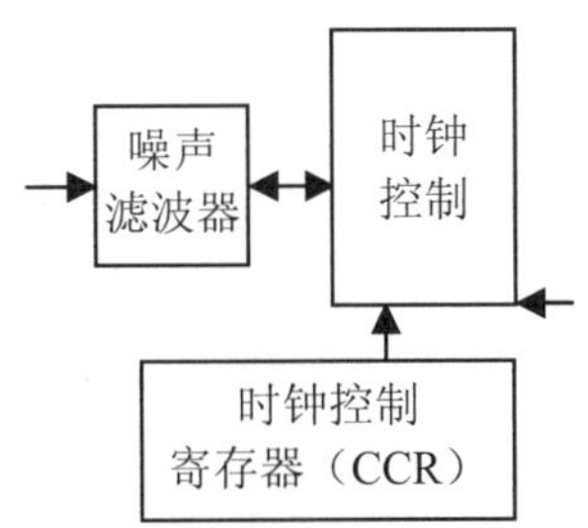

图 15.8　硬件 IIC 时钟控制逻辑

3. 数据控制逻辑

IIC 的 SDA 信号是连接在数据移位寄存器上的，当向外发送数据的时候，数据移位寄存器以“数据寄存器”为数据源，将数据一位一位地通过 SDA 数据线发送出去；当接收数据的时候，数据移位寄存器将数据一位一位地存储到数据寄存器中。

从模式下，在接收到设备地址之后，数据移位寄存器会通过比较器把接受到的地址与本身的从机地址寄存器作比较，匹配成功则响应主机。STM32 本身的 IIC 地址可以修改，并且同时可以使用两个设备地址。

硬件 IIC 数据控制部分如图 15.9 所示。

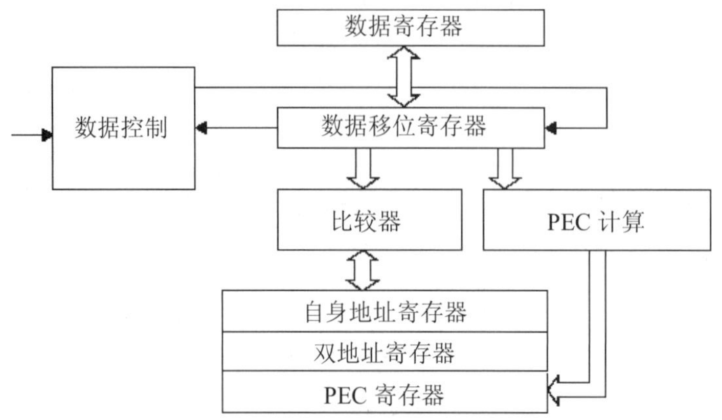

图 15.9 硬件 IIC 数据控制部分

4. 控制逻辑

IIC 的控制逻辑用于控制整个 IIC，其工作模式会随着用户对控制寄存器（CR1 和 CR2）的操作而更改，由 IIC 的工作状态，CPU 会改变其状态寄存器（SR1 和 SR2），通过读状态寄存器，用户可以获取 IIC 的各种状态。另外，控制逻辑还用于产生中断，DMA 请求以及 ACK。硬件 IIC 控制逻辑如图 15.10 所示。

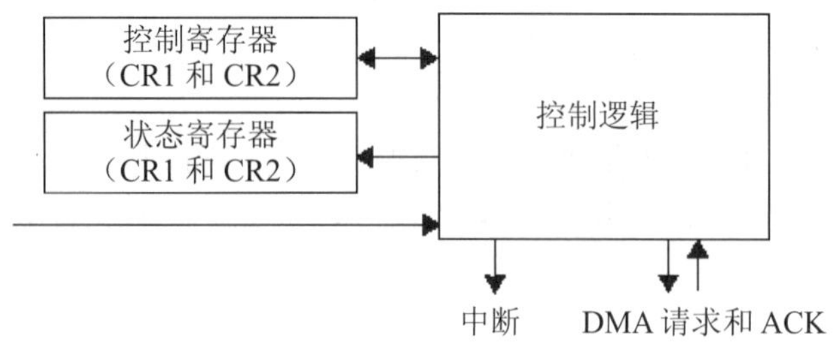

图 15.10 硬件 IIC 控制逻辑

IIC 设备作为主机还是从机并不固定，同一设备，既可以用作主机模式，也可以用作从机模式。

作为主机的时候有两种模式，即主发送器和主接收器。

（1）主发送器。作为主发送器，在 CPU 控制产生其实信号后，SR1 寄存器的 SB 位会被置 1，用来表示起始位发送成功；之后主发送器会发送设备地址并且等待 ACK，若从机应答，则 SR1 寄存器的 ADDR 与 TXE 位都会被置 1。

在将 ADDR 位清零后，就需要往 IIC 数据寄存器写入要发送的数据，这时候 TXE 位将被 CPU 置零，数据将通过 SDA 信号线一位一位的发送数据。当数据寄存器里的数据发送完毕之后，TXE 位再次被置 1，循环往复就能发送多个字节的数据。

（2）作为主接收器。IIC 主机在从外部接收数据的时候，其首先得发送起始信号，发送起始信号完毕后 SR1 寄存器的 SB 位会被置 1，接着主机会发送设备地址并等待 ACK，若从机应答后则 ADDR 位被置 1。从机在接收到地址后，开始向主机发送数据，当主机接收到数据之后，SR1 寄存器的 RXNE 将被置 1。对数据寄存器的读取可清空数据寄存器。另外，用户可以控制主机是否发送 ACK，发送则可以重复接收数据，不发送 NACK 则停止传输。

确定要停止传输，在发送 NACK 之后，还需要发送停止信号。

15.2 IIC 相关寄存器

寄存器 IIC_CR1 （IIC 控制寄存器 1）

地址偏移：0x00

复位值：0x0000

15	14	13	12	11	10	9	8	7	6	5	4	3	2	1	0
SWRST	Res.	ALERT	PEC	POS	ACK	STOP	START	NO STRETCH	ENGC	ENPEC	ENARP	SMB TYPE	Res.	SMBus	PE
rw		rw	rw	rw	rw	rw	rw	rw	rw	rw	rw	rw		rw	rw

Bit 15：SWRST 表示软件复位（Software reset），当置 1 时，IIC 处于复位状态。在复位此位之前，确保 IIC 线已释放且总线空闲。

0：IIC 外设未处于复位状态

1：IIC 外设处于复位状态

注意：当出现错误或锁定状态后，可使用此位重新初始化外设。例如，如果 BUSY 位已置 1 但因母线干扰而不能复位，则可使用 SWRST 位退出此状态。

Bit 14：保留，必须保持复位值。

Bit 13：ALERT 表示 SMBus 报警（SMBus alert），此位由软件置 1 和清零，并可在 PE=0 时由硬件清零。

0：释放 SMBA 引脚使其变成高电平。报警响应地址头后跟 NACK

1：驱动 SMBA 引脚使其变成低电平。报警响应地址头后跟 ACK

Bit 12：PEC 表示数据包错误校验（Packet error checking），此位由软件置 1 和清零，并可在 PEC 传输完成时由硬件清零，或者在 PE=0 时或在检测到起始位或停止位时由硬件清零。

0：不传输 PEC

1：PEC 传输（在 Tx 或 Rx 模式下）

注意：PEC 计算会因仲裁丢失而失效。

Bit 11：POS 表示应答/PEC 位置（Acknowledge/PEC Position）（针对接收数据）此位由软件置 1 和清零，并可在 PE=0 时由硬件清零。

0：ACK 位控制移位寄存器中当前正在接收的字节的（N）ACK。PEC 位指示移位寄存器中的当前字节是一个 PEC

1：ACK 位控制移位寄存器中要接收的下一个字节的（N）ACK。PEC 位指示移位寄存器的下一个字节是一个 PEC

注意：POS 位只能用于主设备接收 2 个字节时。它必须在数据开始接收之前进行配置。

Bit 10：ACK 表示应答使能（Acknowledge enable），此位由软件置 1 和清零，并可在 PE=0 时由硬件清零。

0：不返回应答

1：在接收一个字节（匹配地址或数据）之后返回应答

Bit 9：STO 表示生成停止位，该位由软件置 1 和清零，也可在检测到停止位时由硬件清零，在检测到超时错误时由硬件置 1。

在主模式下：

0：不生成停止位

1：在传输当前字节或发送当前起始位后生成停止位

在从模式下：

0：不生成停止位

1：完成当前字节传输后释放 SCL 和 SDA 线

Bit 8：START 表示生成起始位，此位由软件置 1 和清零，并可在起始位发送完成后或 PE=0 时由硬件清零。

在主模式下：

0：不生成起始位

1：生成重复起始位

在从模式下：

0：不生成起始位

1：在总线空闲时生成起始位

Bit 7：NOSTRETCH 表示禁止时钟延长（Clock stretching disable）（从模式）在从模式下，当 ADDR 或 BTF 标志置 1 时，此位用于禁止时钟延长，直到软件将其复位为止。

0：使能时钟延长

1：禁止时钟延长

Bit 6：ENGC 表示广播呼叫使能（General call enable）。

0：禁止广播呼叫。不对地址 00h 应答

1：使能广播呼叫。对地址 00h 应答

Bit 5：ENPEC 表示 PEC 使能（PEC enable）。

0：禁止 PEC 计算

1：使能 PEC 计算

Bit 4：ENARP 表示 ARP 使能（ARP enable）。

0：禁止 ARP

1：使能 ARP

SMBTYPE=0 时识别 SMBus 器件默认地址，SMBTYPE=1 时识别 SMBus 主机地址。

Bit 3：SMBTYPE 表示 SMBus 类型（SMBus type）。

0：SMBus 器件

1：SMBus 主机

Bit 2：保留，必须保持复位值。

Bit 1：SMBUS 表示 SMBus 模式（SMBus mode）。

0：IIC 模式

1：SMBus 模式

Bit 0：PE 表示外设使能（Peripheral enable）。

0：禁止外设

1：使能外设

注意：如果此位在通信进行过程中复位，在结束本次通信后会带 IDLE 状态，外设被禁止。由于通信结束时 PE=0，所有位均会复位。在主模式下，此位不能在通信结束之前复位。

寄存器 IIC_CR2 （IIC 控制寄存器 2）

地址偏移：0x04

复位值：0x0000

15	14	13	12	11	10	9	8	7	6	5	4	3	2	1	0
Reserved			LAST	DMAEN	ITBUFEN	ITEVTEN	ITERREN	Reserved		FREQ[5:0]					
			rw	rw	rw	rw	rw			rw	rw	rw	rw	rw	rw

Bits 15:13：保留，必须保持复位值。

Bit 12：LAST 表示最后一次 DMA 传输（DMA last transfer）。

0：下一个 DMA EOT 不是最后一次传输

1：下一个 DMA EOT 是最后一次传输

注意：此位用于主接收模式，可对最后接收的数据生成 NACK。

Bit 11：DMAEN 表示 DMA 请求使能（DMA requests enable）。

0：禁止 DMA 请求

1：当 TxE=1 或 RxNE =1 时使能 DMA 请求

Bit 10：ITBUFEN 表示缓冲中断使能（Buffer interrupt enable）。

0：TxE = 1 或 RxNE = 1 时不生成任何中断

1：TxE = 1 或 RxNE = 1 时生成事件中断（与 DMAEN 状态无关）

Bit 9：ITEVTEN 表示事件中断使能（Event interrupt enable）。

0：禁止事件中断

1：使能事件中断

满足以下条件时将生成此中断：

-SB = 1（主模式）

-ADDR = 1（主/从模式）

-ADD10= 1（主模式）

-STOPF = 1（从模式）

-BTF = 1，无 TxE 或 RxNE 事件

-ITBUFEN = 1 且 TxE 事件置 1

-ITBUFEN = 1 且 RxNE 事件置 1

Bit 8：ITERREN 表示错误中断使能（Error interrupt enable）。

0：禁止错误中断

1：使能错误中断

满足以下条件时将生成此中断：

-BERR = 1

-ARLO = 1

-AF = 1

-OVR = 1

-PECERR = 1

-TIMEOUT = 1

-SMBALERT = 1

Bits 7:6：保留，必须保持复位值。

Bits 5:0：FREQ[5:0]表示外设时钟频率（Peripheral clock frequency）。

外设时钟频率必须使用 APB 时钟频率进行配置（IIC 外设连接到 APB）。允许的最小频率为 2 MHz，最大频率则受限于 APB 最大频率（42 MHz）和固有极限频率 46 MHz。

0b000000：不允许

0b000001：不允许

0b000010：2 MHz

⋮

0b101010：42 MHz

大于 0b101010：不允许

寄存器 IIC_OAR1 （自有地址寄存器 1）

地址偏移：0x08

复位值：0x0000

15	14	13	12	11	10	9	8	7	6	5	4	3	2	1	0
ADDMODE	Reserved					ADD[9:8]		ADD[7:1]							ADD0
rw						rw	rw	rw	rw	rw	rw	rw	rw	rw	rw

Bit 15：ADDMODE 寻址模式（Addressing mode）（从模式）。

0：7 位从地址（无法应答 10 位地址）

1：10 位从地址（无法应答 7 位地址）

Bit 14：应通过软件始终保持为 1。

Bits 13:10：保留，必须保持复位值。

Bits 9:8：ADD[9:8]表示接口地址。

7 位寻址模式：无意义

10 位寻址模式：地址的第 9:8 位

Bits 7:1：ADD[7:1]表示接口地址。

表示地址的第 7:1 位。

Bit 0：ADD0 表示接口地址。

7 位寻址模式：无意义

10 位寻址模式：地址的第 0 位

寄存器 IIC_OAR2 （自有地址寄存器 2）

地址偏移：0x0C

复位值：0x0000

15	14	13	12	11	10	9	8	7	6	5	4	3	2	1	0
Reserved								ADD2[7:1]							ENDUAL
								rw	rw	rw	rw	rw	rw	rw	rw

Bits 15:8：保留，必须保持复位值。

Bits 7:1：ADD2[7:1]表示接口地址。

双寻址模式下的地址第 7:1 位。

Bit 0：ENDUAL 表示双寻址模式使能（Dual addressing mode enable）。

0：7 位寻址模式下仅对 OAR1 地址响应

1：7 位寻址模式下能对 OAR1 和 OAR2 两个地址响应

寄存器 IIC_DR （IIC 数据寄存器）

地址偏移：0x10

复位值：0x0000

15	14	13	12	11	10	9	8	7	6	5	4	3	2	1	0
Reserved								DR[7:0]							
								rw	rw	rw	rw	rw	rw	rw	rw

Bits 15:8：保留，必须保持复位值。

Bits 7:0：DR[7:0] 表示 8 位数据寄存器。

表示接收的字节或者要发送到总线的字节。

-发送模式：在 DR 寄存器中写入第一个字节时自动开始发送字节。如果在启动传送（TxE=1）后立即将下一个要传送的数据置于 DR 中，则可以保持连续的传送流。

-接收模式：将接收到的字节复制到 DR 中（RxNE=1）。如果在接收下一个数据字节（RxNE=1）之前读取 DR，则可保持连续的传送流。

注意：

（1）在从模式下，地址并不会复制到 DR 中。

（2）硬件不对写冲突进行管理（TxE=0 时也可对 DR 执行写操作）。

（3）如果发出 ACK 脉冲时出现 ARLO 事件，则不会将接收到的字节复制到 DR 寄存器，因而也无法读取字节。

寄存器 IIC_SR1 （IIC 状态寄存器 1）

地址偏移：0x18

复位值：0x0000

15	14	13	12	11	10	9	8	7	6	5	4	3	2	1	0
SMB ALERT	TIME OUT	Res.	PEC ERR	OVR	AF	ARLO	BERR	TxE	RxNE	Res.	STOPF	ADD10	BTF	ADDR	SB
re_w0	re_w0		re_w0	re_w0	re_w0	re_w0	re_w0	r	RxNE		r	r	Res.	r	r

Bit 15：SMBALERT 表示 SMBus 报警（SMBus alert）。

在 SMBus 主机模式下：

0：无 SMBALERT

1：引脚上发生 SMBALERT 事件

在 SMBus 从模式下：

0：无 SMBALERT 响应地址头

1：接收到指示 SMBALERT 低电平的 SMBALERT 响应地址头

-由软件写入 0 来清零，或在 PE=0 时由硬件清零。

Bit 14：TIMEOUT 表示超时或 Tlow 错误（Timeout or Tlow error）。

0：无超时错误

1：SCL 低电平时长持续 25 ms（超时）

或

主器件累计时钟低电平延长时间超过 10 ms（Tlow:mext）

或

从器件累计时钟低电平延长时间超过 25 ms（Tlow:sext）

-在从模式下置 1 时：从器件复位通信且硬件释放数据线。

-在主模式下置 1 时：由硬件发送停止位。

-由软件写入 0 来清零，或在 PE=0 时由硬件清零。

注意：此功能仅在 SMBus 模式下可用。

Bit 13：保留，必须保持复位值。

Bit 12：PECERR 表示接收期间 PEC 错误（PEC Error in reception）。

0：无 PEC 错误：接收器在接收 PEC 后返回 ACK（如果 ACK=1）

1：PEC 错误：接收器在接收 PEC 后返回 NACK（无论 ACK 什么值）

由软件写入 0 来清零，或在 PE=0 时由硬件清零。

注意：接收到错误的 CRC 时，如果在结束 CRC 接收之前 PEC 控制位没有置 1，则 PECERR 位在从模式下不会置 1。不过可以通过读取 PEC 值来判定接收到的 CRC 是否正确。

Bit 11：OVR 表示上溢/下溢（Overrun/Underrun）。

0：未发生上溢/下溢

1：上溢或下溢

在从模式下由硬件置 1，前提是满足 NOSTRETCH=1 且：

-接收过程中接收到一个新字节（包括 ACK 脉冲）但尚未读取 DR 寄存器。新接收的字节将丢失。

-发送过程中将发送一个新字节但尚未向 DR 寄存器写入数据。同一字节发送两次。

由软件写入 0 来清零，或在 PE=0 时由硬件清零。

注意：如果 DR 写操作时间与出现 SCL 上升沿的时间非常接近，则发出的数据不确定，并且出现数据保持时间错误。

Bit 10：AF 表示应答失败（Acknowledge failure）。

0：未发生应答失败

1：应答失败

无应答返回时由硬件置 1。

由软件写入 0 来清零，或在 PE=0 时由硬件清零。

Bit 9：ARLO 表示仲裁丢失（Arbitration lost）（主模式）。

0：未检测到仲裁丢失

1：检测到仲裁丢失

当接口在竞争总线是输给另一个主设备时，由硬件将该位置 1。

由软件写入 0 来清零，或在 PE=0 时由硬件清零。

发生 ARLO 事件后，接口会自动切换回从模式（M/SL=0）。

注意：在 SMBUS 中，从模式下的数据仲裁仅发生在数据阶段或发送确认期间（不适用于地址确认）。

Bit 8：BERR 表示总线错误（Bus error）。

0：无误放的起始或停止位

1：存在误放的起始或停止位

SCL 为高电平时，若接口在字节传输期间检测到某个无效位置出现 SDA 上升沿或下降沿，会由硬件将该位置 1。

由软件写入 0 来清零，或在 PE=0 时由硬件清零。

Bit 7：TxE 表示数据寄存器为空（Data register empty）（发送器）。

0：数据寄存器非空

1：数据寄存器为空

发送过程中 DR 为空时该位置 1。TxE 不会在地址阶段置 1。

由软件写入 DR 寄存器来清零，或在出现起始、停止位或者 PE=0 时由硬件清零。

如果接收到 NACK 或要发送的下一个字节为 PEC（PEC=1），TxE 将不会置 1。

注意：写入第一个要发送的数据或在 BTF 置 1 时写入数据都无法将 TxE 清零，因为这两种情况下数据寄存器仍为空。

Bit 6：RxNE 表示数据寄存器非空（Data register not empty）（接收器）。

0：数据寄存器为空

1：数据寄存器非空

接收模式下数据寄存器非空时置 1。RxNE 不会在地址阶段置 1。

由软件读取或写入 DR 寄存器来清零，或在 PE=0 时由硬件清零。

发生 ARLO 事件时 RxNE 不会置 1。

注意：BTF 置 1 时无法通过读取数据将 RxNE 清零，因为此时数据寄存器仍为满。

Bit 5：保留，必须保持复位值。

Bit 4：STOPF 表示停止位检测（Stop detection）（从模式）。

0：未检测到停止位

1：检测到停止位

从设备在应答脉冲后（如果 ACK=1）检测到停止位，由硬件置 1。

由软件分别对 SR1 寄存器和 CR1 寄存器执行读操作和写操作来清零，或在 PE=0 时由硬件清零。

注意：收到 NACK 后 STOPF 位不会置 1。

建议在 STOPF 置 1 后执行完整的清零序列（首先读取 SR1，然后写入 CR1）。

Bit 3：ADD10 表示发送 10 位头（主模式）。

0：未发生 ADD10 事件

1：主器件已发送第一个地址字节（头）

主器件在 10 位地址模式下已发送第一个字节时由硬件置 1。

由软件在读取 SR1 寄存器后在 DR 寄存器中写入第二个地址字节来清零，或在 PE=0 时由硬件清零。

注意：收到 NACK 后 ADD10 位不会置 1。

Bit 2：BTF 表示字节传输完成（Byte transfer finished）。

0：数据字节传输未完成

1：数据字节传输成功完成

由硬件置 1，前提是满足 NOSTRETCH=0，且：

接收过程中接收到一个新字节（包括 ACK 脉冲）但尚未读取 DR 寄存器（RxNE=1）。

发送过程中将发送一个新字节但尚未向 DR 寄存器写入数据（TxE=1）。

由软件读或写 DR 寄存器来清零，或在发送过程中出现起始或停止位后由硬件清零，也可在 PE=0 时由硬件清零。

注意：收到 NACK 后 BTF 位不会置 1，如果下一个要发送的字节为 PEC（IIC_SR2 寄存器中的 TRA=1，IIC_CR1 寄存器中的 PEC=1），则 BTF 位不会置 1。

Bit 1：ADDR 表示地址已发送（主模式）/地址匹配（从模式）。

由软件在读取 SR1 寄存器后读取 SR2 寄存器来清零，或在 PE=0 时由硬件清零。

地址匹配（从模式）：

0：地址不匹配或未接收到地址。

1：接收到的地址匹配。

当接收到的从地址与 OAR 寄存器内容、广播呼叫地址或 SMBus 器件默认地址匹配时，或者识别到 SMBus 主机或 SMBus 报警时，该位由硬件置 1（根据配置确定何时使能）。

注意：在从模式下，建议在 ADDR 置 1 后执行完整的清零序列（首先读取 SR1，然后写入 SR2）。

地址已发送（主模式）：

0：地址发送未结束

1：地址发送结束

在 10 位寻址模式下，接收到第二个地址字节的 ACK 后该位置 1。

在 7 位寻址模式下，接收到地址字节的 ACK 后该位置 1。

注意：收到 NACK 后 ADDR 位不会置 1

Bit 0：SB 表示起始位（Start bit）（主模式）。

0：无起始位

1：起始位已经发送

生成启动条件时置 1。

由软件在读取 SR1 寄存器后写入 DR 寄存器来清零，或在 PE=0 时由硬件清零。

寄存器 IIC_CCR （IIC 时钟控制寄存器）

地址偏移：0x1C

复位值：0x0000

F_{PCLK1} 必须至少为 2MHz 才能实现 Sm 模式 IIC 频率。实现 Fm 模式 IIC 频率必须至少为 4MHz。它必须是 10MHz 的倍数才能达到 400kHz 最大 IICFm 模式时钟。

CCR 寄存器只有在 IIC 被禁止（PE=0）时才能被配置。

15	14	13	12	11	10	9	8	7	6	5	4	3	2	1	0
F/S	DUTY	Reserved		CCR[11:0]											
Rw	rw			rw	rw	rw	rw	rw	rw	rw	rw	rw	rw	rw	rw

Bit 15：F/S 表示 IIC 主模式选择（IIC master mode selection）。

0：标准模式 IIC

1：快速模式 IIC

Bit 14：DUTY 表示快速模式占空比（Fast mode duty cycle）。

0：快速模式 $T_{low}/T_{high} = 2$

1：快速模式 $T_{low}/T_{high} = 16/9$（参见 CCR）

Bits 13:12：保留，必须保持复位值。

Bits 11:0：CCR[11:0]表示快速/标准模式下的时钟控制寄存器（Clock control register in Fast/Standard mode）（主模式）。

控制主模式下的 SCL 时钟。

标准模式或 SMBus 模式：

$T_{high} = CCR * T_{PCLK1}$

$T_{low} = CCR * T_{PCLK1}$

快速模式：

如果 DUTY = 0：

$T_{high} = CCR * T_{PCLK1}$

$T_{low} = 2 * CCR * T_{PCLK1}$

如果 DUTY = 1：（达到 400 kHz）

$T_{high} = 9 * CCR * T_{PCLK1}$

$T_{low} = 16 * CCR * T_{PCLK1}$

例如：要在标准模式下生成 100 kHz 的 SCL 频率：

如果 FREQR=08，T_{PCLK1}=125ns，则必须将 CCR 编程为 0x28（0x28<=>40dx125ns=5000ns）。

注意：允许的最小值为 0x04，但快速占空比模式例外，其最小值为 0x01。由于模拟噪声滤波器输入延迟，实际频率可能会有所不同。只有在禁用 IIC（PE=0）时，才会对 CCR 寄存器进行配置。

寄存器 IIC_TRISE （IIC_TRISE 寄存器）

地址偏移：0x20

复位值：0x0002

15	14	13	12	11	10	9	8	7	6	5	4	3	2	1	0
Reserved										TRISE[5:0]					
										rw	rw	rw	rw	rw	rw

Bits 15:6：保留，必须保持复位值。

Bits 5:0：TRISE[5:0]表示快速/标准模式下的最大上升时间（Maximum rise time in Fast/Standard mode）。

这些位必须编程为 IIC 总线规范中给定的最大 SCL 上升时间加 1。

例如：标准模式下允许的最大 SCL 上升时间为 1000ns。

如果 IIC_CR2 寄存器中 FREQ[5:0]位的值等于 0x08 且 TPCLK1=125ns，则 TRISE[5:0]位必须编程为 09h。

（1000ns/125ns=8+1）

滤波器值也可以叠加到 TRISE[5:0]。

如果结果不为整数，则 TRISE[5:0]必须编程为整数部分，以符合 tHIGH 参数要求。

注意：TRISE[5:0]必须仅在禁止 IIC(PE=0)的情况下配置。

15.3 IIC 配置实例

由于硬件 IIC 非常复杂，还有一些 BUG，而且针对不同型号的单片机，不方便移植，所以一般用户用的都是模拟 IIC，也就是使用两个普通的 I/O 口，通过高低电平来模拟 IIC 协议。

使用模拟 IIC，仅仅使用到两个 I/O 口，使能时钟只需要使能 I/O 口的时钟就行了。

代码清单 15.1 使能 I/O 口时钟：

```
RCC_AHB1PeriphClockCmd(RCC_AHB1Periph_GPIOB, ENABLE);
```

在使能 I/O 口时钟之后，用户就要对 I/O 口进行初始化了，之所以使用 PB8 和 PB9，是因为这两个 I/O 口连接到了 EEPHROM 上，用户通过这两个 I/O 口才可以对 EEPHROM

进行操作。

代码清单 15.2　I/O 口初始化：

```
GPIO_InitStructure.GPIO_Pin = GPIO_Pin_8 | GPIO_Pin_9;
GPIO_InitStructure.GPIO_Mode = GPIO_Mode_OUT;
GPIO_InitStructure.GPIO_OType = GPIO_OType_PP;
GPIO_InitStructure.GPIO_Speed = GPIO_Speed_100MHz;
GPIO_InitStructure.GPIO_PuPd = GPIO_PuPd_UP;
```

初始化 I/O 口，用户就要通过 I/O 口来模拟 IIC 协议了。

打个比方：在国内，大家都是中国人，按理说交流应该是没有问题的，可事实上两个相邻的省，一方说话，另一方会感觉自己像在听天书。甚至一个省的不同区域，因为口音问题，也会产生交流障碍。

IIC 协议统一了通信标准，给单片机制定规则，就相当于用户使用普通话交流的规则。

IIC 协议规定了通信的起始信号、响应信号、结束信号，同时 IIC 还规定了通信的读时序、写时序等一些东西。

IIC 规定了两根信号线都处于高电平状态为空闲状态，起始信号用来表示通信的开始，是由通信两方的主机发送的。在没有人参与时，IIC 的两条信号线都为高电平状态，当 SDA 数据信号线的高电平变化为低电平，就产生了一个开始信号，从机就会知道主机要发送数据了。需要注意的是，开始信号为 SCL 高电平状态下，SDA 电平由高跳转到低。

代码清单 15.3　IIC 起始信号：

```
void IIC_Start()
{
        SDA_OUT();
        IIC_SDA_High();
        IIC_SCL_High();
        delay_us(4);
        IIC_SDA_Low();
        delay_us(4);
        IIC_SCL_Low();
        delay_us(4);
}
```

在编写模拟 IIC 程序的时候，用户不妨在操作之后将两根信号线上的电平拉低，这样用户在编写的时候思路会更加明确，设计程序会更加容易。另外，在拉低信号线的时候，用户要注意先后顺序，一旦 SCL 为高电平期间，SDA 信号线被拉低就会是一个开始信号。

发送数据可以是由主机发送，也可以是由从机来发送，具体得看当时的情况。

不过在主机发送起始信号之后，发送数据的一定是主机，主机会通过 IIC 写一个地址，这个操作就像是用户打电话，这个地址就是电话号码。

IIC 协议一次只能传递一个字节，也就是 8 位的数据，另外，IIC 规定了在传输数据的时候，在 SCL 为高电平期间，SDA 上传输的数据为有效数据，所以在 SCL 为高电平期间，SDA 的电平状态必须稳定；若是 SDA 上的数据要变化，即第一位传递 0，第二位想要传递 1 的话，SDA 的电平只能在 SCL 为低电平期间变化。

代码清单 15.4　IIC 写数据时序：

```
void IIC_Write_Byte(uint8_t what)
{
```

```
    uint8_t i;
    SDA_OUT();
    for(i=0;i<8;i++)
    {
        /*将数据右移 7 位与上 0x01，最后再将数据左移一位，从数据的最高位开始获取每一位*/
        if((what>>7)&0x01)
        {
            IIC_SDA_High();
        }
        else
        {
            IIC_SDA_Low();
        }
        what<<=1;
        IIC_SCL_High();
        delay_us(4);
        if(i<7)
        {
            IIC_SCL_Low();
            delay_us(4);
        }
    }
    IIC_SCL_Low();
    IIC_SDA_Low();
    delay_us(4);
}
```

电话在打出去之后，如果有这个电话号码，那么电话号码的主人必然会有反应，比如说被叫用户不想应答，就直接挂电话；或者没有这个电话号码，那么运营商就会提示用户。

这里的响应信号就相当于是对方的反应，将响应信号分为两种：接通电话和挂断电话是一种，运营商提醒用户没有这个电话是另一种。

第一种，用户将这个信号叫做 ACK 信号，表示有这个人，至于这个人有什么反应用户暂且不管；第二种信号叫做 NACK 信号，表示没有这个人，用户就要结束掉这次通信了。

代码清单 15.5　IIC 等待 ACK 或 NACK 信号：

```
/*ACK 信号*/
void IIC_ACK()
{
    SDA_OUT();
    IIC_SCL_High();
    delay_us(4);
    IIC_SCL_Low();
    delay_us(4);
}
/*NACK 信号*/
void IIC_NACK()
{
    SDA_OUT();
    IIC_SDA_High();
    IIC_SCL_High();
```

```
        delay_us(4);
        IIC_SCL_Low();
        IIC_SDA_Low();
        delay_us(4);
}
/*等待 ACK 信号，超时则结束通信，收到 ACK 则返回 0*/
uint8_t IIC_WaitACK()
{
        uint32_t WaitTime=0;
        SDA_IN();
        IIC_SCL_High();
        delay_us(4);
        while(Get_Sda())
        {
                WaitTime++;
                delay_us(1);
                if(WaitTime>250)
                {
                        IIC_Stop();
                        return 1;
                }
        }
        IIC_SCL_Low();
        IIC_SDA_Low();
        delay_us(4);
        return 0;
}
```

如果有这个地址的设备，那么从机就会返回一个 ACK 信号，否则返回的就是 NACK 信号，响应信号是由从机发送，由主机来接收，在没有接收到 ACK 信号之前，主机需要做的是等待。

当主机接收到来自从机的信号之后，主机就可以向从机写一个命令或者数据，亦或者是地址；若是主机向从机写一个读命令，从机会先返回一个 ACK 信号，表示自己知道了，然后接下来会返回一个 8 位的数据，这时候主机就得和刚才一样，变为接收模式。

响应信号不仅仅只有由从机产生，主机也是可以产生响应信号的，在读取完从机传递过来的数据后，主机也需要产生一个响应信号 ACK 或者 NACK，到底产生什么信号由开发者来决定，若是产生的是 NACK 则通信就得结束。

代码清单 15.6　IIC 主机读数据：

```
uint8_t IIC_Read_Byte(unsigned char ack)
{
        uint8_t ReadDate;
        uint8_t i=0;
        SDA_IN();
        for(i=0;i<8;i++)
        {
                IIC_SCL_High();
                ReadDate|=Get_Sda();
```

```
            ReadDate<<=1;
            delay_us(4);
            if(i<7)
            {
                IIC_SCL_Low();
                delay_us(4);
            }
        }
        IIC_SCL_Low();
        IIC_SDA_Low();
        delay_us(4);
        if(ack)
        {
            IIC_ACK();
        }
        else
        {
            IIC_NACK();
        }
        return ReadDate;
}
```

IIC 规定，当 SCL 为高电平状态，SCL 由低电平变为高电平状态，就表示一个停止信号，这时候 IIC 总线上的设备就会知道通信结束，就会空闲下来，各忙各的事情。

代码清单 15.7　IIC 结束信号：

```
void IIC_Stop()
{
    SDA_OUT();
    IIC_SCL_High();
    delay_us(4);
    IIC_SDA_High();
    delay_us(4);
}
```

对于 STM32F407，其板载的 EEPHROM 芯片型号为 AT24C02，对于 AT24C02，首先用户需要检测其是否存在，如果 AT24C02 存在，那么用户可以往里面写一些东西。

如果 24C02 存在，用户就可以开始通信了。

首先，主机发送一个开始信号，然后检测 AT24C02 是否存在，之后发送 AT24C02 的 7 位地址和一个写信号，然后通过是否有返回 ACK 来判定 AT24C02 是否存在。

EEPHROM 设备地址一共有 7 位，其中高 4 位固定为 1010，低 3 位则由硬件信号连线的电平决定，A0、A1、A2，最后的 1 位对应读写方向位；0 表示主机向从机写数据，1 表示在主机写数据之后，从机会返回一个数据。

EEPHROM 内部已经连接好，A0、A1、A2 均为 0，所以 EEPHROM 得 7 位地址为 1010000，IIC 通信一次传递一个字节 8 位的数据，地址常常是和最后的读写方向连在一起构成一个 8 位数，所以当 R/W 位为 0 的时候，写的地址为 0xA0；R/W 为 1 的时候，表示读方向，从机会在返回 ACK 之后再返回一个 8 位的数据，写的地址为 0xA1。

代码清单 15.8 EEPHROM 读写操作：

```
//传入两个数据，从目标地址读数据的目标地址，以及读完是否通信的 ACK
uint8_t EEPHROM_ReadOneByte(uint16_t reg_addr,uint8_t ack)
{
    uint8_t temp=0;
    IIC_Start();
    IIC_Write_Byte(0XA0);
    /*地址的前 7 位一致，最后一位表示读还是写，0 表示写，1 表示读写完地址后，从机先返回 ack 信号，再
返回数据*/
    //如果没有等到 ACK 就结束此次通信
    if(IIC_WaitACK())
    {
        return 1;
    }
    IIC_Write_Byte(reg_addr%256);
    /*要写入数据的地方(地址)，%256 是为了避免出现整型，该操作可以将整型扩展为十六进制*/
    if(IIC_WaitACK())
    {
        return 1;
    }
    IIC_Start();
    //发送重新开始信号
    IIC_Write_Byte(0XA1);
    //进入接收模式
    if(IIC_WaitACK())
    {
        return 1;
    }
    temp=IIC_Read_Byte(ack);
    //不再继续通信
    IIC_Stop();
    //停止此次通信
    return  temp;
}

/*朝指定地址写入一个数据
**一次只写一个数据，即 8 位
**reg_addr:写入数据的地址
**DataToWrite:要写入的数据
*/
uint8_t EEPHROM_WriteOneByte(uint16_t reg_addr,uint8_t DataToWrite)
{
    IIC_Start();
    IIC_Write_Byte(0XA0);
    if(IIC_WaitACK())
    {
        return 1;
    }
```

```
        IIC_Write_Byte(reg_addr%256);
        if(IIC_WaitACK())
        {
                return 1;
        }
        IIC_Write_Byte(DataToWrite);
        if(IIC_WaitACK())
        {
                return 1;
        }
        IIC_Stop();//产生一个停止条件
        delay_ms(10);
        return 0;
}

/*检查 AT24CXX 是否正常
**这里用了 24XX 的最后一个地址(255)来存储标志字.
**如果用其他 24C 系列,这个地址要修改
**返回 1:检测失败
**返回 0:检测成功
*/
uint8_t AT24CXX_Check(void)
{
        uint8_t temp;
        temp=EEPHROM_ReadOneByte(255);
        if(temp==0X55)
        {
            return 0;
        }
        else
        {
            EEPHROM_WriteOneByte(255,0X55);
            temp=EEPHROM_ReadOneByte(255);
            if(temp==0X55)
            {
                return 0;
            }
        }
        return 1;
}
```

代码清单 15.9　完整代码：

```
void IIC_GPIO_Init()
{
        GPIO_InitTypeDef GPIO_InitStruct;

        RCC_AHB1PeriphClockCmd(RCC_AHB1Periph_GPIOB, ENABLE);

        GPIO_InitStruct.GPIO_Pin = GPIO_Pin_8 | GPIO_Pin_9;
```

```
        GPIO_InitStruct.GPIO_Mode = GPIO_Mode_OUT;
        GPIO_InitStruct.GPIO_OType = GPIO_OType_OD;
        GPIO_InitStruct.GPIO_Speed = GPIO_Speed_100MHz;
        GPIO_InitStruct.GPIO_PuPd = GPIO_PuPd_UP;
        GPIO_Init(GPIOB, &GPIO_InitStruct);

        IIC_SDA_High();
        IIC_SCL_High();

}

/*开始信号*/
void IIC_Start()
{
        SDA_OUT();
        IIC_SDA_High();
        IIC_SCL_High();
        delay_us(4);
        IIC_SDA_Low();
        delay_us(4);
        IIC_SCL_Low();
        delay_us(4);
}

/*结束信号*/
void IIC_Stop()
{
        SDA_OUT();
        IIC_SCL_High();
        delay_us(4);
        IIC_SDA_High();
        delay_us(4);;
}

/*ACK 信号*/
void IIC_ACK()
{
        SDA_OUT();
        IIC_SCL_High();
        delay_us(4);
        IIC_SCL_Low();
        delay_us(4);
}

/*NACK 信号*/
void IIC_NACK()
{
        SDA_OUT();
```

```
        IIC_SDA_High();
        IIC_SCL_High();
        delay_us(4);
        IIC_SCL_Low();
        IIC_SDA_Low();
        delay_us(4);
}

/*等待 ACK 信号，超时则返回 1，收到 ACK 则返回 0*/
uint8_t IIC_WaitACK()
{
        uint32_t WaitTime=0;
        SDA_IN();
        IIC_SCL_High();
        delay_us(4);
        while(Get_Sda())
        {
                WaitTime++;
                delay_us(1);
                if(WaitTime>250)
                {
                        IIC_Stop();
                        return 1;
                }
        }
        IIC_SCL_Low();
        IIC_SDA_Low();
        delay_us(4);
        return 0;
}

/*用 IIC 写一个字节*/
void IIC_Write_Byte(uint8_t what)
{
        uint8_t i;
        SDA_OUT();
        for(i=0;i<8;i++)
        {
                if((what>>7)&0x01)
                {
                        IIC_SDA_High();
                }
                else
                {
                        IIC_SDA_Low();
                }
                what<<=1;
                IIC_SCL_High();
```

```
            delay_us(4);
            if(i<7)
            {
                IIC_SCL_Low();
                delay_us(4);
            }
        }
        IIC_SCL_Low();
        IIC_SDA_Low();
        delay_us(4);
    }

    /*用 IIC 来读一个字节，传入数据 acl，用 ack 来表示是否愿意继续通信，愿意就传入 1，不愿意就传入 0，不愿
意就会停止通信*/
    uint8_t IIC_Read_Byte(unsigned char ack)
    {
        uint8_t ReadDate;
        uint8_t i=0;
        SDA_IN();
        for(i=0;i<8;i++)
        {
            IIC_SCL_High();
            ReadDate|=Get_Sda();
            ReadDate<<=1;
            delay_us(4);
            if(i<7)
            {
                IIC_SCL_Low();
                delay_us(4);
            }
        }
        IIC_SCL_Low();
        IIC_SDA_Low();
        delay_us(4);
        if(ack)
        {
            IIC_ACK();
        }
        else
        {
            IIC_NACK();
        }
        return ReadDate;
    }

    /*
    **IIC 通信流程：
    **主机向从机发送起始信号，IIC 总线可能会连接多个设备，所以接下来需要选择设备，用户是通过写地址来选
```

```
择设备的
    **若是有这个地址的从机，该从机就会返回一个 ack 信号，表示接下来可以继续写了；这个时候主机需要等待从机发送的 ack
    **若是接收到 ack，主机就可以继续写地址；若没有，则本次通信结束
    **若是想读，则写读寄存器，则在从机返回 ack 信号后，会接着返回 8 位数据，然后 ack 信号由主机来发送
    */
    uint8_t EEPHROM_ReadOneByte(uint16_t reg_addr,uint8_t ack)
    {
        uint8_t temp=0;
        IIC_Start();
        IIC_Write_Byte(0XA0);
        /*前 7 位一致，最后一位表示读还是写，0 表示写，1 表示读写完地址后，从机先返回 ack 信号，再返回数据*/
        if(IIC_WaitACK())
        {
            return 1;
        }
        IIC_Write_Byte(reg_addr%256);
        /*要写入数据的地方(地址)，%256 是为了避免出现整型，该操作可以将整型扩展为十六进制*/
        if(IIC_WaitACK())
        {
            return 1;
        }
        IIC_Start();
        //发送重新开始信号
        IIC_Write_Byte(0XA1);
        //进入接收模式
        if(IIC_WaitACK())
        {
            return 1;
        }
        temp=IIC_Read_Byte(ack);
        //不再继续通信
        IIC_Stop();
        //停止此次通信
        return temp;
    }
    /*在向 AT24C02 写入数据的时候，用户得制定 AT24C02 中的某个地址，朝这个地址写入数据
    **读数据的时候也是一样，得指定一个地址，从这个地址读取数据
    **朝指定地址写入一个数据
    **一次只写一个数据，即 8 位
    **reg_addr:写入数据的地址
    **DataToWrite:要写入的数据
    */
    uint8_t EEPHROM_WriteOneByte(uint16_t reg_addr,uint8_t DataToWrite)
    {
        IIC_Start();
        IIC_Write_Byte(0XA0);
        if(IIC_WaitACK())
```

```
    {
        return 1;
    }
    IIC_Write_Byte(reg_addr%256);
    if(IIC_WaitACK())
    {
        return 1;
    }
    IIC_Write_Byte(DataToWrite);
    if(IIC_WaitACK())
    {
        return 1;
    }
    IIC_Stop();//产生一个停止条件
    delay_ms(10);
    return 0;
}

/*检查 AT24CXX 是否正常
**这里用了 24XX 的最后一个地址(255)来存储标志字.
**如果用其他 24C 系列,这个地址要修改
**返回 1:检测失败
**返回 0:检测成功
*/
uint8_t AT24CXX_Check(void)
{
    uint8_t temp;
    temp=EEPHROM_ReadOneByte(255);
    if(temp==0X55)
    {
        return 0;
    }
    else
    {
        EEPHROM_WriteOneByte(255,0X55);
        temp=EEPHROM_ReadOneByte(255);
        if(temp==0X55)
        {
            return 0;
        }
    }
    return 1;
}

int main(void)
{
    delay_init(168);
    IIC_GPIO_Init();
```

```
    while(1)
    {
        while(!AT24CXX_Check())
        {
            //从 0 开始，隔 2 个字节写一个数据
            EEPHROM_WriteOneByte(2*k,k);
            delay_ms(1);
            //1ms 之后从目标地址读一个数据
            EEPHROM_ReadOneByte(2*k,0);
            k++;
            if(k>=120)
            {
                return (0);
            }
        }
    }
}
```

SPI 配置

16.1 SPI 功能概述

SPI（Serial Peripheral Interface）协议是由摩托罗拉公司提出的，SIP 是串行外围设备接口，是一种高速、全双工的通信总线。它被广泛地使用在 ADC、LCD 等设备与 MCU 间，要求通信速率较高的场合。

SPI 接口一般使用 4 条线通信，如图 16.1 所示。

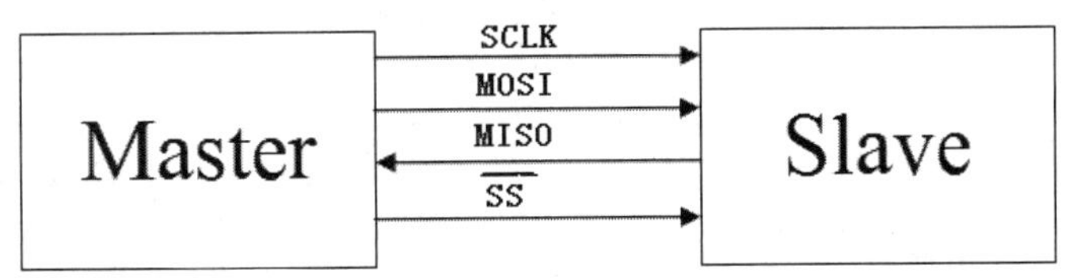

图 16.1 SPI 硬件接线图

SCLK：时钟信号线，由主器件产生。它决定了通信的速率，不同的设备支持的最高时钟频率不一样，STM32 SPI 时钟频率最大为 $f_{PCLK}/2$，两个设备之间通信时，通信速率受限于低速设备。

MISO：主器件输入/从器件输出。主机从这条信号线读入数据，从机的数据由这条信号线输出到主机，即在这条线上数据的方向为从机到主机。

MOSI：主器件输出/从器件输入。主机的数据从这条信号线输出，从机由这条信号线读入主机发送的数据，即这条线上数据的方向为主机到从机。

SS：从器件使能信号，由主器件控制。

时钟相位和时钟极性

时钟极性 CPOL 是指 SPI 通信设备处于空闲状态时的时钟电平状态。CPOL = 0 时，

SCK 引脚在空闲状态处于低电平。CPOL = 1 时，SCK 引脚在空闲状态处于高电平。

时钟相位 CPHA 是指数据的采样边沿，CPHA = 0 时，则 SCK 引脚的第一个边沿（如果 CPOL =0，则为上升沿；CPOL = 1，则为下降沿）对数据进行采样，CPHA =1 时，则 SCK 引脚的第二个边沿（如果 CPOL = 0，则为下降沿，CPOL =1，则为上升沿）对数据进行采样。

根据 CPOL 和 CPHA 的不同状态，将 SPI 分成四种模式，SPI 主器件和从器件的时钟极性与时钟相位必须一致，即模式必须一样（主器件的 MOSI 和从器件的 MISO 配置一致，主器件的 MISO 和从器件的 MOSI 配置一致）。一般主器件的时钟极性与时钟相位由从器件的配置来决定。

SPI 时序图如图 16.2 所示。

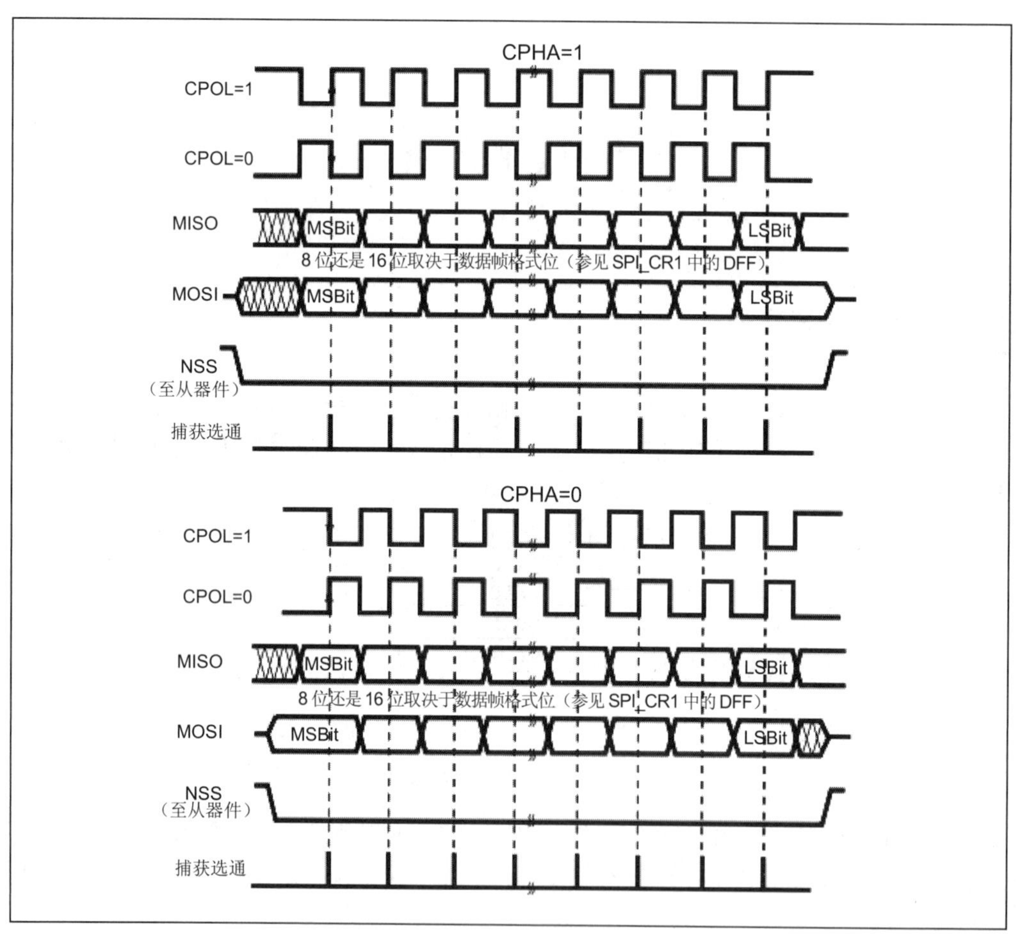

图 16.2　SPI 时序图

SPI 模式	CPOL	CPHA
0	0	0
1	0	1
2	1	0
3	1	1

16.2　SPI 相关寄存器

寄存器 SPI_CR1（SPI 控制寄存器 1）
地址偏移：0x00
复位值：0x0000

15	14	13	12	11	10	9	8	7	6	5	4	3	2	1	0
BIDIMODE	BIDIOE	CRCEN	CRCNEXT	DFF	RXONLY	SSM	SSI	LSBFIRST	SPE	BR[2:0]			MSTR	CPOL	CPHA
rw	rw	rw	rw	rw	rw	rw	rw	rw	rw	rw	rw	rw	rw	rw	rw

Bit 15：BIDIMODE 表示双向数据模式启用。
0：选择 2 线单向数据模式
1：选择 1 线双向数据模式

注意：该位不能被使用在 I2S 模式。

Bit 14：BIDIOE 表示双向模式下输出使能。
该位只能在 BIDIMODE 选择双向模式传输下使能。
0：输出禁止（仅输入模式）
1：输出启动（仅传输模式）
Bit 13：CRCEN 表示硬件 CRC 校验使能。
0：CRC 校验禁止
1：CRC 校验启动

注意：该位不能被使用在 I2S 模式。

Bit 12：CRCNEXT 表示下个传输的 CRC。
0：数据阶段（无 CRC 阶段）
1：下个传输为 CRC（CRC 阶段）
Bit 11：DFF 表示数据帧格式。
0：选择 8 位数据帧格式进行发送/接收
1：选择 16 位数据帧格式进行发送/接收
Bit 10：RXONLY 表示仅接收。
该位与 BIDIMODE 位结合，以 2 线单向模式选择传输方向。在多层系统中，特定的从机不被访问，被访问的从机输出位被破坏。
0：全双工模式（发送和结束）
1：输出禁止（仅接收模式）
Bit 9：SSM 表示软件从属管理。
当 SSM 被置 1 时，NSS 引脚输入将被替换为 SSI 位的值。
0：软件从属管理禁止
1：软件从属管理启动

Bit 8：SSI 表示内部从机选择。

该位仅在 SSM 置 1 时才有效。该位的值强制在 NSS 引脚上，NSS 引脚 I/O 值被忽略。

Bit 7：LSBFIRST 表示帧格式。

0：先发送 MSB

1：先发送 LSB

Bit 6：SPE 表示 SPI 使能。

0：禁止外设

1：启动外设

Bits 5:3：BR[2:0]表示波特率控制。

000：$f_{PCLK}/2$　　001：$f_{PCLK}/4$

010：$f_{PCLK}/8$　　011：$f_{PCLK}/16$

100：$f_{PCLK}/32$　　101：$f_{PCLK}/64$

110：$f_{PCLK}/128$　　111：$f_{PCLK}/256$

Bit 2：MSTR 表所示主从选择。

0：设定为从机

1：设定为主机

Bit 1：CPOL 表示时钟极性。

0：空闲时 CK 为 0

1：空闲时 CK 为 1

Bit 0：CPHA 表示时钟相位。

0：第一个时钟转换为第一个数据的边沿捕获

1：第二个时钟转换为第一个数据的边沿捕获

寄存器 SPI_SR （SPI 状态寄存器）

地址偏移：0x08

复位值：0x0000

15	14	13	12	11	10	9	8	7	6	5	4	3	2	1	0
Reserved							FRE	BSY	OVR	MODF	CRC ERR	UDR	CHSI DE	TXE	RXNE
							r	r	r	r	rc_w0	r	r	r	r

Bits 15:9：保留，其参数保持复位状态。

Bit 8：FRE 表示帧格式错误。

0：没有帧格式错误

1：出现帧格式错误

Bit 7：BSY 表示繁忙标志位。

0：SPI（或 I2S）不忙

1：SPI（或 I2S）正在通信或者 Tx 缓冲区不为空

Bit 6：OVR 表示溢出标志位。

0：未出现溢出现象

1：出现溢出现象

注意：该位由硬件置位，且又软件清零。

Bit 5：MODF 表示模式故障。
0：未出现模式故障
1：出现模式故障

注意：该位由硬件置位，且又软件清零。

Bit 4：CRCERR 表示 CRC 错误标志位。
0：收到 CRC 值与 SPI_RXCRCR 值匹配
1：收到 CRC 值与 SPI_RXCRCR 值不匹配

注意：该位由硬件置位，且又软件清零。

Bit 3：UDR 表示欠载标志。
0：未出现欠载现象
1：出现欠载现象

注意：该位由硬件置位，且又软件清零。

Bit 2：CHSIDE 表示通道侧。
0：左通道必须被传送或已被接收
1：右通道必须被传送或已被接收
Bit 1：TXE 表示发送缓存区为空。
0：发送缓存区不为空
1：发送缓存区为空
Bit 0：RXNE 表示接收缓存区不为空。
0：接收数据缓存区为空
1：接收数据缓存区不为空

寄存器 SPI_DR （SPI 数据寄存器）
地址偏移：0x0C
复位值：0x0000

15	14	13	12	11	10	9	8	7	6	5	4	3	2	1	0
DR[15:0]															
rw	rw	rw	rw	rw	rw	rw	rw	rw	rw	rw	rw	rw	rw	rw	rw

Bits 15:0：DR 表示数据寄存器。
寄存器中的数据为接收到的或即将被发送。
数据寄存器分成两个缓存区，用于写入（发送缓存区）和读取（接收缓存区）。输入数据寄存器将输入 Tx 缓存区，从数据寄存器读取数据将返回 Rx 缓存区中保存值。

寄存器 SPI_CRCPR （SPI CRC 多项式寄存器）
地址偏移：0x10

复位值：0x0000

15	14	13	12	11	10	9	8	7	6	5	4	3	2	1	0
CRCPOLY[15:0]															
rw	rw	rw	rw	rw	rw	rw	rw	rw	rw	rw	rw	rw	rw	rw	rw

Bits 15:0：CRCPOLY 表示 CRC 多项式寄存器。

该寄存器包含用于 CRC 计算的多项式。

CRC 多项式（0007h）是该寄存器的复位值。另一个多项式可以根据需要进行配置。

寄存器 SPI_I2SCFGR （SPI_I2S 配置寄存器）

地址偏移：0x1C

复位值：0x0000

15	14	13	12	11	10	9	8	7	6	5	4	3	2	1	0
Reserved				I2SMOD	I2SE	I2SCFG		PCMSYNC	Res	I2SSTD		CKPOL	DATLEN		CHLEN
				rw	rw	rw	rw	rw		rw	rw	rw	rw	rw	rw

Bits 15:12：保留，其参数保持复位状态。

Bit 11：I2SMOD 表示 I2S 模式选择。

0：选择 SPI 模式

1：选择 I2S 模式

Bit 10：I2SE 表示 I2S 使能。

0：I2S 外设被禁用

1：I2S 外设启动

Bit 9:8：I2SCFG 表示 I2S 设置模式。

00：从机发送模式　　01：从机接收模式

10：主机发送模式　　11：主机接收模式

Bit 7：PCMSYNC 表示 PCM 帧同步。

0：短帧同步

1：长帧同步

注意：只有当 I2SSTD=11（使用 PCM 标准）时，该位才有意义；该位不适用与 SPI 模式。

Bit 6：保留，由硬件强制为 0。

Bits 5:4：I2SSTD 表示 I2S 标准选择。

00：I2S 飞利浦标准

01：MSB 对齐标准（左对齐）

10：LSB 对齐标准（右对齐）

11：PCM 标准

Bit 3：CKPOL 表示稳定状态时钟极性。

0：I2S 时钟稳定状态为低电平

1：I2S 时钟稳定状态为高电平

Bits 2:1：DATLEN 表示传输的数据长度。

00：16 位数据长度

01：24 位数据长度

10：32 位数据长度

11：不允许

Bit 0：CHLEN 表示通道长度（每个音频通道的位数）。

只有在 DATLEN=00 的情况下，位写操作才有意义，否则不管填充的值如何，通道长度都由硬件固定为 32 位。

0：16 位通道长度

1：32 位通道长度

16.3 SPI 配置实例

本次实例需要用到 PB3、PB4、PB5 作为 SPI 通信的端口。根据图 16.3 所示，三个端口的作用分别为：

PB3：SPI1_SCK（时钟线）

PB4：SPI1_MISO（主机输入，从机输出）

PB5：SPI1_MOSI（主机输出，从机输入）

PB3 (JTDO/ TRACESWO)	I/O	FT		JTDO/ TRACESWO/ SPI3_SCK / I2S3_CK / TIM2_CH2 / SPI1_SCK/ EVENTOUT
PB4 (NJTRST)	I/O	FT		NJTRST/ SPI3_MISO / TIM3_CH1 / SPI1_MISO / I2S3ext_SD/ EVENTOUT
PB5	I/O	FT		I2C1_SMBA/ CAN2_RX / OTG_HS_ULPI_D7 / ETH_PPS_OUT/TIM3_CH 2 / SPI1_MOSI/ SPI3_MOSI / DCMI_D10 / I2S3_SD/ EVENTOUT

图 16.3 SPI 硬件端口

（1）使能 GPIOB、SPI1 的端口时钟。

代码清单 16.1 端口使能配置：

```
RCC_AHB1PeriphClockCmd(RCC_AHB1Periph_GPIOB, ENABLE);//使能 GPIOB 时钟
RCC_APB2PeriphClockCmd(RCC_APB2Periph_SPI1, ENABLE);//使能 SPI1 时钟
```

（2）初始化 SPI1 的三个 GPIO 端口，端口设定为复用模式，其代码如下。

代码清单 16.2 端口初始化配置：

```
GPIO_InitStructure.GPIO_Pin = GPIO_Pin_3|GPIO_Pin_4|GPIO_Pin_5;//PB3～5 复用功能输出
GPIO_InitStructure.GPIO_Mode = GPIO_Mode_AF;//复用功能
GPIO_InitStructure.GPIO_OType = GPIO_OType_PP;//推挽输出
```

```
GPIO_InitStructure.GPIO_Speed = GPIO_Speed_100MHz;//100MHz
GPIO_InitStructure.GPIO_PuPd = GPIO_PuPd_UP;//上拉
GPIO_Init(GPIOB, &GPIO_InitStructure);//初始化
```

（3）分别将三个端口映射到 SPI1 上。

代码清单 16.3　端口复用功能映射：

```
GPIO_PinAFConfig(GPIOB,GPIO_PinSource3,GPIO_AF_SPI1); //PB3 映射到 SPI1 上
GPIO_PinAFConfig(GPIOB,GPIO_PinSource4,GPIO_AF_SPI1); //PB4 映射到 SPI1 上
GPIO_PinAFConfig(GPIOB,GPIO_PinSource5,GPIO_AF_SPI1); //PB5 映射到 SPI1 上
```

（4）SPI 端口初始化，主要是对硬件 SPI1 进行设定，其中设定包含了其工作模式、数据帧结构、数据帧的空闲状态、数据采样状态、NSS 控制等。

代码清单 16.4　SPI 初始化配置：

```
//设置 SPI 单向或者双向的数据模式:SPI 设置为双线双向全双工
        SPI_InitStructure.SPI_Direction = SPI_Direction_2Lines_FullDuplex;
//设置 SPI 工作模式:设置为主 SPI
SPI_InitStructure.SPI_Mode = SPI_Mode_Master;
//设置 SPI 的数据大小:SPI 发送接收 8 位帧结构
SPI_InitStructure.SPI_DataSize = SPI_DataSize_8b;
//串行同步时钟的空闲状态为高电平
SPI_InitStructure.SPI_CPOL = SPI_CPOL_High;
//串行同步时钟的第二个跳变沿（上升或下降）数据被采样
SPI_InitStructure.SPI_CPHA = SPI_CPHA_2Edge;
//NSS 信号由硬件（NSS 管脚）还是软件（使用 SSI 位）管理:内部 NSS 信号有 SSI 位控制
SPI_InitStructure.SPI_NSS = SPI_NSS_Soft;
//定义波特率预分频的值:波特率预分频值为 256
SPI_InitStructure.SPI_BaudRatePrescaler = SPI_BaudRatePrescaler_256;
//指定数据传输从 MSB 位还是 LSB 位开始:数据传输从 MSB 位开始
SPI_InitStructure.SPI_FirstBit = SPI_FirstBit_MSB;
//CRC 值计算的多项式
SPI_InitStructure.SPI_CRCPolynomial = 7;
//根据 SPI_InitStruct 中指定的参数初始化外设 SPIx 寄存器
SPI_Init(SPI1, &SPI_InitStructure);
```

使能 SPI1 外设需要调用到该使能函数：

```
SPI_Cmd(SPI1, ENABLE); //使能 SPI 外设
```

根据 SPI 通信协议的数据帧格式，可以知道对于数据交互的过程中，需要先发送指令，然后等待从机返回数据，因此代码编写如下所示。

代码清单 16.5　SPI 通信数据帧格式：

```
u8 SPI1_ReadWriteByte(u8 TxData)
{
        //等待发送区空
        while (SPI_I2S_GetFlagStatus(SPI1, SPI_I2S_FLAG_TXE) == RESET){}
        SPI_I2S_SendData(SPI1, TxData); //通过外设 SPIx 发送一个 byte   数据
        //等待接收完一个 byte
        while (SPI_I2S_GetFlagStatus(SPI1, SPI_I2S_FLAG_RXNE) == RESET){}
        return SPI_I2S_ReceiveData(SPI1); //返回通过 SPIx 最近接收的数据
}
```

由 SPI 通信主要是对各种传感器、存储器、播放设备等进行数据通信，因此本次通信暂无实验现象。

第 17 章 485 通信配置

17.1 485 通信

在工业控制、电力通信、智能仪表等领域，通常情况是采用串口通信的方式进行数据交换。最初采用的方式是 RS-232 接口，由于工业现场比较复杂，各种电气设备会在环境中产生比较多的电磁干扰，导致信号传输错误。除此之外，RS-232 接口只能实现点对点通信，不具备联网功能，最大传输距离也只能达到几十米，不能满足远距离通信要求。而 RS-485 则解决了这些问题，数据信号采用差分传输方式，可以有效地解决共模干扰问题，最大传输距离可以到 1200m，并且允许多个收发设备接到同一条总线上。

RS-485 是一种串行通信的标准，其定义了电压、阻抗等，但不对软件协议给予定义，也就是说，RS-485 协议其实是将逻辑 1 与逻辑 0 换了另一种电压标准。

RS-232 标准诞生于 RS-485 之前，由于技术的更新，在如今看来有一些不足的地方：

（1）接口的信号电平值较高，逻辑“1”与逻辑“0”之间差距能达到 20V，使用不当会容易损坏芯片。另外，RS-232 的电平标准也与 TTL 电平不兼容。

（2）传输速率有局限，一般到一两百千比特每秒（kb/s）就到极限了。

（3）RS-232 的接口使用两根信号线和 GND 与其他设备形成共地模式的通信，这种共地模式传输容易产生干扰，并且抗干扰性能也比较弱。

（4）传输距离有限，最多只能通信几十米。

（5）通信的时候只能两点之间进行通信，不能够实现多机联网通信。

针对 RS-232 接口的不足，后期涌现出一些新的接口标准，RS-485 就是其中之一，它具备以下的特点：

（1）RS-485 采用差分信号，逻辑“1”以两线之间的电压差为+（0.2～6）V 表示，逻辑“0”以两线间的电压差为-（0.2～6）V 来表示，电压差对比 RS-232 标准低了不少，不容易损坏芯片。

（2）RS-485 通信速率快，在 10m 的时候，其最大传输速度可以达到 10Mb/s 以上；在 1200m 的时候，其速度也能达到 100kb/s。

（3）RS-485 内部的物理结构，采用的是平衡驱动器和差分接收器的组合，抗干扰能力大大增加。

（4）可以在总线上进行联网实现多机通信，总线上允许挂多个收发器，从现有的 RS-485 芯片来看，有可以挂 32、64、128、256 等不同设备的驱动器。

RS-485 通信网络中，每个节点都由一个串口控制器和收发器组成，节点中的串口控制器使用 RX 和 TX 链接到收发器，而收发器通过差分线链接到网络总线。

串口控制器与收发器之间，一般使用 TTL 信号传输，而收发器与总线则使用的差分信号来传输。发送数据的时候，串口控制器的 TX 信号经过收发器转换为差分信号传输到总线；接收数据的时候，收发器将总线上的差分信号转化为 TTL 信号通过 RX 引脚传输到串口控制器。

RS-485 的转换芯片很多，这里就以 MAX485 为例子讲解，MAX485 内部结构如图 17.1 所示。

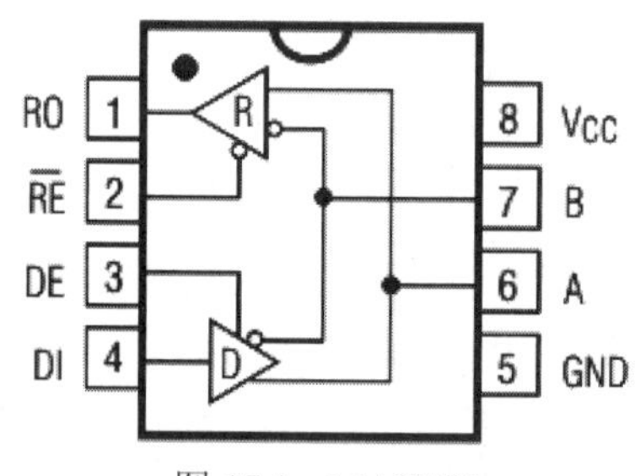

图 17.1　MAX485

MAX485 是美信半导体（Maxim）推出的一款 RS-485 转换器，其中 5 脚和 8 脚为电源和地引脚；6 脚和 7 脚为 A、B 总线接口，用于 485 总线；RO 为接收输出端，一般与串口的 RX 连接；DI 为发送数据收入端，与串口的 TX 连接；RE 为接收使能（低电平有效），DE 为发送使能（高电平有效），用来控制芯片的收发状态。

MAX485 为半双工通信，也就是一个时刻芯片只能接收，或者只能发送，其状态是由 RE 和 DE 两个引脚的电平来决定的。

其中 RE 引脚为接收使能引脚，当 RE 引脚为低电平的时候，芯片将进入接收模式，芯片会接收来自信号线上的电平；当 RE 为高电平的时候，RO 引脚为高阻态，即无法接收信号；DE 引脚为输出使能引脚，当 DE 为高电平的时候，可以控制芯片输出信号；而当 DE 引脚为低电平的时候，将不能作为输出功能。即 RE 低电平接收，DE 高电平发送。

A、B 两引脚为同相接收输入，同相驱动输出；或者反向接收输入，反向驱动输出引脚，两条信号线上的电压差就是最终信号。

DI 和 RO 为芯片的输入输出引脚，其中 RO 为接收引脚，当 A 上的电压比 B 上的电压高 200mV，芯片会转换一个高电平由 RO 引脚输出到单片机；当 B 上的电压比 A 上的电压小 200mV，芯片会转换一个低电平由 RO 引脚输出到单片机。DI 为输出引脚，当由 DI 引脚向芯片输出低电平的时候，B 上的电压比 A 上的电压小 200mV；当由 DI 引脚向芯片输入高电平的时候，A 上的电压比 B 上的电压小 200mV。

由于稳定性等原因，配合使用的开发板在设计的时候并没有使用 RS-485 接口芯片，而是使用了 MAX3490 芯片（图 17.2），即 RS-422 接口作为替代。

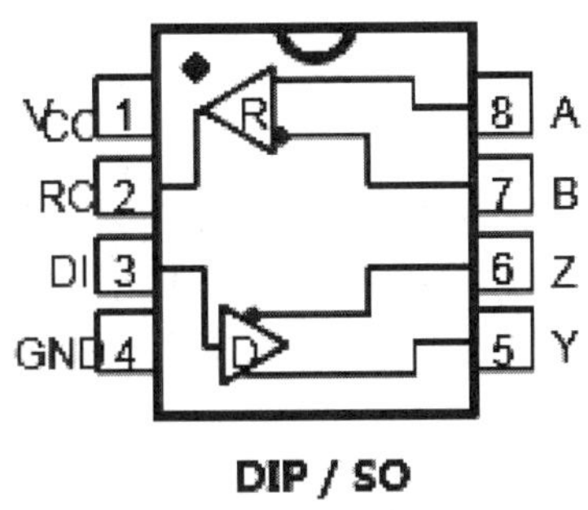

图 17.2 MAX3490 芯片

MAX3490 和 RS-422 均为全双工通信，也就是一个时刻设备既能发送消息，也可以接收消息。

MAX3490 仅有 8 个接口，其中 VCC 与 GND 为电源和地接口，RO 为信号接收口，与串口的 Rx 相连；DE 为信号输出口，与串口的 Tx 相连。MAX3490 芯片没有输入输出使能引脚，用户可以直接控制引脚的电平进行通信。

MAX3490 剩余有 4 个接口。其中 A 为同相接收输入口，B 为反相接收输入；Y 为同相驱动输出，Z 为反相驱动输出。

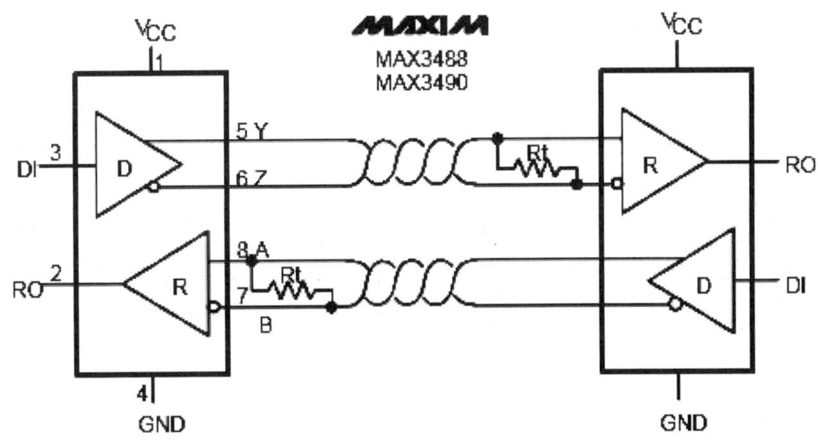

图 17.3 RS-422 硬件接线

在硬件接线的时候，用户一般将一端的接收端口与另一端的发送端口连接，RS-422 为了达到全双工通信，使用到了 4 根信号线，但是在做内环通信的时候，仅仅只需要两根信号线。输出口输出，接收口接收，Y 与 A 口相连，B 与 Z 口相连接，DI 口作为发送口，与 USART 的发送口连接；RO 作为接收口，与 USART 的接收口连接。

17.2 485 通信配置实例

RS-422 通信是基于 USART，使用另外一种电压标准的通信方式。

使用 RS-422，需要使能 USART 的时钟；USART 使用到了引脚，所以还需要使能引脚的时钟。

代码清单 17.1 使能时钟：

```
RCC_AHB1PeriphClockCmd(RCC_AHB1Periph_GPIOA, ENABLE);
RCC_APB2PeriphClockCmd(RCC_APB2Periph_USART2,ENABLE);
```

RS-422 用来通信的端口有 6 个，其中 2 个与 USART 的收发口相连，另外的 4 个端口则是信号线，标准用两条信号线之间的电压差来表达信号 0 与信号 1。这 4 个通信端口上的电压由 CPU 控制芯片输出电压，用户需要做的仅仅只是使用串口收发，剩余的工作芯片会帮用户自动完成。

代码清单 17.2 引脚初始化：

```
GPIO_InitStruct.GPIO_Mode = GPIO_Mode_AF;
GPIO_InitStruct.GPIO_OType = GPIO_OType_PP;
GPIO_InitStruct.GPIO_Pin = GPIO_Pin_2 | GPIO_Pin_3;
GPIO_InitStruct.GPIO_PuPd = GPIO_PuPd_UP;
GPIO_InitStruct.GPIO_Speed = GPIO_Fast_Speed;
GPIO_Init(GPIOA , &GPIO_InitStruct);
GPIO_ResetBits(GPIOG,GPIO_Pin_8);
GPIO_PinAFConfig(GPIOA, GPIO_PinSource2, GPIO_AF_USART2);
GPIO_PinAFConfig(GPIOA, GPIO_PinSource3, GPIO_AF_USART2);
```

配置完毕 I/O 口，仅需要给串口功能设置相应的参数，RS-422 通信就是基于 USART，与 USART 的区别仅仅只是多了一个电平转换芯片，用来将 TTL 的电平转换为 RS-422 的电平标准，在配置 USART 的时候只需要按照正常使用 USART 配置就可以。

代码清单 17.3 串口参数：

```
USART_InitStruct.USART_BaudRate = 115200;
USART_InitStruct.USART_HardwareFlowControl=USART_HardwareFlowControl_None;
USART_InitStruct.USART_Mode = USART_Mode_Rx |USART_Mode_Tx;
USART_InitStruct.USART_Parity = USART_Parity_No;
USART_InitStruct.USART_StopBits = USART_StopBits_1;
USART_InitStruct.USART_WordLength =USART_WordLength_8b;
```

使用串口可能还会使用到中断，所以还需要使能中断，在使能中断之后，有可能会有干扰，没有开启串口就立即进入中断，需要用户在使能之前先清除中断标志位。

代码清单 17.4 使能中断：

```
USART_ClearITStatus(USART2,USART_IT_RXNE, ENABLE);
USART_ITConfig(USART2 ,USART_IT_RXNE , ENABLE);
```

代码清单 17.4 中，仅仅使能中断的类型，没有配置相应的中断参数，所以需要配置中断通道以及中断的抢占优先级和子优先级。

代码清单 17.5 配置中断：

```
NVIC_InitStruct.NVIC_IRQChannel = USART2_IRQn;
NVIC_InitStruct.NVIC_IRQChannelCmd = ENABLE;
```

```
NVIC_InitStruct.NVIC_IRQChannelPreemptionPriority = 1;
NVIC_InitStruct.NVIC_IRQChannelSubPriority = 1;
```

开启串口后，用户就可以发送数据了，但是数据的发送并非是CPU自主发送，而是需要用户来进行操作，串口一次发送一个字符，用户可以通过for循环控制其一次发送多少个字符。

代码清单17.6 发送数据：

```
USART_SendData(USART_TypeDef* USARTx, uint16_t Data);
```

接收也是需要用户来操控，上面用户配置有接收寄存器不为空中断，当发生这个中断的时候，就表示单片机接收到了数据，通过读数据寄存器可以将接收寄存器清空。

代码清单17.7 接收数据：

```
void USART2_IRQHandler(void)
{
        if(USART_GetITStatus(USART2,USART_IT_RXNE))
        {
            Slave_485=USART_ReceiveData(USART2);

            GPIO_ToggleBits(GPIOF,GPIO_Pin_10);
            delay_us(10);

            Slave_485++;
            USART_ClearITPendingBit(USART2,USART_IT_RXNE);
        }
}
```

代码清单17.8 完整代码：

```
uint16_t Master_422=0;
void LED_Init(void)
{
    GPIO_InitTypeDef    GPIO_InitStructure;
    RCC_AHB1PeriphClockCmd(RCC_AHB1Periph_GPIOF, ENABLE);

    GPIO_InitStructure.GPIO_Pin = GPIO_Pin_9 | GPIO_Pin_10;
    GPIO_InitStructure.GPIO_Mode = GPIO_Mode_OUT;
    GPIO_InitStructure.GPIO_OType = GPIO_OType_PP;
    GPIO_InitStructure.GPIO_Speed = GPIO_Speed_100MHz;
    GPIO_InitStructure.GPIO_PuPd = GPIO_PuPd_UP;
    GPIO_Init(GPIOF, &GPIO_InitStructure);

    GPIO_SetBits(GPIOF,GPIO_Pin_9 | GPIO_Pin_10);

}

void RS_422_Master_Init(void)
{
    GPIO_InitTypeDef GPIO_InitStruct;
    USART_InitTypeDef USART_InitStruct;
    NVIC_InitTypeDef NVIC_InitStruct;

    //使能时钟
```

```
        RCC_AHB1PeriphClockCmd(RCC_AHB1Periph_GPIOA , ENABLE);
        RCC_APB1PeriphClockCmd(RCC_APB1Periph_USART2 , ENABLE);

        //IO 口初始化
        GPIO_InitStruct.GPIO_Mode = GPIO_Mode_AF;
        GPIO_InitStruct.GPIO_OType = GPIO_OType_PP;
        GPIO_InitStruct.GPIO_Pin = GPIO_Pin_2 | GPIO_Pin_3;
        GPIO_InitStruct.GPIO_PuPd = GPIO_PuPd_UP;
        GPIO_InitStruct.GPIO_Speed = GPIO_Fast_Speed;
        GPIO_Init(GPIOA , &GPIO_InitStruct);

        //引脚复用
        GPIO_PinAFConfig(GPIOA, GPIO_PinSource2, GPIO_AF_USART2);
        GPIO_PinAFConfig(GPIOA, GPIO_PinSource3, GPIO_AF_USART2);

        //USART 参数配置
        USART_InitStruct.USART_BaudRate = 115200;
        USART_InitStruct.USART_HardwareFlowControl= USART_HardwareFlowControl_None;
        USART_InitStruct.USART_Mode = USART_Mode_Rx |USART_Mode_Tx;
        USART_InitStruct.USART_Parity = USART_Parity_No;
        USART_InitStruct.USART_StopBits = USART_StopBits_1;
        USART_InitStruct.USART_WordLength =USART_WordLength_8b;
        USART_Init(USART2 , &USART_InitStruct);

        //清除接收寄存器不为空中断，并使能此中断
        USART_ClearITPendingBit(USART2,USART_IT_RXNE);
        USART_ITConfig(USART2 ,USART_IT_RXNE , ENABLE);

        NVIC_InitStruct.NVIC_IRQChannel = USART2_IRQn;
        NVIC_InitStruct.NVIC_IRQChannelCmd = ENABLE;
        NVIC_InitStruct.NVIC_IRQChannelPreemptionPriority = 1;
        NVIC_InitStruct.NVIC_IRQChannelSubPriority = 1;

        NVIC_Init(&NVIC_InitStruct);

        USART_Cmd(USART2,ENABLE);
}

void USART2_IRQHandler(void)
{
        if(USART_GetITStatus(USART2,USART_IT_RXNE))
        {
                //一旦接收到数据，就将 LED 状态翻转
                Master_422=USART_ReceiveData(USART2);

                GPIO_ToggleBits(GPIOF,GPIO_Pin_10);
                delay_us(10);

                Master_422++;
                USART_SendData(USART2,Master_422);
```

```
            USART_ClearITPendingBit(USART2,USART_IT_RXNE);
        }
}

uint16_t arry[20]={1,5,9,9,7,4,2,0,5,8,0};
uint16_t k=0;
int main(void)
{
        delay_init(168);
        LED_Init();
        RS_422_Master_Init();
        while(1)
        {
            //隔 1s 发送一次，一次发送一个字节
            USART_SendData(USART2,arry[k]);
            k++;
            delay_ms(1000);
            if(k>=19)
            {
                k=0;
            }


        }
}
```

CAN 通信配置

18.1 CAN 通信简介

控制器局域网络（Controller Area Network，CAN）是由研发和生产汽车电子产品著称的德国 BOSCH 公司开发的，并最终成为国际标准（ISO11519），是国际上应用最广泛的现场总线之一。

CAN 总线协议已经成为汽车计算机控制系统和嵌入式工业控制局域网的标准总线，并且拥有以 CAN 为底层协议专为大型货车和重工机械车辆设计的 J1939 协议。近年来，它具有的高可靠性和良好的错误检测能力受到重视，被广泛应用于汽车计算机控制系统和环境温度恶劣、电磁辐射强及振动大的工业环境。

与 IIC、SPI 等具有时钟信号的同步通信方式不同，CAN 没有时钟线，它是一种异步通信，由两条信号线 CAN_High 和 CAN_Low 构成一组差分信号线，以差分信号的方式进行通信。

CAN 的连接形式分为两种，闭环总线网络与开环总线网络。闭环总线网络的总线最大长度为 40m，通信速度最高为 500kbps，总线的两端要求有一个“120Ω”的电阻。开环网络结构的最大传输距离为 1km，最高通信速度为 125kbps，两根总线是独立的，要求每根总线上各串联有一个“2.2kΩ”的电阻。

CAN 总线的信号是以差分信号的形式传输的。差分信号与单端信号不同，它是以两根信号线的电压差来表示逻辑 0 和逻辑 1，两根信号线的振幅相等，相位相反。

CAN 协议中对它使用的差分信号做了规定。以高速 CAN 协议为例，当表示逻辑 1（隐形电平）时，CAN_High 和 CAN_Low 线上的电压均为 2.5V，它们的压差为 0V；而表示逻辑 0（显性电平）时，CAN_High 线上的电平为 3.5V，CAN_Low 线上的电平为 1.5V，它们的压差为 2V。例：当 CAN 收发器从 CAN_Tx 线接受到来自 CAN 控制器的低电平信号时（逻辑 0），它会使 CAN_High 输出 3.5V，同时 CAN_Low 输出 1.5V，从而输出显性电平逻辑 0。

CAN 时钟总线如图 18.1 所示。CAN 逻辑信号图如图 18.2 所示。

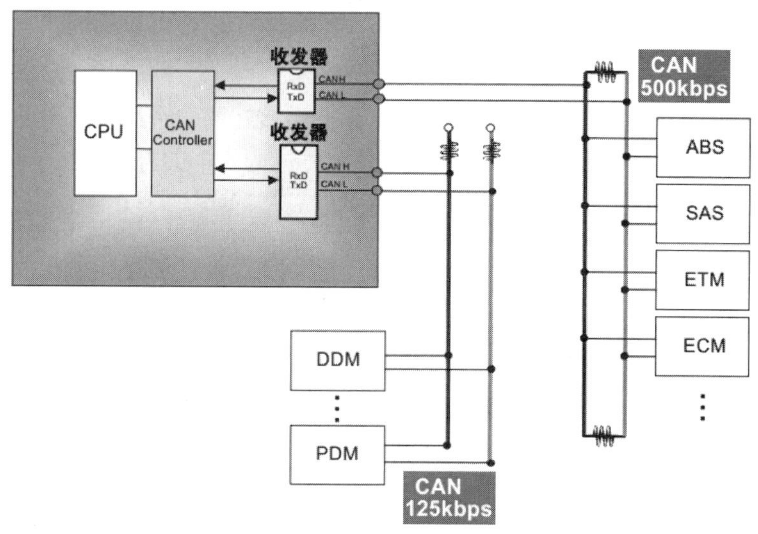

图 18.1　CAN 时钟总线

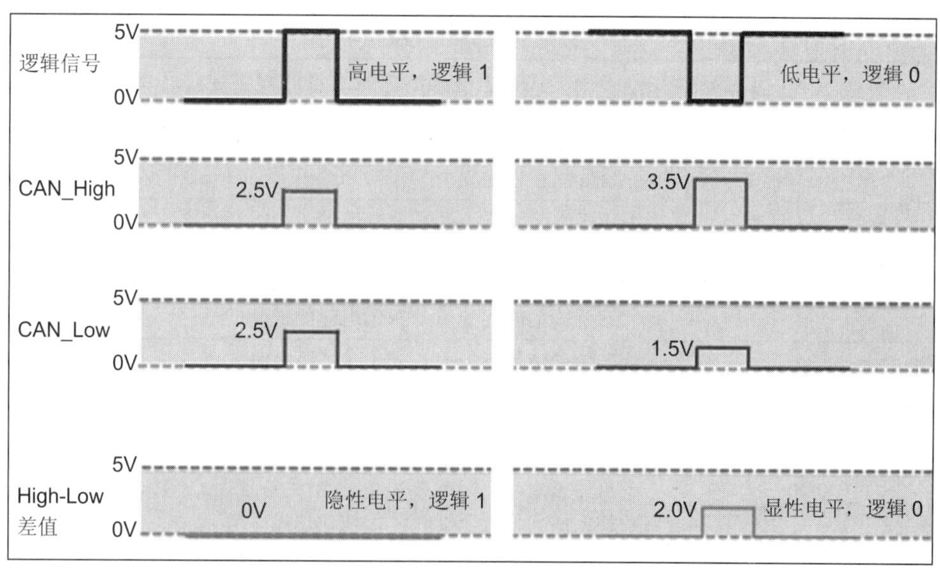

图 18.2　CAN 逻辑信号图

在 CAN 总线中，必须使它处于隐性电平（逻辑 1）或显性电平（逻辑 0）中的其中一个状态。假如有两个 CAN 通信节点，在同一时间，一个输出隐性电平，另一个输出显性电平，类似 IIC 总线的“线与”特性将使它处于显性电平状态，显性电平的名字就是这样来的，即可以认为显性具有优先的意味。由于 CAN 总线协议的物理层只有 1 对差分线，在一个时刻只能表示一个信号，所以对通信节点来说，CAN 通信是半双工的，收发数据需要分时进行。在 CAN 的通信网络中，因为共用总线，在整个网络中同一时刻只能有一个通信节点发送信号，其余的节点在该时刻都只能接收。

18.1.1 CAN 协议层

上面介绍了 CAN 的物理层标准，约定了电气特性，以下介绍的协议层则规定了通信逻辑。

1. CAN 的波特率及位同步

由于 CAN 属于异步通信，没有时钟信号，因此连接在同一个总线网络的节点设备会使用约定好的波特率进行通信，同时 CAN 还会使用“位同步”的方式来抗干扰、吸收误差，实现对总线电平信号进行正确的采样，确保通信正常。

2. 位时序

CAN 协议将一个位分解成 4 段，分别为：同步段（SS）、传播段（PTS）、相位缓冲段 1（PBS1）、相位缓冲段 2（PBS2）。这些段又由 Time Quantum（以下称 Tq）的最小时间单位构成。

CAN 协议的数据位的长度为 19Tq，其中 SS 段占 1Tq，PTS 段占 6Tq，PSB1 段占 5Tq，PBS2 段占 7Tq。信号的采样点位于 PBS1 段和 PBS2 段之间，通过控制各段的长度，可以对采样点的位置进行偏移，以便准确地采样。

各段的作用和 Tq 数见表 18.1。

表 18.1　段功能及时间量

<table>
<tr><th>段名称</th><th>段的作用</th><th colspan="2">Tq 数</th></tr>
<tr><td>同步段
(SS: Synchronization Segment）</td><td>多个链接在总线上的单元通过此段实现时序调整，同步进行接收和发送的工作。由隐形电平到显性电平的边沿或由显性电平到隐性电平边沿最好出现在此段中</td><td>1Tq</td><td rowspan="4">8～25Tq</td></tr>
<tr><td>传播时间段
(PTS: Propagation time Segment）</td><td>用于吸收网络上的物理延迟的段。所谓网络的无力传播延迟、接收单元的输入延迟、总线上信号的传播延迟、接收单元的输入延迟
这个段的时间为以上各延迟时间的和的两倍</td><td>1～8Tq</td></tr>
<tr><td>相位缓冲段 1
(PBS1: Phase Buffer Segment 1）</td><td rowspan="2">当信号边沿不能内包含于 SS 段中时，可在此段进行补偿
由于个单元以各自独立的时钟工作，细微的时钟误差会累积起来，PBS 段可用于吸收此误差
可通过对相位缓冲段加减 SJW 来吸收误差。SWJ 加大后允许误差加大，但通信速度下降</td><td>1～8Tq</td></tr>
<tr><td>相位缓冲段 2
(PBS1: Phase Buffer Segment 2）</td><td>2～8Tq</td></tr>
<tr><td>再同步补偿宽度
(SJW: resynchronization Jump Width）</td><td>因时钟频率偏差、传送延迟等，各单元有同步误差。SJW 为补偿此误差的最大值</td><td colspan="2">1～4Tq</td></tr>
</table>

总线上的各个通信节点只要约定好位时序（即各段的 Tq 数）和 Tq 时间，即可确定通信的波特率。

例如，假设 1Tq=1μs，而每个数据位由 19 个 Tq 组成，则传输一位数据需要的时间 $T_{1\text{bit}}$=19μs，每秒可传输的数据个数为

$$\frac{1\times10^6}{19}=52631.6\ (\text{bps})$$

3. 同步过程

CAN 协议的通信方法为 NRZ（Non-Return to Zero）方式。各个位的开头或结尾都没有附加同步信号。发送单元与位时序同步的方式开始发送数据。另外，接收单元根据总线上电平的变化进行同步并接收工作。但是，发送单元和接收单元存在的时钟频率误差及传输路径上的（电缆、驱动器等）相位延迟会引起同步偏差。因此接收单元通过硬件同步或者再同步的方法调整时序进行接收。

18.1.2 帧的种类

通信是通过以下 5 种类型的帧进行的：数据帧、遥控帧、错误帧、过载帧、帧间隔。

另外，数据帧和遥控帧有标准格式和扩展格式两种格式。标准格式有 11 位的标识符（Identifier，以下称 ID），扩展格式有 29 个位的 ID。帧用途见表 18.2。

表 18.2 帧用途

帧	帧用途
数据帧	用于发送单元向接收单元传送数据的帧
遥控帧	用于接收单元向具有相同 ID 的发送单元请求数据
错误帧	用于当检测出错误时向其他单元通知错误的帧
过载帧	用于接收单元通知其尚未做好接收准备的帧
帧间隔	用于将数据帧及遥控帧与前面的帧分离开来的帧

由于篇幅所限，这里用户仅对数据帧进行详细介绍，数据帧由帧起始、仲裁段、控制段、数据段、CRC 段、ACK 段、帧结束 7 个段构成，如图 18.3 所示。

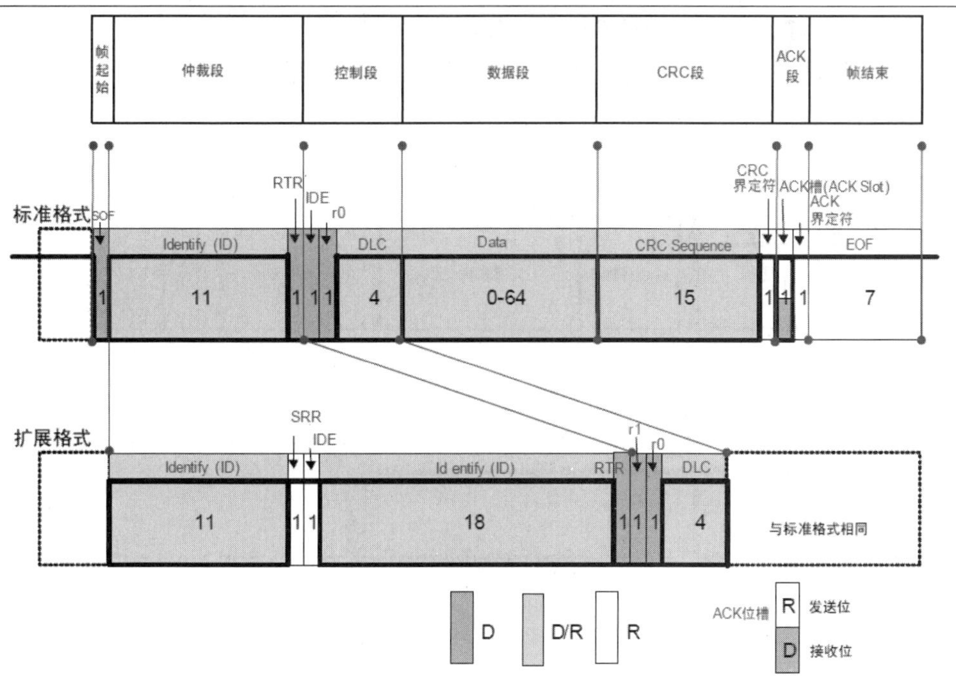

图 18.3 CAN 通信－数据帧组成

1. 帧起始（标准扩展格式相同）

帧起始为标志数据帧的起始，由一个显性位组成，只有在总线空闲时才允许节点发送起始信号，如图 18.4 所示。

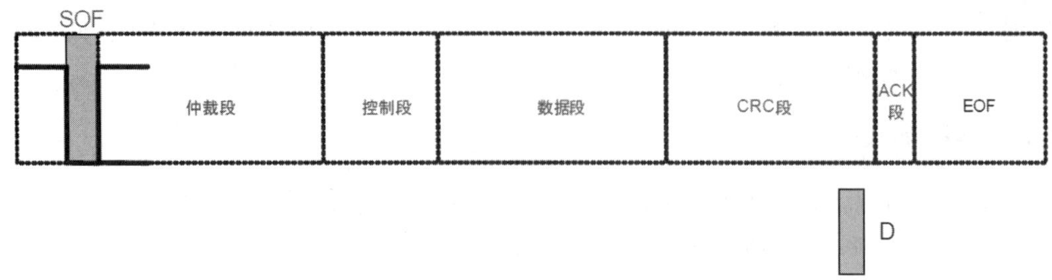

图 18.4　CAN 通信－起始帧

2. 仲裁段

表示数据帧优先级的段。当有两个数据被发送时，总线会根据仲裁段的内容决定哪个数据包能够被传输。

仲裁段的内容主要为本数据帧的 ID 信息，数据帧具有标准格式和扩展格式两种，如图 18.5 所示，标准格式 ID 为 11 位，扩展格式的 ID 为 29 位。在 CAN 协议中，ID 起着重要的作用，它决定着数据帧发送的优先级，也决定着其他节点是否会接收这个数据帧。CAN 协议不对挂载在它之上的节点分配优先级和地址，对总线的占有权是由信息的重要性决定的，即对于重要的信息，用户会给它打包上一个优先级高的 ID，使它能够及时地发送出去。也正因为这样的优先级分配原则，使得 CAN 的扩展性大大加强，在总线上增加或减少节点并不影响其他设备。报文的优先级，是通过对 ID 的仲裁来确定的。根据前面对物理层的分析得知，如果总线上同时出现显性电平和隐性电平，总线的状态会被置为显性电平，CAN 正是利用这个特性进行仲裁。若两个节点同时竞争 CAN 总线的占有权，当它们发送报文时，若首先出现隐性电平，则会失去对总线的占有权，进入接收状态。

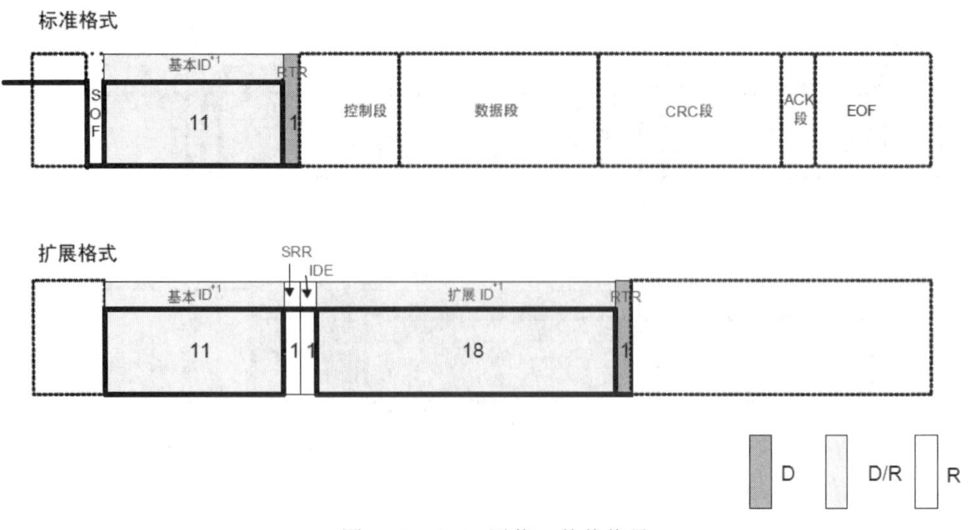

图 18.5　CAN 通信－仲裁信号

仲裁段除了 ID 之外，还有 RTR、IDE 和 SRR 位。

（1）RTR 位（Remote Transmission Request Bit），译作远程传输请求位，它是用于区分数据帧和遥控帧的，当它为显性电平时表示数据帧，隐性电平时表示遥控帧。

（2）IDE 位（Identifier Extension Bit），译作标识符扩展位，它是用于区分标准格式与扩展格式，当它为显性电平时表示标准格式，隐性电平时表示扩展格式。

（3）SRR 位（Substitute Remote Request Bit），只存在于扩展格式，它用于替代标准格式中的 RTR 位。由于扩展帧中的 SRR 位为隐性位， RTR 在数据帧为显性位，所以在两个 ID 相同的标准格式报文与扩展格式报文中，标准格式的优先级较高。

3. 控制段

控制段由 6 个位构成，表示数据段的字节数。标准格式和扩展格式有所不同，如图 18.6 所示。

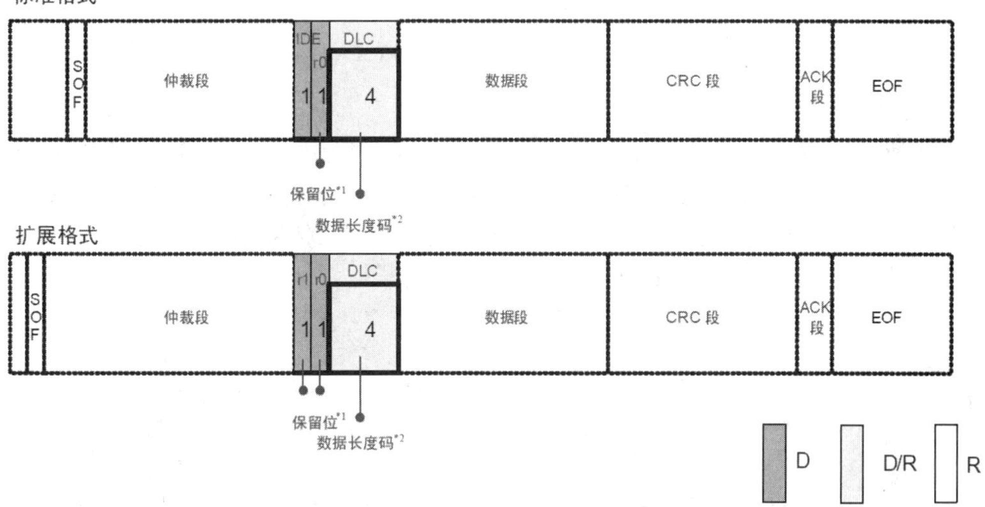

图 18.6 CAN 通信－控制段信号

在控制端中 r1 和 r0 为保留位，保留位必须全部以显性电平发送。DLC 段为数据长度码，由 4 个字节组成，对应数据的字节数，数据的字节数必须为 0～8 字节。

4. 数据段（标准、扩展格式相同）

数据段是节点要发送的原始数据，由 0～8 个字节组成，从最高位（MSB）开始输出，如图 18.7 所示。

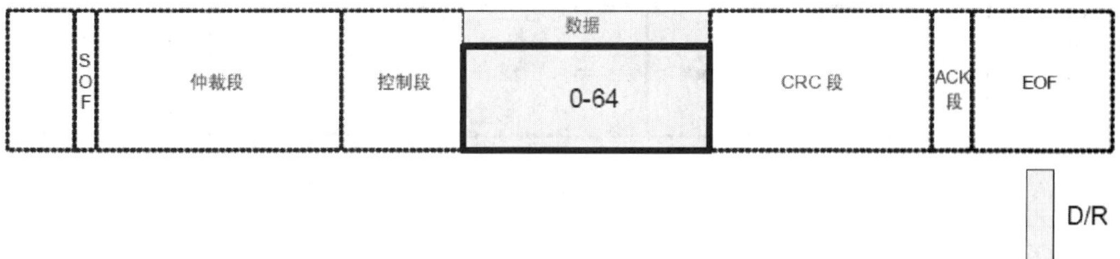

图 18.7 CAN 通信-数据段

5. CRC 段（标准/扩展格式相同）

CRC 段是检查帧传输错误的段。由 15 个位的 CRC 顺序和 1 个位的 CRC 界定符（用于分隔的位）构成，CRC 顺序是根据多项式生成的 CRC 值，CRC 的计算范围包括帧起始、仲裁段、控制段、数据段。接收方以同样的算法计算 CRC 值并进行比较，不一致时会通报错误。

CAN 通信－CRC 段如图 18.8 所示。

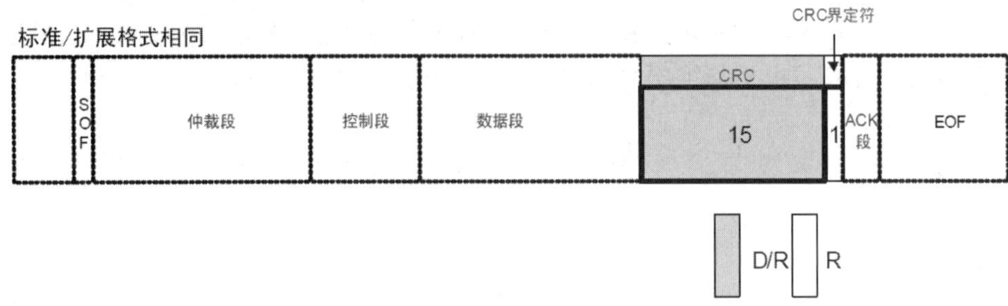

图 18.8　CAN 通信－CRC 段

6. ACK 段

ACK 段用来确认是否正常接收。由 ACK 槽（ACK Slot）和 ACK 界定符 2 个位构成。

发送单元在 ACK 段发送 2 个位的隐性位。接收到正确消息的单元在 ACK 槽（ACK Slot）发送显性位，通知发送单元正常接收结束。这称作“发送 ACK”或者“返回 ACK”。

CAN 通信－ACK 段如图 18.9 所示。

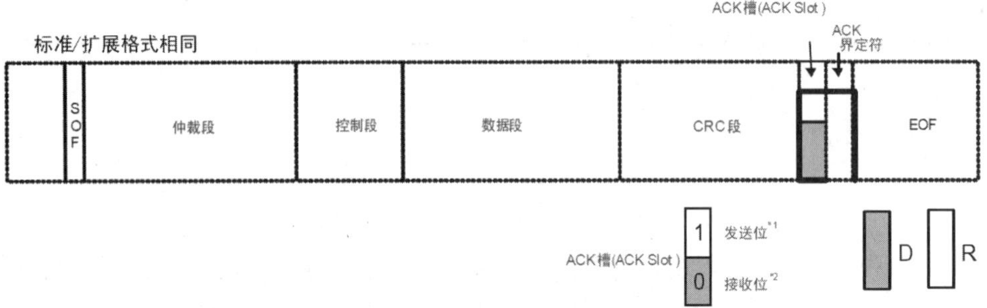

图 18.9　CAN 通信－ACK 段

7. 帧结束

帧结束是表示该帧结束的段，由 7 个位的隐性位构成，如图 18.10 所示。

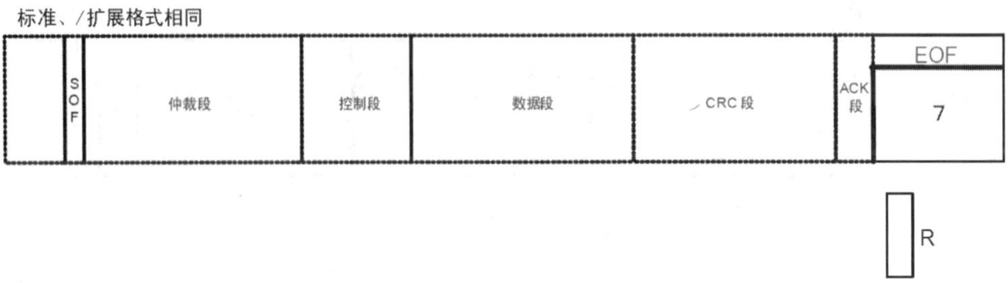

图 18.10　帧结束

18.2 CAN 相关寄存器

寄存器 CAN_MCR （CAN 主机控制寄存器）
地址偏移：0x00
复位值：0x0001 0002

<table>
<tr><td>31</td><td>30</td><td>29</td><td>28</td><td>27</td><td>26</td><td>25</td><td>24</td><td>23</td><td>22</td><td>21</td><td>20</td><td>19</td><td>18</td><td>17</td><td>16</td></tr>
<tr><td colspan="15" rowspan="2">Reserved</td><td>DBF</td></tr>
<tr><td>rw</td></tr>
<tr><td>15</td><td>14</td><td>13</td><td>12</td><td>11</td><td>10</td><td>9</td><td>8</td><td>7</td><td>6</td><td>5</td><td>4</td><td>3</td><td>2</td><td>1</td><td>0</td></tr>
<tr><td>RESET</td><td colspan="7" rowspan="2">Reserved</td><td>TTCM</td><td>ABOM</td><td>AWUM</td><td>NART</td><td>RFLM</td><td>TXFP</td><td>SLEEP</td><td>INRQ</td></tr>
<tr><td>rs</td><td>rw</td><td>rw</td><td>rw</td><td>rw</td><td>rw</td><td>rw</td><td>rw</td><td>rw</td></tr>
</table>

Bits 31:17：保留，其参数保持复位状态。

Bit 16：DBF 表示调试冻结。

0：CAN 在调试期间工作

1：在调试期间 CAN 接受/传输被冻结。接受 FIFO 仍然可以正常访问/控制

Bit 15：RESET 表示 bxCAN 软件主复位。

0：正常操作

1：强制复位后激活 bxCAN 的主复位（FMP 位和 CAN_MCR 寄存器被初始化为复位值）->休眠模式

Bits 14:8：保留，其参数保持复位状态。

Bit 7：TTCM 表示时间触发通信模式。

0：时间触发通信模式禁用

1：时间触发通信模式启动

Bit 6：ABOM 表示自动总线管理。

该位控制 CAN 硬件在离开总线开关状态时的行为。

0：在软件请求中保留总线关闭状态，一旦发生了 128 次隐性位，软件首先置位并清零 CAN_MCR 寄存器的 INRQ 位

1：总线关闭状态由硬件自动保留，一次有 128 个隐性位被检测

Bit 5：AWUM 表示自动唤醒模式。

在睡眠模式下，该位控制 CAN 硬件的特性。

0：通过清除 CAN_MCR 寄存器的 SLEEP 位，可在软件请求中保留休眠模式。

1：CAN 消息检测时，硬件自动保留休眠模式

CAM_MCR 寄存器的 SLEEP 位和 CAN_MSR 寄存器的 SLAK 位由硬件清零。

Bit 4：NART 表示不自动重传。

0：CAN 硬件将自动转发消息，直到符合 CAN 标准的数据成功传输。

1：一个消息只传送一次，与传送结果无关（成功、错误或仲裁失败）

Bit 3：RFLM 表示接收 FIFO 锁定模式。

0：接收 FIFO 在超限时未被锁定。一旦接收 FIFO 已满，下一个传入的消息将覆盖前一个消息

1：接收 FIFO 锁定超限。一旦 FIFO 已满，下一个传入的消息将被舍弃

Bit 2：TXFP 表示发送 FIFO 优先。

当多个邮箱同时挂起时，该位控制传输顺序。

0：由消息的标识符驱动的优先级

1：由请求命令驱动的优先级（按时间顺序）

Bit 1：SLEE 表示睡眠模式请求。

该位由软件置位，请求 CAN 硬件进入睡眠模式。当前 CAN 活动（发送或接受 CAN 帧）完成后立即进入睡眠模式。

Bit 0：INRQ 表示初始化请求。

软件清除该位以将硬件切换到正常模式。一旦在 Rx 信号上监视了 11 个连续的隐性位，CAN 硬件就被同步并准备好发送和接收。硬件通道清零 CAN_MSR 寄存器中的 INAK 位来发信号。

软件将此位置位，请求 CAN 硬件进入初始化模式。一旦软件设置了 INRQ 位，CAN 硬件就会一直等待，指导当前的 CAN 活动（发送或接收）完成之后进入初始化模式。硬件通过设置 CAN_MSR 寄存器中的 INAK 位来指示该事件。

寄存器 CAN_MSR （CAN 主机控制寄存器）

地址偏移：0x04

复位值：0x0000 0C02

31	30	29	28	27	26	25	24	23	22	21	20	19	18	17	16
Reserved															

15	14	13	12	11	10	9	8	7	6	5	4	3	2	1	0
Reserved				RX	SAMP	RXM	TXM	Reserved			SLAKI	WKUI	ERRI	SLAK	INAK
				r	r	r	r				r	r	r	r	r

Bits 31:12：保留，其参数保持复位状态。

Bit 11：RX 表示 CAN Rx 信号。

监视 CAN_RX 引脚的实际值。

Bit 10：SAMP 表示最后一个采样点。

RX 在最后一个采样点的值（当前收到位的值）。

Bit 9：RXM 表示接收模式。

CAN 硬件当前的模式为接收器。

Bit 8：TXM 表示发送模式。

CAN 硬件当前的模式为发送器。

Bits 7:5：保留，其参数保持复位状态。

Bit 4：SLAKI 表示休眠确认中断。

当 SLKIE=1 时，该位由硬件置 1，表示 bxCAN 进入休眠模式。置位时，如果 CAN_IER 寄存器中的 SLKIE 位置 1，该位将产生状态改变中断。

注意：当 SLKIE=0 时，SLAKI 上的轮询是不可能的。在这种情况下，可以轮询 SLAK 位。

Bit 3：WKUI 表示唤醒中断。

当硬件处于睡眠模式时，该位由硬件置位，表示已检测到 SOF 位。如果 CAN_IER 寄存器中的 WKUIE 位置 1，将该位置 1 将产生状态改变中断。

注意：该位由软件进行清零。

Bit 2：ERRI 表示错误中断。

当 CAN_ESR 的一位被设置为错误检测并且 CAN_IER 中的响应中断被使能时，该位由硬件置位。如果 CAN_IER 寄存器中的 ERRIE 位置位，将该位置 1 会产生一个状态改变中断。

注意：该位由软件进行清零。

Bit 1：SLAK 表示睡眠确认。

该位由硬件置 1 并向软件指示 CAN 硬件现在处于睡眠模式。该位确认来自软件的休眠模式请求（将 CAN_MCR 寄存器中的 SLEEP 位置 1）。

当 CAN 硬件退出睡眠模式（CAN 总线上同步）时，该位由硬件清零。为了同步，硬件必须监视 CAN RX 信号上连续 11 个隐性位。

注意：当 CAN_MCR 寄存器中的 SLEEP 位清零时，触发退出睡眠模式。

Bit 0：INAK 表示初始化确认。

该位由硬件置位，并向软件指示 CAN 硬件现在处于初始化模式。该位确认来自软件的初始化请求（将 CAN_MCR 寄存器中的 INRQ 位置 1）。

当 CAN 硬件退出初始化模式（在 CAN 总线上同步）时，该位被硬件清零。为了同步，硬件必须监测 CAN RX 信号上连续 11 个隐性位。

寄存器 CAN_TSR （CAN 传输状态寄存器）

地址偏移：0x08

复位值：0x1C00 0000

31	30	29	28	27	26	25	24	23	22	21	20	19	18	17	16
LOW2	LOW1	LOW0	TME2	TME1	TME0	CODE[1:0]		ABRQ2	Reserved			TERR2	ALST2	TXOK2	RQCP2
r	r	r	r	r	r	r	r	r				rc_w1	rc_w1	rc_w1	rc_w1

15	14	13	12	11	10	9	8	7	6	5	4	3	2	1	0
ABRQ1	Reserved			TERR1	ALST1	TXOK1	RQCP1	ABRQ0	Reserved			TERR0	ALST0	TXOK0	RQCP0
RS				rc_w1	rc_w1	rc_w1	rc_w1	RS				rc_w1	rc_w1	rc_w1	rc_w1

Bit 31：LOW2 表示邮箱 2 的最低优先级标志位。

当多个邮箱挂起传输时，该位由硬件置 1，邮箱 2 的优先级最低。

Bit 30：LOW1 表示邮箱 1 的最低优先级标志位。

当多个邮箱挂起传输时，该位由硬件值 1，邮箱 1 的优先级最低。

Bit 29：LOW0 表示邮箱 0 的最低优先级标志位。

当多个邮箱挂起传输时，该位由硬件值 1，邮箱 0 的优先级最低。

Bit 28：TME2 表示发送邮箱 2 为空。

此位由硬件设置，在邮箱 2 没有发送请求时。

Bit 27：TME1 表示发送邮箱 1 为空。

此位由硬件设置，在邮箱 1 没有发送请求时。

Bit 26：TME0 表示发送邮箱 0 为空。

此位由硬件设置，在邮箱 0 没有发送请求时。

Bits 25:24：CODE 表示邮箱代码。

当出现至少一个邮箱为空的时候，该代码的值为下一个发送的空邮箱。

Bit 23：ABRQ2 表示邮箱 2 的中断请求。

通过软件设置来中止对应邮箱的传输请求；当邮箱为空的时候，由硬件清除该位；若邮箱未被挂起传输的话，设置该位无效果。

Bits 22:20：保留，其参数保持复位状态。

Bit 19：TERR2 表示邮箱 2 传输错误。

当前一个 TX 产生错误时，将该位进行置位。

Bit 18：ALST2 表示邮箱 2 仲裁丢失。

当邮箱 2 因为仲裁丢失而导致发送失败时，该位置 1。

Bit 17：TXOK2 表示邮箱 2 传输成功。

在每次传输之后，硬件都对此位进行更新。

0：前一次传输失败

1：前一次传输成功

Bit 16：RQCP2 表示邮箱 2 请求完成。

当执行完最后一个请求（传输或终止）时，由硬件置位。

由软件写入 1 进行清除或者硬件清除发送请求（TMID2R 寄存器的 TXRQ2 置位）。

清除此位将清除邮箱 2 中的所有状态位。

Bit 15：ABRQ1 表示邮箱 1 的中断请求。

通过软件设置来中止对应邮箱的传输请求；当邮箱为空的时候，由硬件清除该位；若邮箱未被挂起传输的话，设置该位无效果。

Bits 14:12：保留，其参数保持复位状态。

Bit 11：TERR1 表示邮箱 1 传输错误。

当前一个 TX 产生错误时，将该位进行置位。

Bit 10：ALST1 表示邮箱 1 仲裁丢失。

当邮箱 1 因为仲裁丢失而导致发送失败时，该位置 1。

Bit 9：TXOK1 表示邮箱 1 传输成功。

在每次传输之后，硬件都对此位进行更新。

0：前一次传输失败

1：前一次传输成功

Bit 8：RQCP1 表示邮箱 1 请求完成。

当执行完最后一个请求（传输或终止）时，由硬件置位。

由软件写入 1 进行清除或者硬件清除发送请求（TMID1R 寄存器的 TXRQ1 置位）。

清除此位将清除邮箱 1 中的所有状态位。

Bits 6:4：保留，其参数保持复位状态。

Bit 3：TERR0 表示邮箱 0 传输错误。

当前一个 TX 产生错误时，将该位进行置位。

Bit 2：ALST0 表示邮箱 0 仲裁丢失。

当邮箱 0 因为仲裁丢失而导致发送失败时，该位置 1。

Bit 1：TXOK0 表示邮箱 0 传输成功。

在每次传输之后，硬件都对此位进行更新。

0：前一次传输失败

1：前一次传输成功

Bit 0：RQCP0 表示邮箱 0 请求完成。

当执行完最后一个请求（传输或终止）时，由硬件置位。

由软件写入 1 进行清除或者硬件清除发送请求（TMID0R 寄存器的 TXRQ0 置位）。

清除此位将清除邮箱 1 中的所有状态位。

寄存器 CAN_BTR （CAN 位时间特性寄存器）

地址偏移：0x1C

复位值：0x0123 0000

当 CAN 硬件处于初始化模式时，该寄存器只能有软件访问。

31	30	29	28	27	26	25	24	23	22	21	20	19	18	17	16
SILM	LBKM	Reserved				SJW[1:0]		Res	TS2[2:0]			TS1[3:0]			
rw	rw					rw	rw	rw	rw	rw	rw	rw	rw	rw	rw

15	14	13	12	11	10	9	8	7	6	5	4	3	2	1	0
Reserved						BRP[9:0]									
						rw	rw	rw	rw	rw	rw	rw	rw	rw	rw

Bit 31：SILM 表示静默模式（调试）。

0：正常模式

1：静默模式

Bit 30：LBKM 表示环回模式（调试）。

0：禁止环回模式

1：启用环回模式

Bits 29:26：保留，其参数保持复位状态。

Bits 25:24：SJW 表示重新同步跳跃宽度。

定义了在每位中可以延长或缩短多少个时间单元的上限。

$$t_{\mathrm{RJW}} = t_{\mathrm{q}} \times (SJW[1:0]+1)$$

Bits 23：保留，其参数保持复位状态。

Bits 22:20：TS2[2:0]表示时间段 2。

这些位定义时间段 2 中的时间量的数量。

$$t_{BS2} = t_q \times (TS2[2:0]+1)$$

Bits 19:16：TS1[3:0]表示时间段 1。

这些位定义时间段 1 中的时间量的数量。

$$t_{BS1} = t_q \times (TS1[3:0]+1)$$

Bits 15:10：保留，其参数保持复位状态。

Bits 9:0：BRP[9:0]表示波特率预分频器。

这些位定义了时间量子的长度。

$$t_q = (BRP[9:0]+1) \times t_{PCLK}$$

寄存器 CAN_FMR （CAN 滤波器主控寄存器）

地址偏移：0x200

复位值：0x2A1C 0E01

31	30	29	28	27	26	25	24	23	22	21	20	19	18	17	16
Reserved															

15	14	13	12	11	10	9	8	7	6	5	4	3	2	1	0
Reserved		CAN2SB[5:0]						Reserved							FINIT
		rw	rw	rw	rw	rw	rw								rw

Bits 31:14：保留，其参数保持复位状态。

Bits 13:8：CAN2SB[5:0]表示 CAN2 开始存储组。

这些位由软件设置和清除。定义了 CAN2 接口的起始组，范围为 0 到 27。

Bits 7:1：保留，其参数保持复位状态。

Bit 0：FINIT 表示滤波器初始化模式。

滤波器组的初始化模式。

0：滤波器组模式

1：滤波器的初始化模式

寄存器 CAN_FM1R （CAN 滤波模式寄存器）

地址偏移：0x204

复位值：0x0000 0000

该寄存器只能在 CAN_FMR 寄存器中设置滤波器初始化模式（FINIT=1）时写入。

31	30	29	28	27	26	25	24	23	22	21	20	19	18	17	16
Reserved				FBM27	FBM26	FBM25	FBM24	FBM23	FBM22	FBM21	FBM20	FBM19	FBM18	FBM17	FBM16
				rw	rw	rw	rw	rw	rw	rw	rw	rw	rw	rw	rw

15	14	13	12	11	10	9	8	7	6	5	4	3	2	1	0
FBM15	FBM14	FBM13	FBM12	FBM11	FBM10	FBM9	FBM8	FBM7	FBM6	FBM5	FBM4	FBM3	FBM2	FBM1	FBM0
rw	rw	rw	rw	rw	rw	rw	rw	rw	rw	rw	rw	rw	rw	rw	rw

Bits 31:28：保留，其参数保持复位状态。

Bits 27:0：FBMx 表示滤波器模式。

滤波器 x 的寄存器的模式。

0：滤波器组 x 的两个 32 位寄存器处于标识符掩码模式

1：滤波器组 x 的两个 32 位寄存器处于标识符列表模式

寄存器 CAN_FS1R （CAN 筛选器尺度寄存器）

地址偏移：0x20C

复位值：0x0000 0000

该寄存器只能在 CAN_FMR 寄存器中设置滤波器初始化模式（FINIT=1）时写入。

31	30	29	28	27	26	25	24	23	22	21	20	19	18	17	16
Reserved				FSC27	FSC26	FSC25	FSC24	FSC23	FSC22	FSC21	FSC20	FSC19	FSC18	FSC17	FSC16
				rw	rw	rw	rw	rw	rw	rw	rw	rw	rw	rw	rw

15	14	13	12	11	10	9	8	7	6	5	4	3	2	1	0
FSC15	FSC14	FSC13	FSC12	FSC11	FSC10	FSC9	FSC8	FSC7	FSC6	FSC5	FSC4	FSC3	FSC2	FSC1	FSC0
rw	rw	rw	rw	rw	rw	rw	rw	rw	rw	rw	rw	rw	rw	rw	rw

Bits 31:28：保留，其参数保持复位状态。

Bits 27:0：FSCx 表示滤波器筛选尺度设定。

这些位定义了滤波器 13-0 的比例配置。

0：双 16 位刻度配置

1：单 32 位刻度配置

寄存器 CAN_FA1R （CAN 滤波器激活寄存器）

地址偏移：0x21C

复位值：0x0000 0000

31	30	29	28	27	26	25	24	23	22	21	20	19	18	17	16
Reserved				FACT 27	FACT 26	FACT 25	FACT 24	FACT 23	FACT 22	FACT 21	FACT 20	FACT 19	FACT 18	FACT 17	FACT 16
				rw	rw	rw	rw	rw	rw	rw	rw	rw	rw	rw	rw

15	14	13	12	11	10	9	8	7	6	5	4	3	2	1	0
FACT 15	FACT 14	FACT 13	FACT 12	FACT 11	FACT 10	FACT 9	FACT 8	FACT 7	FACT 6	FACT 5	FACT 4	FACT 3	FACT 2	FACT 1	FACT 0
rw	rw	rw	rw	rw	rw	rw	rw	rw	rw	rw	rw	rw	rw	rw	rw

Bits 31:28：保留，其参数保持复位状态。

Bits 27:0：FACTx 表示滤波器激活。

这些位定义了滤波器 13-0 的比例配置。

软件将此这些位设置为激活滤波器。需要球盖滤波器 x 寄存器（CAN_FxR[0:7]），必须清零 FACTx 位，或者必须设置 CAN_FMR 寄存器的 FINIT 位。

0：滤波器 x 未被激活

1：滤波器 x 被激活

寄存器 CAN_FFA1R （CAN 分配寄存器）

地址偏移：0x214

复位值：0x0000 0000

该寄存器只能在 CAN_FNR 寄存器中设置滤波器初始化模式（FINIT=1）时写入。

31	30	29	28	27	26	25	24	23	22	21	20	19	18	17	16
Reserved				FFA27	FFA26	FFA25	FFA24	FFA23	FFA22	FFA21	FFA20	FFA19	FFA18	FFA17	FFA16
				rw	rw	rw	rw	rw	rw	rw	rw	rw	rw	rw	rw

15	14	13	12	11	10	9	8	7	6	5	4	3	2	1	0
FFA15	FFA14	FFA13	FFA12	FFA11	FFA10	FFA9	FFA8	FFA7	FFA6	FFA5	FFA4	FFA3	FFA2	FFA1	FFA0
rw	rw	rw	rw	rw	rw	rw	rw	rw	rw	rw	rw	rw	rw	rw	rw

Bits 31:28：保留，其参数保持复位状态。

Bits 27:0：FFAx 表示滤波器 x 的 FIFO 分配。

通过此寄存器的消息将存储在指定的 FIFO 中。

0：分配给 FIFO 0 的滤波器

1：分配给 FIFO 1 的滤波器

18.3 CAN 通信配置实例

本次实例主要是通过 CAN 通信的方式将 RTC 时钟数据进行传输，当中使用到的传输方式有回环通信与普通通信。

CAN 通信过程所使用到的模块已集成到芯片中，因此进行正确的配置就可以使用该模块。本次实例中需要使用到 CAN1 模块。

根据 STM32F4 数据手册，可以找到 PA11、PA12 端口的复用模式中可以复用为 CAN1，如图 18.11 所示。其中 PA11 端口作为 CAN1_RX，PA12 端口作为 CAN1_TX。

PA11	I/O	FT		USART1_CTS / CAN1_RX / TIM1_CH4 / OTG_FS_DM/ EVENTOUT
PA12	I/O	FT		USART1_RTS / CAN1_TX/ TIM1_ETR/ OTG_FS_DP/ EVENTOUT

图 18.11　CAN1 引脚端口

（1）开启时钟：需要启动 GPIOA 与 CAN1 的时钟。

代码清单 18.1　开启时钟：

```
RCC_AHB1PeriphClockCmd(RCC_AHB1Periph_GPIOA, ENABLE);    //使能 GPIOA 的时钟
RCC_APB1PeriphClockCmd(RCC_APB1Periph_CAN1 , ENABLE);     //使能 CAN1 时钟
```

（2）端口初始化：需要对 PA11、PA12 端口进行初始化，其目的主要是将端口设定为复用模式，并且上拉端口电压。

代码清单 18.2 端口初始化：

```
GPIO_INITSTRUCT.GPIO_MODE = GPIO_MODE_AF;                //复用模式
GPIO_INITSTRUCT.GPIO_OTYPE = GPIO_OTYPE_PP;              //推挽输出
GPIO_INITSTRUCT.GPIO_PIN = GPIO_PIN_11| GPIO_PIN_12;     //选定需要设置的端口
GPIO_INITSTRUCT.GPIO_PUPD = GPIO_PUPD_UP;                //上拉
GPIO_INITSTRUCT.GPIO_SPEED = GPIO_HIGH_SPEED;            //端口频率
GPIO_INIT(GPIOA , &GPIO_InitStruct);                     //初始化 GPIO
```

（3）端口设定为复用过后，需要将复用的端口映射到 CAN1 上。

代码清单 18.3 端口复用映射：

```
//PA11 端口映射到 CAN1 上
GPIO_PinAFConfig(GPIOA , GPIO_PinSource11 , GPIO_AF_CAN1);
//PA12 端口映射到 CAN1 上
GPIO_PinAFConfig(GPIOA , GPIO_PinSource12 , GPIO_AF_CAN1);
```

（4）当时钟开启之后，需要对 CAN1 进行初始化，主要是设置 CAN1 的各个功能，当中详细过程请看代码。

代码清单 18.4 CAN1 初始化配置：

```
CAN_InitStruct.CAN_ABOM = DISABLE;              //软件自动离线管理
CAN_InitStruct.CAN_AWUM = DISABLE;              //通过软件唤醒睡眠模式
CAN_InitStruct.CAN_BS1 = CAN_BS1_7tq;           //位段 1 时间量子数
CAN_InitStruct.CAN_BS2 = CAN_BS2_6tq;           //位段 2 时间量子数
CAN_InitStruct.CAN_Mode = mode;                 //设定 CAN 通信模式
CAN_InitStruct.CAN_NART = ENABLE;               //禁止报文自动传送
CAN_InitStruct.CAN_Prescaler = 6;               //分频系数 (Fdiv)为 6+1
CAN_InitStruct.CAN_RFLM = DISABLE;              //报文不锁定
CAN_InitStruct.CAN_SJW = CAN_SJW_1tq;           //重新同步跳跃宽度
CAN_InitStruct.CAN_TTCM = DISABLE;              //非时间出发通信模式
CAN_InitStruct.CAN_TXFP = DISABLE;              //优先级由报文标识符决定
CAN_Init(CAN1, &CAN_InitStruct);                //初始化 CAN1
```

（5）由于 CAN 总线通信能够在恶劣环境中保持稳定的通信，所以广泛用于汽车通信中。为了提高稳定性以及去除不稳定因素，CAN 通信硬件通信中添加了滤波器，其详细设置过程请看代码。

代码清单 18.5 CAN 滤波器配置：

```
CAN_FilterInitStruct.CAN_FilterActivation = ENABLE;              //激活过滤器
//选定过滤器 0 关联到 FIFO0 上
CAN_FilterInitStruct.CAN_FilterFIFOAssignment = CAN_Filter_FIFO0;
CAN_FilterInitStruct.CAN_FilterIdHigh = 0x0000;                  //32 位 ID
CAN_FilterInitStruct.CAN_FilterIdLow = 0x0000;
CAN_FilterInitStruct.CAN_FilterMaskIdHigh = 0x0000;              //32 位 MASK
CAN_FilterInitStruct.CAN_FilterMaskIdLow = 0x0000;
CAN_FilterInitStruct.CAN_FilterMode = CAN_FilterMode_IdMask;
CAN_FilterInitStruct.CAN_FilterNumber = 0;                       //过滤器 0
CAN_FilterInitStruct.CAN_FilterScale = CAN_FilterScale_32bit;    //32 位
CAN_FilterInit(&CAN_FilterInitStruct);                           //过滤器初始化
```

（6）CAN 总线本身能够发送信息之外，还能接收数据，其中常用接收数据的方式为中断接收，中断接收数据的配置方式如下。

代码清单 18.6　CAN1 中断配置：

```
CAN_ITConfig(CAN1 , CAN_IT_FMP0,ENABLE);                            //FIFO0 消息挂号中断使能

NVIC_InitStruct.NVIC_IRQChannel = CAN1_RX0_IRQn;
NVIC_InitStruct.NVIC_IRQChannelCmd = ENABLE;
NVIC_InitStruct.NVIC_IRQChannelPreemptionPriority = 2;              //抢占优先级
NVIC_InitStruct.NVIC_IRQChannelSubPriority = 2;                     //子优先级
NVIC_Init(&NVIC_InitStruct);
```

（7）中断服务函数：STM32F4 每个中断都包含一个中断服务程序，程序将接收到的数据存储到内存中，中断程序如下所示。

代码清单 18.7　中断服务函数：

```
CanRxMsg RxMessage;                                                 //存储接收数据的变量

void CAN1_RX0_IRQHandler(void)
{
        if(CAN_GetITStatus(CAN1 , CAN_IT_FMP0) == SET)              //一帧数据接收完后，产生中断
        {
                CAN_Receive(CAN1 ,0, &RxMessage);
                CAN_ClearITPendingBit(CAN1 , CAN_IT_FMP0);
        }
}
```

（8）发送数据：每当调用一次函数，就可以发送一串 CAN 数据，CAN 数据中设定有标识符、拓展标识符、使用标识符、消息数据帧、发送数据的长度、发送的数据等各种消息组成的一帧数据，具体组成请观看程序代码。

代码清单 18.8　数据发送：

```
/*      函数名：    Can1_SendData
 *      函数功能：  CAN 发送数据
 *      输入参数：  msg  需要发送数据的内存地址
 *                              len     需要发送数据的长度
 *   返回参数：  成功返回 0    失败返回 1
 */
uint8_t Can1_SendData(uint8_t *msg , uint8_t len)
{
        uint16_t i;
        uint8_t m;
        CanTxMsg TxMessage;

        TxMessage.StdId = 0x12;                             //标识符 ID
        TxMessage.ExtId = 0x12;                             //设置拓展标识符(29 位)
        TxMessage.IDE = 0;                                  //使用拓展标识符
        TxMessage.RTR = 0;                                  //消息类型为数据帧，一帧 8 位
        TxMessage.DLC = len;                                //发送数据的个数

        for(i=0 ; i<len ; i++)
        {
```

```
        TxMessage.Data[i] = msg[i];                 //填充数据
    }
    m = CAN_Transmit(CAN1 , &TxMessage);            //发送数据
    i=0;
    while((CAN_TransmitStatus(CAN1, m)==CAN_TxStatus_Failed)&&(i<0XFFF))
    i++;
    if(i>=0xFFF) return 1;
    return 0;
}
```

（9）编写完 CAN 总线通信代码之后，需要进入主函数中实现各个功能。主函数的主要作用是：按键 key_up 与按键 key_0 用于切换 CAN 总线的通信模式，其通信模式有回环模式和普通模式。key_1 的作用是发送 CAN 数据。若是选择回环模式，能够接收到发送的数据。

代码清单 18.9 主函数：

```
int main(void)
{
    uint8_t i=0;
    uint8_t key_scan=0;
    RTC_TimeTypeDef RTC_TimeStruct;
    char data[100];
    NVIC_PriorityGroupConfig(NVIC_PriorityGroup_2);       //设定中断分组
    delay_init(168);                                      //启动滴答定时器延时
    //CAN1 初始化，并且将 CAN1 的工作模式设定为回环模式
    Can_Init(CAN_Mode_LoopBack);
    KEY_Init();                                           //按键初始化
    My_RTC_Init();                                        //RTC 初始化
    LCD_Init();                                           //LCD 显示屏初始化

    POINT_COLOR=RED;
    LCD_ShowString(40,66,200,16,16, "KEY_UP: LoopBack Mode");
    LCD_ShowString(40,88,200,16,16, "KEY_0:   Normal Mode   ");
    LCD_ShowString(40,110,200,16,16,"KEY_1: Transmit Data");
    LCD_ShowString(40,132,100,16,16,"Time:");
    LCD_ShowString(40,180,100,16,16,"Receive Data:");
    POINT_COLOR=BLACK;
    while(1)
    {
        RTC_GetTime(RTC_Format_BIN , &RTC_TimeStruct);    //RTC 获取时间

        //将数值时间数据转换成字符串
        sprintf(data , "%2d:%2d:%2d",
        RTC_TimeStruct.RTC_Hours ,
        RTC_TimeStruct.RTC_Minutes ,
        RTC_TimeStruct.RTC_Seconds);
        //通过打印字符串的方式打印出 RTC 时钟中获取的时间
        LCD_ShowString(80,132,200,16,16,data);
        //通过字符串打印的方式打印出 CAN 接收到的时间
        LCD_ShowString(154,180,100,16,16,RxMessage.Data);
        key_scan = KEY_Scan();                            //按键扫描
```

```
            switch(key_scan)
            {
                //key_up     切换成回环模式
                case 1: Can_Init(CAN_Mode_LoopBack);     break;
                //key_0      切换普通模式
                case 2: Can_Init(CAN_Mode_Normal);            break;
                //CAN 发送数据
                case 3:      Can1_SendData(data,8);       break;
                default :                                            break;
            }
        }
    }
```